가을밤에 아버지에게 쫓겨나 마당에서 달을 봤다. 서러웠다. 할머니는 이야기에 달을 양념처럼 등장시켰지만 정작 달이 주인공인 적은 없었다. 당연하다. 비록 달이 지구와 가장 가까운 천체이지만 여전히 미지의 세계였다. 1969년 7월 20일, 달의 운명이 달라졌다. 이젠 사람이 ⬚⬚⬚⬚⬚⬚⬚⬚⬚⬚⬚⬚ 만 발을 디뎠다. 여전히 달은 알 듯 모⬚⬚⬚⬚⬚⬚⬚⬚⬚⬚⬚⬚⬚⬚ 나라 달 궤도 탐사선 다누리는 호기⬚⬚⬚⬚⬚⬚⬚⬚⬚⬚⬚⬚를 해줄 것이다. 다누리가 전할 이야⬚⬚⬚⬚⬚⬚⬚⬚⬚⬚⬚⬚버지나 내게 달 이야기를 해준 할머⬚⬚⬚⬚⬚⬚⬚⬚⬚⬚는 같은 달을 서로 다르게 봤다. 이 모든 것을 걸어 ⬚⬚⬚⬚⬚⬚사선, 곽재식 작가가 한 권에 담았다. 안 읽으면 손해다.

– 국립과천과학관 이정모 관장

이 책은 너무 늦게 나왔다. 〈신라의 달밤〉과 『춘향전』의 광한루와 율곡 이이와 서울 마포 이야기가 달 탐사로 연결될 수 있다는 걸 조금 더 일찍 알았더라면, 우리나라의 첫 달 탐사선이 개발되는 동안 흥미로운 이야기들을 더 많은 이들과 공유하며 현장에서의 생동감을 함께할 수 있지 않았는가 말이다. 그러나 아직 늦지 않았다. 이제 막 첫발을 내딛는 다누리와 발맞추어 달로 가는 여정을 함께하기에 딱 좋은 시기다.

사람들은 왜 달에 가야 하는지 묻는다. 그 대답은 어렵다. 답이 없어서가 아니라 너무 많기 때문이다. 곽재식은 외친다. 우리는 달에 가야 한다고. 장마다 하나씩, 그가 외치는 이유를 들어보자. 울퉁불퉁하면서도 사려 깊게 놓인 징검다리를 하나씩 밟으며 함께, 달로!

– 『천문학자는 별을 보지 않는다』 저자 심채경 박사

2022년은 대한민국의 우주가 크게 도약하는 해가 될 것이다. 지구 저궤도와 정지궤도에만 머물러 온 우리의 우주는 이제 달까지 영역이 확장될 것이기 때문이다. 2022년 8월, 우리나라 최초의 달 탐사선 '다누리'가 우주로의 여정을 시작한다. 이쯤에서 우리가 왜 지금 달로 가야 하는지, 달에 가면 무엇을 할 수 있을 것인지, 사람들이 달에 관해 살면서 한 번쯤은 생각했을 법한 다양한 질문들에 대한 나름 합리적이면서, 기상천외한 답들이 바로 여기에 있다. 사실, 우리는 아직 가장 가까운 천체인 달에 대해서조차 알아낸 것이 별로 없다. 달에 관해서 더 많이 알면 알수록 우리는 지구에서 더 잘 살아내는 방법을 깨닫게 될 것이다. 우주로 나가기 위한 인류의 노력은 다양한 분야의 발전을 가져올 것이고, 우리의 미래 세대에게 더 넓은 신세계에 대한 꿈을 심어줄 것이다. 언젠가 우리는 달에 발을 딛고 서서, 지구가 떠오르는 '지구돋이'를 볼 수 있을지도 모른다. 우주 선진국들이 앞다투어 달로 가는 탐사 경쟁을 벌이고 있고, 더 멀리 화성으로 갈 베이스캠프를 생각하고 있다. 더 멀리, 더 높이 나는 꿈을 꾸는 사람들이 세상을 바꾸어 나간다. 그래서 우리는 달에 가야 한다.

– 한국천문연구원 책임연구원 황정아 박사

일러두기

- 본문에서 참고한 자료명을 표기할 때, 단행본은 『』, 저널·신문 등은 《》, 영화·음악·방송 프로그램 등은 〈〉로 구분하여 표기하였습니다.
- 본문에서 사용하는 한국어와 외국어의 한글 표기는 국립국어원의 한국어 어문 규범과 표준국어대사전의 기준을 준수하였습니다.
- 참고문헌은 한국어 자료, 외국어 자료의 순서로 나열하였으며, 동일한 언어 내에서는 단행본, 논문 및 학술자료, 신문기사 및 언론보도의 순서로 나열하였습니다.

곽재식의 ✦ 방구석 ✦ 달탐사

그래서 우리는
달에 간다

곽재식 지음

동아시아

들어가며

앞으로 무슨 책을 쓰면 좋을까? 나는 생각날 때마다 대략의 내용을 정리해 둔 "이런 책 내보면 어떨까?" 목록을 만들어 두었다. 그래서 어느 출판사에서건 책을 내보자는 제안이 오면, 그 목록을 보이면서 그중에 한 권, 책을 써 보자고 이야기를 꺼낸다. 요즘 내가 낸 책들 대부분이 이렇게 해서 나왔다. 그렇기 때문에 어떤 순서로 무슨 이야기를 다루고 어떻게 결론을 내면 좋을 거라는 대강의 생각을 한참 전부터 마음에 품고 있던 것들이 많다. 책을 쓰기까지 제법 긴 시간 그 계획과 생각을 다듬기도 하고 책을 본격적으로 쓰는 일에 착수한 후에도 과거의 구상을 돌아보며 내가 쓰고 있는 내용과 견주기도 한다. 나는 보통 그렇게 책을 쓰기 시작했다.

그런데 이 책을 쓰는 과정은 전혀 달랐다.

이 책은 출판사에서 먼저 주제를 제안받았다. 그것도 "곽재식 작가님 아니면, 지금 이런 책을 써주실 분은 없는 것 같습니다"라는 이야기와 함께 책에 대한 구상을 들었다. 그 내용은 달에 관한 여러 과학 이야기, 역사 이야기, 문화 이야기를 한데 버무려서 도대체 달이 우리에게 무슨 의미가 있고, 달에 대해 우리가 무엇을 알고 있으면 좋을지를 다 모아서 알려주는 책을 써 달라는 것이었다.

나는 소설을 쓰면서 이런저런 이야기를 엮는 재주를 그나마 갈고닦아 왔고, 동시에 일하면서 배운 과학과 기술에 관한 이야기들을 책 몇 권으로 낸 경력이 있다. 그렇다 보니, 제안대로 온갖 내용이 엮여드는 책을 쓰기에 내가 어울리는 학자라고 출판사에서 생각했던 것 같다.

"하하하, 제대로 잘 찾아오셨습니다. 그 정도야 가뿐하지요. 조금만 기다리십시오. 깨끗하게 한 권 써드리겠습니다."

그렇게 자신만만하게 대답할 수 있다면 얼마나 좋았겠는가?

잠시 생각에 빠져 상황을 따져보니 내가 어떤 이야기를 하는 것이 정말 좋은 책을 쓸 수 있는 길일까 고민스러웠다. 내가 무슨 달에게 매일 기도하는 식의 습관이나 믿음을 가진 사람도 아니고, 그렇다고 달의 화학적, 지질학적, 천문학적 특성에 심취하여 달을 깊이 연구해 본 사람인 것도 아니다. 고대 힌두교 문화에서는 달의 신을 찬드라라고 불렀고, 불교

문화에 그 이야기가 넘어와서 우리나라로 전래된 후에는 다양한 신령들을 함께 그리는 신중도, 구요도 등의 불화에서 달의 신령이 표현되기도 했다.

그러나 나는 찬드라나 달의 신령, 월천 등을 숭배하는 옛 문화를 깊이 연구해 본 적도 없고, 그에 관한 예술품, 공예품에 대해 제대로 알아본 적도 없다. 그러면 내가 달 이야기를 한다면 어디에다 무게를 싣고 뭘 중심으로 이야기를 엮어보는 게 좋을까?

생각 끝에 나는 달에 관한 여러 이야깃거리들 중에, 내가 그동안 관심이 있었고 그래도 여러 번 생각해 보았던 이야기로 방향을 모아서 책을 써보기로 했다.

그래서 이 책은 처음 생각대로, 달에 관한 과학과 기술 이야기를 중심으로 문화와 역사에 관한 이야기를 엮어보는 내용이다. 그렇지만 동시에 그런 다양한 이야기를 하면서 도대체 우리 사회가 왜 우주 탐사와 달 탐사를 하는 일에 투자해야 하는지를 같이 생각해 보기 위한 글이다.

이런 문제는 예전에 내가 정말로 궁금해하던 주제이기도 했고, 그동안 나라의 과학기술 정책에 관한 토론, 자문, 연구에 조금씩 참여하는 기회가 있을 때마다 고민하던 분야의 문제이기도 했다. 세상에는 불행한 사람도 많고, 당장 급한 일도 많고, 급하게 수리해야 할 것도 많고, 문학이나 예술에도 투자해 달라는 이야기도 많은데, 갑자기 무슨 뜬구름 잡는 것도 아니고 달을 탐사해야 하는가? 아니, 뜬구름이면 비행기를 띄워 어렵잖게 관찰해 볼 수라도 있지, 뜬 달을 탐사하는 것은 훨씬 더 막대한 비용과 긴 시간에 걸친 투자가 필요한 일인데?

나는 우주 개발 사업에 관심이 많거나, 우주 탐사와 관련된 일을 하시는 분을 만나 질문을 할 기회가 있으면 자주 직접 질문해 본 적도 많다. "왜 그 많은 돈을 들여 우리가 우주에 나가는 연구를 해야 하는 걸까요?" 내가 이미 마음속에 품고 있던 생각과 맞는 답을 들어 반가울 때도 있었고, 미처 내가 생각하고 있지 못한 답을 들어 감탄할 때도 있었다. 그렇게 쌓인 생각들을 달에 관한 온갖 이야기들을 모두 모아 엮어보는 가운데, 이번 기회에 제대로 정리해서 한번 풀어보고 싶었다.

다 쓴 책을 돌아보니, 다행히 괜찮은 책으로 완성된 것 같다. 간단하게 검색을 해보면 알 수 있는 뻔한 정보보다는, 그 정보가 어떤 지식과 어울리면 더 재미난 느낌을 주는지, 어떤 감상과 상상을 자극하는지를 보다 다양하게 보여줄 수 있도록 글을 쓰고자 노력했다. 또한 좀 더 생동감이 있고 더 가까운 느낌을 주는 이야기로 풀어가기 위해, 한국의 이야기, 한국사와 관련된 이야기들을 조금 더 친숙하게 배치하고자 노력했다.

개항이 이루어진 지도 150년이 다 되어가는데, 아직도 한국의 전통은 과학의 세계와는 거리가 멀고 어쩐지 과학기술이라고 하면 그 뿌리는 외국에서 건너온 것 같다는 듯한 느낌은 은근히 남아 있다. 나는 그런 옛 생각을 넘어서서, 우주에 날아오르고 달을 탐사하는 이야기가 한국의 전통과 한국인 곁에서 멀리 있지 않았다는 느낌으로 이야기를 풀어보려고 했다.

달에 관한 이야기를 이것저것 꽤 많이 했다고 생각했는데, 책을 마무리 지으면서 보니 재미난 이야기들은 아직도 꽤 남아 있었다. 책을 다 쓰기까지 정해진 시간이 있고 책의 분량도 정해져 있는지라 못다 한 이야기들을 살리지 못했다는 사실은 좀 아쉽다.

예를 들어, 한국 민주주의의 첫 시작이라고 할 수 있는 1948년 5월 10일 대한민국 최초의 총선거가 원래는 5월 9일이었는데, 절묘하게도 마침 그 날짜에 달이 태양을 가리는 금환일식이 아주 오래간만에 한반도에서 일어나는 바람에 선거 날짜를 급하게 그다음 날로 미루었다는 이야기라든가, 월요일이라는 한자어나 영어 단어 Monday가 사실 달의 날이라는 뜻에서 온 말이라는 이야기라든가, 유럽권, 영미권에서 자주 쓰이는 이름 Diana가 로마 신화의 달의 여신 디아나에서 온 말이라는 이야기라든가, 역사상 가장 오랜 도시 유적 중에 손꼽힐 만한 곳으로 주목받는 중동의 여리고성Jericho이 달이라는 의미를 갖고 있다거나, 보아의 노래 〈No.1〉이 달을 향해 말하는 형식의 가사를 갖고 있다거나, 〈Fly Me to the Moon〉에서 〈반달〉까지 달을 소재로 한 노래들을 다루는 여러 이야기 등등은 좀 더 넉넉한 분량의 책이었다면 같이 다루어 보아도 좋았을 것이다. 못다 한 이야기는 다른 기회에 다시 풀어 보도록 하겠다.

2022년 종로에서, 곽재식

차례

1

달은
어디에서
왔을까

어릴 때 부모님이 무엇인가를 설명해 주셨는데 나중에 자라서 그 내용이 틀렸다는 사실을 깨닫게 된 일이 있는가? 대학 시절에 만났던 선배 한 사람은 어릴 때 어머니에게 피자 위에 올라간 올리브는 먹으면 안 된다는 말을 듣고, 한동안 피자를 먹을 때마다 올리브를 다 떼어내며 먹었다고 한다. 도대체 왜 그런 이상한 이야기가 나왔을까?

　좀 다른 이야기도 하나 기억나는 것이 있다. 내가 어린 시절에는 텔레비전 드라마 〈맥가이버MacGyver〉가 굉장히 인기 있었다. 주인공인 맥가이버는 악당들과 싸우다가 위기에 처하면 과학 지식을 이용해 탈출하는 것이 장기였다. 그런데 내 친구 중에 한 명이, 맥가이버가 그런 장면을 그렇게 잘 연기하는 것은 그 배우가 실제로도 과학 과목을 가르치는 대학 교수 비슷한 직업을 갖고 있기 때문이라고 주장했다. 자기 부모님이 그렇게 이야기해 주었다는 것이다. 그 친구는 똘똘한 친구였기 때문에, 나도 한동안 그 말이 사실이라고 믿었다. 나중에 어른이 되어 인터넷에서 검색을 해보고 나서야, 맥가이버 역할을 연기한 리처드 딘 앤더슨의 실제 경력은 전혀 그렇지 않다는 사실을 알았다.

하지만 왜 그런 이야기가 나왔는지 대강 짐작은 해볼 만하다. 아마 그 친구가 맥가이버를 굉장히 좋아하는 것을 보고, 그 친구의 부모님께서 그렇게 되려면 공부를 열심히 해야 한다는 사실을 심어주기 위해 그런 이야기를 하신 게 아니었을까? 그 때문만은 아니었겠지만 실제로 그 친구는 자라면서 학창 시절에 무척이나 공부를 잘했다.

나 역시 부모님이 알려주신 잘못된 지식을 그대로 믿고 있었던 경우가 있다. 지금 생각해 보니 그런 것이 여러 건 있었다. 달에 관한 이야기 중에서도 선명하게 기억나는 것이 하나 있다.

초등학생 시절이었다. 어느 날 저녁, 아버지와 함께 길을 걷고 있었는데, 마침 하늘에 달이 보였다. 그 무렵 나는 밤에 달을 볼 때마다 궁금한 것이 있었다. 높은 산이나 높은 건물은 옆 동네로 가거나 다른 도시로 가면 보이지 않는다. 무엇인가가 보이는 장소가 있는데 그 장소를 벗어나 다른 지역으로 가면 보이지 않게 되는 것은 당연한 이치다. 그런데 달은 왜 안 그럴까? 왜 달은 어느 동네를 가든지 항상 같은 모양으로 하늘의 같은 자리에 그대로 있는 것일까? 나는 달이 항상 사람이 있는 곳을 따라오는 것 같다고 생각했다. 그런데 세상에 사람이 나만 있는 것도 아닌데, 도대체 하나의 달이 어떻게 여러 사람을 동시에 따라다닐 수 있단 말인가?

나는 그 사실을 납득할 수 없어서 왜 달은 어디를 가든 나를 따라오는 것인지 아버지께 여쭈어 보았다. 아버지는 달이 아주 멀리 떨어져 있고 아주 커다랗기 때문이라고 설명해 주셨다. 여기까지는 틀린 지식이 아니다. 맞는 설명이었다.

우리가 일상적으로 움직이는 거리는 달과 지구 사이의 거리에 비하면 몹시 미세하다. 지구와 달 사이의 거리는 대략 40만 km 정도이고, 우리가 한반도 내에서 이리저리 움직여 봐야 움직일 수 있는 거리는 고작해야 몇백 km 수준이다. 달과 지구 사이 거리의 1,000분의 1밖에 안 움직이는 셈이다. '사랑하는 사람을 만나기로 한 노란 찻집이 100m 전에 보이는 위치'에 서 있을 때, 간판을 보는 사람이 좌우로 10cm 정도 움직인다고 한들 간판이 크게 달라 보이지는 않을 것이다. 그 정도의 차이다. 우리가 지구상에서 열심히 움직여 봐야 지구와 달의 거리에 비하면 거의 움직이지 않는 것이나 다름이 없고, 어디를 가든 달은 거의 한자리에 있는 것처럼 보일 수밖에 없다. 물론 만약 옆 동네로 가는 정도가 아니라, 아주 먼 거리를 움직인다면 달이 보이는 위치가 달라질 수 있을 것이다.

그런데 그때의 나는 아버지의 그런 설명을 전혀 이해할 수 없었다. 그것을 이해하기에는 내 머리가 너무 모자랐고, 그래서 달이 하늘에서 항상 나를 따라다니는 것은 내게는 그 후로도 한참 동안이나 신비로운 현상이었다. 그 시절 나는 달이 나를 따라오는 게 너무 신기한 나머지, 달을 쳐다보면서 게걸음으로 길을 따라 걷고 또 걸어서 옆 동네까지 한 번 갔다 온 적도 있었다.

그래서 나는 아버지께 다른 질문을 했다.

"달이 왜 생겨나서 저기 떠 있는 건데요?"

이 질문을 한 이유는 달이 어떻게 생겨나서 그 위치에 있는지를 알면, 달의 성격이나 달의 성질에 대해서 파악하는 데 도움이 될 거라고 생각했기 때문이었다. 그렇게 해서 달이 어떤 물체인지 좀 더 확실히 알면, 달이 나를 따라다니는 이유를 이해하는 데에도 도움이 될 거라고 생각했다. 그에 대해서 아버지는 이렇게 설명했다.

"아주아주 오랜 옛날에 태양이 먼저 생겨났거든. 그런데 그 태양에서 덩어리가 조금 떨어져 나와서 식어서 굳어진 것이 우리가 사는 지구가 됐대. 그리고 그 지구에서 또 조그마한

덩어리가 떨어져 나와서 우주를 돌아다니다가 식은 것이 달이 됐대. 그래서 달은 항상 지구를 돌고, 지구는 항상 태양을 돈단다."

틀린 설명이었다. 하지만 그 당시에는 아주 그럴듯하게 들렸다. 지금 생각해 보면 아버지께서는, 지구에서 떨어져 나온 달이 항상 지구를 돌 듯이, 너도 어머니가 낳아주셨으니 제발 어머니 말 좀 잘 들으면서 효도하고 살라는 식의 교훈을 뒤에 붙인 것 같기도 하다. 그런 내용은 잘 기억나지 않는다. 그저 먼 옛날 태양에서 지구가 떨어져 나오고, 지구에서 달이 떨어져 나왔다는 이야기가 썩 믿을 만하다는 생각만 했다. 지구가 태양에서 떨어져 나왔기 때문에 태양 주변을 벗어나지 못하고 돌고 있다는 말도 어쩐지 그럴싸하게 들렸다.

나중에 어른이 되어서 다른 책을 읽다가, 내가 거의 10년간 잘못된 사실을 믿고 있었다는 사실을 깨달았다. 지구는 태양에서 떨어져 나왔다기보다는, 태양이 생길 때 같이 태양 근처에서 생긴 물체다. 지구가 태양에서 멀리 떨어지지 않는 것은 태양에서 지구가 떨어져 나왔기 때문이 아니라, 태양의 무게가 무겁기 때문이다. 태양은 크기도 굉장히 커서 태양의 지름은 지구 지름의 약 110배나 된다. 하지만 무게 차이는 더욱 엄청나서, 태양은 지구보다 무려 33만 배나 더 무겁다. 1g짜리 메뚜기와 300kg짜리 황소의 무게 차이다. 이 엄청난 무게 때문에 지구와 태양 사이에는 큰 중력이 작용해 계속해서 지구를 잡아당기고 있는 것이다.

달의 탄생에 대해서는 아버지가 들려주신 설명 이상으로 재미있는 이야기가 더 있다. 20세기 중반까지만 해도 달의 탄생에 대해서는 여러 가지 서로 다른 학설이 있었다. 대표적인 학설은 크게 세 가지다.

첫 번째는 태양과 지구가 생겨난 것과 비슷하게 지구와 달이 비슷한 시기에 비슷하게 생겨났다는 추측이다. 옆에 지구가 없었다면 달은 혼자서 태양계를 돌아다닐 수도 있었겠지만, 달보다 훨씬 무거운 지구가 옆에 있기 때문에 지구 중력의 영향을 받는 달은 지구 곁을 벗어나지 못하고 계속 지구 주위를 돌게 된다. 지구는 달보다 80배 이상 무겁다. 지구와 태양의 격차인 33만 배 차이에 비하면 훨씬 작은 차이지만, 지구가 달을 붙들어 두기에는 충분해 보였다.

달이 생겨난 과정에 대한 두 번째 추측은 원래 지구 주변이 아닌 곳에 생겨나서 우주를 돌아다니던 소행성 같은 커다란 돌덩어리가 우연히 지구 근처를 지나다가 잘못해서 지구의 중력에 붙잡혀 버려 영영 지구 주변을 돌게 되었다는 이야기다.

나는 이 이야기를 듣고 특별히 근사하다고 생각했다. 달이 지금보다 훨씬 더 먼 곳, 우주의 어딘가에서 왔다고 생각하면 꼭 달에 무엇인가 더 신비하고 이상한 것이 있을 것 같은 느낌이 들기 때문이다. 옛날 방영된 프로그램 중에 〈우주대모험 1999〉라는 SF 드라마가 있었다. 이 이야기는 달이 지구를 돌던 궤도에서 튕겨 나가서 머나먼 외계로 흘러가 버리는 바람에, 달에 머물던 지구인들이 외계 행성을 여행하며 겪는 모험을 다루고 있었다. 그렇다면 반대로, 원래 머나먼 외계인들이 사는 곳에 있던 조그마한 소행성이 우주전쟁 따위가 일어난 충격 때문에 튕겨 나왔다는 상상도 해볼 수 있지 않을까? 그게 우주를 떠돌다가 지구에 붙들려 달이 되었다는 다소 황당한 상상도 해보게 된다. 그렇다면 지금 달에 가면 외계 행성의 흔적이 남아 있을지도 모른다. 이런 상상은 엄밀히 말하자면 과학의 영역이 아니지만 무척이나 재미난 공상거리다.

세번째 추측이 바로 아버지의 설명이다. 지구가 생겨난 지 얼마 안 되었을 때 무슨 이유로 지구의 일부가 떨어져 나와서 그게 달이 되었다는 이야기였다. 그러니까 아버지도 완전히 얼토당토않은 지어낸 이야기를 들려준 것만은 아니었다. 아마 아버지가 어린 시절 신문이나 잡지에서 읽었던 이야기나, 라디오에서 들은 사연, 혹은 학교 다닐 때 과학 선생님이 들려준 이야기 중에 달이 생겨난 이유를 설명하는 몇 가지 학설들이 있었을 것이다. 그런데 마침 그날 내가 아버지께 "달이 어떻게 생겨났어요?"라고 여쭈어보았을 때, 그때까지 아버지의 기억에 남아 있던 이야기는 "지구에서 달이 떨어져 나왔다"라는 가장 화끈하면서도 단순한 설명이었던 것인 듯하다.

이런 학설들은 지금은 인기를 잃었다. 대신 1970년대 중반부터 서서히 인기를 얻은 또 다른 학설 하나가 지금은 가장 가능성이 높아 보인다는 평을 받으며 사람들의 지지를 받고 있다. 그 학설이 바로 이름부터 멋진, 거대충돌가설giant-impact hypothesis이다.

거대충돌가설과 테이아

거대충돌가설은 지구가 생겨난 지 얼마 되지 않은 45억 년 전쯤의 어느 날, 대략 지구의 10분의 1 무게쯤 되는 커다란 돌덩이가 지구와 충돌했다는 이야기다. 이 돌덩어리에 학자들은 테이아라는 이름을 붙였다. 그리고 그 충돌의 결과로 부서져 나온 파편들이 달이 되었다. 내 아버지의 명예를 위해 덧붙이자면, 그 떨어져 나온 덩어리가 지구에서 부서져 나온 물질이라고 볼 수도 있으므로 지구에서 달이 떨어져 나왔다는 아버지의 설명과 어느 정도는 닮은 점은 있다고 볼 수 있다.

학자들은 이 가설을 검증하기 위해 여러 가지 자료를 따져 보았다. 예를 들어, 과연 테이아 같은 커다란 돌덩이가 어떻게 돌아다니다가 어느 정도 각도로 지구를 들이받아야 지금의 지구와 달이 생겨날 수 있는 충격을 줄 수 있을지를 계산해 보기도 했다. 이런 계산에 사용되는 기본 원리는 중고등학교에서 배우는, 철수와 영희가 서로 다른 속도로 운동장을 돌고 있으면 얼마 만에 만나는지를 따지거나 어느 정도의 힘으로 던진 공이 얼마나 멀리 날아가는지를 계산하는 방식과 흡사하다. 그러나 온갖 방향으로 튀어 오를 수 있는 온갖 물질들에 대해 대단히 많은 요인을 한꺼번에 따지면서 계산해야 한다는 점에서 큰 차이가 있다.

이런 문제를 풀이하기 위해서는 수학에 밝은 사람들이 갖가지 복잡한 계산 방법을 개발해서 문제를 풀이하는 방법을 만들어야 하며, 그 풀이 방법대로 계산을 하기 위해서는 강력한 컴퓨터가 필요하다. 다행히 컴퓨터 기술이 발전하고 학자들의 연구가 많아지면서, 점점 더 계산은 정확해졌고, 답은 이 학설이 사실일 가능성이 있다는 쪽으로 기울어져 왔다. 그 덕택에 점차 거대충돌가설은 설득력을 얻게 되었다.

난관이 없었던 것은 아니다. 거대충돌가설의 골치 아픈 문제 중 하나는 지구를 들이받은 테이아가 도대체 어디로 갔냐는 문제다. 쉽게 생각하자면 테이아가 지구와 충돌한 후 작은 부스러기는 적당히 흩어지거나 지구에 떨어졌고, 남은 부분이 달이 되었을 것이다.

만약 그렇다면 달의 성분은 먼 옛날에 우주 먼 곳에서 날아온 테이아와 비슷할 것이다. 즉, 달의 성분이 지구와는 다를 가능성이 있다는 뜻이다. 어쩌면 화성이나 금성의 성분과 비슷할 수도 있고, 목성이나 토성 근처에 있는 소행성과 비슷할 수도 있다. SF 작가로도 활동하는 원종우 작가는 먼 옛날 화성에 살던 외계인 종족이 지구를 공격하기 위해 화성에서 지구로 테이아를 날려 보냈다는 이야기를 발표한 적이 있다. 화성인들이 열 받아서 지구인들에게 돌을 던졌다는 이야기인데, 돌이 어찌나 컸던지 그게 지구에 맞고 쪼개져서 달이 되었다는 상상이다.

그런데 달 탐사 결과 달에서 가져온 돌을 분석해 본 결과, 그 성분은 지구를 이루고 있는 성분과 약간 차이는 있었지만 크게 다르지는 않았다. 그렇다면 달이 지구를 들이받았던 테이아의 일부라는 증거는 없다. 그렇다면 지구와 충돌한 테이아는 어디로 갔을까? 지구를 부수어 달을 만들어 주고 우주 저편으로 그냥 멀리 튕겨 나갔을까? 그렇지만 그럴 만한 증거도 발견되지 않았다. 혹시 아직 우리에게 발견되지 않은 채로 태양계의 어두운 한편을 떠돌고 있는 걸까?

테이아의 행방에 대해 요즘 주목받고 있는 설명은 지구와 테이아의 충돌이 너무나 막강했기 때문에, 지구의 일부와 테이아가 곤죽이 될 정도로 심하게 망가졌고, 그렇게 해서 지구와 테이아가 거의 한 덩어리가 되었다는 추측이다. 부딪힐 때의 충격 때문에 지구는 빠르게 돌기 시작했고 그 과정에서 지구는 형태가 변형되었다. 그리고 결국 지구와 테이아가 섞인 덩어리에서 일부가 떨어져 나와 그것이 달이 되었다고 한다. 이렇게 보면, 지구와 달의 성분이 비슷한 것도 깔끔하게 설명

된다. 지구와 달은 둘 다 원래 옛날부터 있던 지구와 테이아가 충돌하고 녹아내려 섞인 덩어리이기 때문이다.

요즘 환경오염이 심해지면서 "지구가 아프다", "지구가 죽어간다"라는 이야기를 많이 하는데, 사실 이때 정작 아프거나 죽어가는 것은 지구가 아니라 사람이나 사람에게 친숙한 동식물들이다. 오염 때문에 이들이 살기에 힘든 환경으로 변하는 것을 비유적으로 표현하는 것이다.

그러나 테이아와 지구의 충돌은 정말 말 그대로 "지구가 아프다"라고 할 만한 사건이었다. 내가 보기에는 테이아와 충돌하면서 달을 만들어 냈던 이때야말로 지구가 죽을 만큼 아팠던 유일한 순간이다. 지구에 천체가 충돌한 사건 중에서 제일 유명한 것은 6,600만 년 전 소행성이 떨어져 공룡을 멸절시킨 대멸종 사건이다. 하지만 테이아의 충돌에 비하면 공룡을 멸종시킨 소행성 충돌은 공깃돌을 받는 일과 별 차이가 없다고 해야 할 정도다. 현대의 학자들은 테이아가 충돌하면서 발생하는 엄청난 폭발을 감당하지 못해서 지구를 이루고 있는 바위들이 끓어올라 연기가 되어 지구를 감쌌다고 보고 있을 정도다.

세상이 망할 정도로 큰일이 났다는 말을 한국어에서는 관용 표현으로 "하늘이 무너지고 땅이 꺼진다"라고 하는데, 테이아와 지구의 충돌은 정말로 하늘이 무너지고 땅이 꺼지는 일이었다. 땅이 박살나서 끓어올라 버렸고, 그 끓어오른 김이 하늘에 가득 차서 우리가 하늘이라고 생각하는 공기에 퍼져 버렸다. 이만큼 지구가 끙끙 앓았던 사건은 지구 역사에서 달리 찾아볼 수 없었다. 나는 예전에 취업 면접에 떨어지거나 시험에 낙방했을 때, "하늘이 무너지는 느낌"이라고 생각한 적이 몇 차례 있었다. 하지만 테이아와 지구의 충돌을 생각해 보면, 고작 그 정도로 하늘이 무너진다고 느꼈던 것은 지나친 엄살이었을지도 모르겠다.

옛사람들이 상상한 달의 기원

테이아는 그리스 신화에서 대지의 신 가이아가 낳은 거인족 중 한 명이다. 신화 속에서 테이아는 태양(헬리오스), 새벽(에오스) 그리고 달(셀레네)을 낳는다. 이처럼 그리스 신화에서는 태양이나 달 등 사물 그 자체를 신이라고 생각했다. 이 중 달을 상징하는 신 셀레네는 이후 제우스의 딸 아르테미스에게 달의 신 자리를 내어준다. 그리스 신화의 복잡한 족보에서 테이아는 아르테미스의 친척뻘이 되는데, 이러한 관계 때문일까? 마침 그리스어에서 '테이아'라는 말에는 친척 아주머니라는 의미가 있다고 한다. 아무튼 그리스 신화에서는 하늘과 땅, 시간과 공간 등을 상징하는 신들의 복잡한 결합으로 갖가지 것이 탄생했는데, 달도 그중 하나였다.

한편 한국에서는 달의 탄생에 대해 그와는 전혀 다른 생각이 유행했다. 20세기에 기록된 무속인들의 이야기 중에는 미륵이 해와 달의 근원이 되는 이야기도 있고, 비슷한 시기에 수집된 동화 중에는 해와 달이 된 아이들에 대한 동화도 있다. "떡 하나 주면 안 잡아먹지"라는 대사로 굉장히 잘 알려진 이 이야기는 지금은 전래 동화책에 수록되어 한국인들 사이에 아주 널리 퍼져 있다. 그러나 사실 이런 이야기들이 언제 출현해서 얼마나 널리 퍼져서 유행했던 것인지 지금은 알 길이 없다. 나쁜 호랑이가 어머니를 공격한 뒤 아이들이 숨어 있는 집을 습격해 왔고, 그 호랑이를 피해 동아줄을 타고 하늘로 올라간 아이들이 해와 달이 되었다는 이 이야기가 20세기에 갑자기 유행한 이야기인지, 아니면 조선 초기·중기·후기 언제쯤 퍼진 것이 뒤늦게 20세기에 조사된 것인지 알아보기가 어렵다는 뜻이다.

기록을 보면 조선시대 이전의 학자들은 음양오행설의 영향을 받아 해와 달의 탄생을 따지는 학설에 관심이 많았던 것 같다. 성리학이라는 학문 풍토의 영향으로 조선 학자들은 음기, 양기와 같은 기운의 조화를 나름대로 논리적으로 설명하고자 했다. 그래서 조선을 대표하는 학자인 율곡 이이가 남긴 『천도책天道策』을 보면, 하늘에서 양기가 강하게 뭉친 것이 해가 되었고 음기가 강하게 뭉친 것이 달이 되었다고 설명하고 있다. 지금도 중국이나 한국에서는 하늘에서 양기가 가장 큰 덩어리라는 뜻으로 해를 태양이라고 부른다. 그리고 그 반대의 기운이 강한 덩어리가 뭉친 것이 곧 해의 반대인 달이 되었다고 옛 학자들은 생각했다.

달을 감정이 있고 생각이 있는 신으로 생각했던 그리스·로마 계통의 문화와 조선시대 학자들의 발상은 사뭇 다르다. 유학자들은 세상 모든 것을 음양 두 가지 기운으로 나누어 생각하며 그 기운이 어떻게 어울리고 흩어지는지에 따라 여러 물체가 생기고 그 물체의 성질이 나타나는 것으로 본다. 중국의 역사책 『주서周書』에는 백제 사람들이 음양오행을 이해했다는 기록이 보이므로, 나는 한국인들이 이런 학설에 관심을 보이기 시작한 것이 삼국시대부터일 수도 있다는 생각도 해본다.

그러나 어느 쪽이든 확실한 것은 두 발상 모두 실제로 달이 탄생한 방식과는 별 상관이 없다는 사실이다. 제우스가 거인족들과 싸운 이야기나, 아르테미스가 죄를 지은 사람들을 매몰차게 벌하는 신화 속의 이야기들이 지구에 테이아가 충돌한 엄청난 큰 사건을 나타내지는 못한다. 또한 음양의 이치가 밤과 낮, 달과 해로 나뉜다는 사고방식은 얼핏 보면 질서정연한 것 같아도 달과 해를 동급으로 여기는 굉장한 착오를 범하고 있다. 엄청난 빛과 열을 내뿜으며 지구보다 30만 배 이상 무거운 태양과 지구의 80분의 1밖에 되지 않는 돌덩어리인 달은 양의 대표, 음의 대표라는 식으로 같이 견줄 수 있는 대상이 아니다. 하물며, 그냥 음기와 양기로 나뉘어 달과 해가 되었다는 생각에는 지구에 테이아가 충돌하고 지구가 녹아내리고 끓어오르며 다시 달이 탄생하는 놀라운 이야기는 담겨 있지 않다.

땅을 알기 위해 달을 알기

달의 진짜 모습과 그 탄생에 관한 사연은 현대에 들어서 과학자들이 정밀한 측정과 힘을 기울여 긴 시간 수행한 계산을 통해 밝혀졌다. 아울러, 실제로 달에 탐사선을 보내고 사람을 보내 달의 흙과 돌을 관찰하고 실험한 결과를 통해 점점 더 정확히 알 수 있게 되었다. 달의 땅이 흔들리는 현상이 발생하면 그 진동이 어떻게 퍼져 나가는지를 세밀하게 측정하기도 하는데 이런 방법으로 달의 내부가 어떤 성질을 갖고 있는지를 추측하기도 한다. 이런 연구를 하기 위해서는 달에 우주선을 보내서 진동을 측정할 수 있는 장비를 가져다 두어야 한다.

달이 무엇으로 되어 있고 어떻게 생겨났는지에 대해 연구하는 것은 결국 45억 년 전 지구를 한 번 뒤엎어 놓은 테이아의 충돌에 대해 알아내는 연구다. 곧 달에 관한 연구는 결국 지구가 어떻게 만들어졌고, 무엇으로 만들어져 있는지를 알 수 있는 좋은 방법이다. 또한 우주에서 가까운 곳에 자리 잡은 달과 지구의 성분과 구조를 비교하면서 분석해 보면, 지구의 특성에 대해서도 점점 더 정확하게 알 수 있게 될 것이다.

예를 들어, 지구의 표면 아래 맨틀에는 거대 저속도 전단 파 구역Large low-shear-velocity provinces, LLSVP이라는 넓은 영역이 있다. LLSVP 영역은 지구 전체 맨틀 부피 중 8%를 차지하는 부분으로, 2021년 3월 미국 애리조나주립대학 연구진은 이 LLSVP 구역이 바로 지구에 부딪힌 테이아가 남은 조각이 덩 어리져 생긴 것이라는 추측을 발표했다. 이 추측이 사실이라 면, 테이아가 지구와 충돌해서 달을 만들어 낼 때 박살난 테이 아의 일부분이 지금의 아프리카 대륙 지하 깊숙한 곳과 태평 양 아래 땅속 깊숙한 곳에 묻힌 채로 남아 있다는 것이다. 그 렇다면 이 구역은 현재 달과 닮은 점이 많을 것이다. 즉, 달에 대한 지식이 쌓이면 지구 내부에서 일어나는 현상에 대해서 도 더 많은 것을 알 수 있게 될 것이다.

그래서 우리는 달에 가야 한다. 달에 가서 달의 탄생과 달 의 성질을 조사하면 그 지식으로 우리는 결국 지구의 모습을 더 명확히 알게 되어, 화산과 지진, 지각 변동과 지질 현상이 어떤 이유로 일어나는지에 대해 좀 더 잘 이해할 수 있을 것 이다. 지구의 땅속에서 발견되는 여러 물질이나 현상에 대해 서도 더 잘 알게 될 것이고, 우리가 놓치고 있었던 문제를 깨 달을 수 있을지도 모른다. 그렇게 해서 결국 우리는 사람의 생명을 구하고 많은 재난에 대비할 수 있는 능력도 키워나갈 수 있다.

과거 사람들은 지진 같은 현상이 일어나면 그것은 그냥 하늘이 내리는 재해일 뿐이니까 어쩔 수 없다고 생각했다. 하지만 그런 시대에 멈추어 있을 수는 없다. 한반도는 세계에서 가장 지진이 자주 일어나는 지역 중 하나인 일본에 인접해 있으며, 21세기에 경주, 포항 등지에서 상당한 지진 피해를 경험한 일도 있다. 지구의 구조와 지질 현상의 원리를 이해하는 연구는 다른 강대국에서 잘 알아서 할 거라고 언제까지나 떠넘겨 둘 일은 아니다. 부동산에 이렇게까지 전 국민의 관심이 높은 나라에서 건물을 파괴하고 땅을 쪼개는 지질 현상의 근원을 이해하는 연구가 부족해서야 되겠나 싶기도 하다.

　　앞으로 우리는 지진에 위험한 지역, 화산이 일어날 가능성이 높은 시기를 찾아내는 방법을 개발해 나갈 것이다. 달에서 가져온 지식은 거기에 기여할 가능성이 충분하다.

지구를 더 잘 보고 알기 위해서 우리는 달에 가야 한다. ⓒNASA

2

공룡
멸종의 비밀,
달에서 찾는다

세계 멸망, 지구 종말에 대한 이야기는 언제나 사람들에게 인기 있는 단골 소재다. 종말론이라고 하면 역시 1999년 지구 종말론을 빼놓을 수 없다. 연도가 2000년대로 넘어가는 변화가 사람들에게 아주 큰 사건으로 느껴졌기 때문인지, 세계 각지에서 1999년에 세상이 멸망한다는 이야기가 꽤 많이 나왔다. 노스트라다무스가 남긴 시에서부터, 조선시대부터 내려오던 책인『정감록鄭鑑錄』에 쓰여 있는 예언까지 별별 자료를 근거로 1999년에 큰 재난이 닥쳐온다고들 했다.

　당연히 그런 이야기가 현실이 될 리가 없었다. 그보다 앞서서 1997년 무렵에 아시아 여러 나라에서 외환 위기가 터졌다. 한국도 예외는 아니어서, 1997년에 한국전쟁 이후 가장 큰 경제 위기인 IMF 사태를 겪게 되었다. 1999년은 이로 인한 혼란이 한창일 때여서 한국인들은 정신이 없었다. 당장 일자리를 잃고 어떻게든 생계를 이어보려고 길거리를 헤매는 사람들이 넘쳐나고 빚 갚을 길이 없어 무슨 일이라도 해보려는 사람들이 쏟아지던 시대이니, 몇백 년 전의 예언자가 무슨 종말의 예언을 남겼다든가 하는 소리를 들어봐야 할아버지가 들려주는 옛날 이야기 같은 느낌이었을 것이다.

그래도 1999년을 앞두고 1998년 즈음에 종말에 관한 영화들이 개봉되어 어느 정도 관심을 모으기는 했다. 특히 비슷한 시기에 비슷하게 소행성이나 혜성이 지구에 충돌해서 세계가 멸망의 위기를 겪는다는 내용을 다룬 〈아마겟돈 Armageddon〉과 〈딥 임팩트Deep Impact〉라는 영화가 같이 개봉해 화제가 되었다.

나도 〈아마겟돈〉을 극장에서 본 기억이 난다. 원래 학교를 가야 했던 날인데, 어쩌다 보니 일찍 학교에서 빠져나올 수 있는 기회가 생겨서 친구들과 함께 봤다. 그래서 영화 내용 이상으로 그때 같이 영화를 보던 친구들, 그날의 느낌이 기억에 많이 남는 영화다. 영화에는 날아오는 혜성을 파괴해서 지구를 구하려는 미국인들이 우주에서 러시아 우주인을 만나 힘을 합치는 장면이 나온다. 그런데 엔진이 고장 나 시동이 안 걸리자 그 러시아 우주인이 "러시아 우주선이든 미국 우주선이든 어차피 부품은 다 대만제라고!"라고 외치며 스패너로 내리쳐 해결해 버린다. 이유는 모르겠는데 그 장면도 이상하게 인상에 깊이 남아 있다.

소행성이나 혜성의 충돌이 종말 이야기의 단골 주인공으로 등장하는 이유가 무엇일까? 일단, 지구로 날아오는 소행성을 막기 위해 우주에서 활약하는 주인공들의 모습을 보여주려면 우주선이나 첨단 장비, 우주의 풍경, 기타 특수 효과를 잔뜩 사용할 수 있다. 즉, 현란한 장면이 가득해 흥행을 노리기 유리한 영화를 만들 수 있는 게 큰 장점이다. 또한 갑작스럽게, 한순간에 일어나는 종말이라는 점도 영화 한 편을 만들기에 유리한 점이었을 것이다. 전염병의 확산이나 전쟁처럼 시간을 두고 천천히 일어나는 사건이라면, 2시간짜리 영화에서 위기와 혼란도 보여주고 절정 부분에서 아슬아슬하게 해결되는 장면까지 보여주기는 훨씬 더 어려울 것이다.

또 한 가지 이유는 소행성 충돌이나 혜성 충돌이 실제로 지구에서 사는 생명체에 큰 위기를 일으킨 적이 과거에 있었기 때문이다. 백악기-팔레오기 멸종이라고 부르는 사건, 즉 공룡이 멸종한 6,600만 년 전의 사건은 우주에서 소행성 내지는 혜성 같은 것이 지구에 떨어져서 지구에 큰 재난이 발생했기 때문에 일어났다. 그러니 "혹시 그때 같은 일이 또 벌어진다면 공룡이 멸종했듯이 우리 사람들도 멸종하게 되지 않을까?" 하는 상상을 쉽게 해볼 수 있다. 〈딥 임팩트〉에는 사람들이 영화 속에서 벌어지는 재난을 공룡이 멸망하던 때와 비교해서 생각해 보는 장면이 잠깐 지나가기도 한다.

공룡은 대단히 인기 있는 동물이다. 어린이들이 좋아하는 동물이고, 어른들도 관심을 갖는다. 공룡은 신화와 전설 속에 나오는 용과 비슷한 동물인 데다가 크기가 커다랗기에 눈길을 끌 수밖에 없다. 지금은 볼 수 없는 생물이라는 점은 신비감을 더한다. 여기에 더해 1990년대 초 영화 〈쥬라기 공원 Jurassic Park〉 시리즈가 유행한 후에는 공룡에 대한 관심이 한층 널리 확대되어 전 세계에 더 깊이 뿌리내렸다. 과학관이나 자연사박물관의 전시물 중에서도 가장 인기 있는 것들은 공룡에 관한 물건들이고, 어린이용 공룡 책, 공룡 만화, 공룡 장난감들도 꾸준히 계속해서 팔리고 있다. 서대문 자연사박물관의 관장을 맡으셨던 이강환 박사는 "영화 〈쥬라기 공원〉 때문에, 지금까지 전 세계의 자연사박물관들이 먹고살고 있다"라고 농담한 적도 있다.

1980년대까지만 하더라도 공룡이 멸종한 이유에 대해서는 많은 사람들이 동의하는 명확한 학설이 없었다. 그래서 1980년대, 심지어 1990년대 초에 나온 신문기사나 책을 보아도 "공룡이 사라진 이유는 수수께끼다"라고 되어 있는 경우가 많았다. 옛날에 나온 책 중에 재미 삼아 읽으라고 공룡 멸망 이야기를 추측해 놓은 글을 보면 별별 이상한 이론과 상상들이 다 실려 있었다. 파충류 동물은 털 달린 포유류 동물에 비해 추운 날씨에 잘 살지 못한다는 데 착안해서, 빙하기가 오는 바람에 공룡은 너무 추워서 살 수 없었다는 설도 있었고, 화산 폭발이 크게 일어나서 공룡들이 멸망했다거나, 공룡들이 특히 견디기 힘든 아주 지독한 전염병이 돌았기 때문에 공룡이 살 수 없게 되었다는 이야기도 있었다. 사람의 먼 조상이었을 두더지나 토끼 비슷한 옛 동물들이 공룡 알을 빼앗아 먹는 데 아주 능했기 때문에 공룡은 생존 경쟁에서 밀려나 사라졌다는 이야기도 있었고, 심지어 외계인들이 나타나 공룡을 다 사냥해 버렸다는 농담 같은 이야기도 있었다.

이런 책에는 공룡의 최후를 나타내는 그림이 한두 장 실려 있기 마련이었다. 나는 눈보라가 휘몰아치는 삭막한 벌판에서 공룡들이 힘겨운 발걸음을 옮기며 어디인가 멀리 걸어가는 그림을 본 것이 기억이 난다. 슬프고 불쌍해 보이면서도 그래서 더 신비하고 궁금하다는 생각이 들었다. 알 수 없는 수수께끼의 최후를 향해 어쩔 수 없이 한 발자국씩 걸음을 옮기면서 우리는 도저히 만날 수 없는 곳으로 사라져 버린 것 같았다.

그런데 1980년, 월터 앨버레즈Walter Alvarez가 화끈한 주장을 하나 꺼냈다. 원래 그는 정유회사에서 석유를 탐사하는 일을 하는 지질학에 밝은 학자였다. 어쩌다 보니 그런 사람이 공룡 멸망의 비밀을 밝혀내게 되었다. 영화나 소설에서는 석유를 파내는 일을 하는 사람들은 탐욕스러운 기업인이고, 진정한 과학자들은 이익과는 동떨어져 사는 순박한 사람으로 등장하는 일이 많다. 하지만 내가 여러 과학자들을 보아온 바로는 꼭 그런 것 같지는 않다. 이익을 위해 몰두하던 사람이 훌륭한 과학 발견을 해내기도 하고, 훌륭한 연구를 해낸 사람이 탐욕에 빠져들기도 한다.

석유는 중생대 시절의 지층에서 자주 발견된다. 그런데 공룡이 살던 시대가 바로 중생대다. 그래서 공룡 연구를 하다 보면 석유에 대해서도 어느 정도는 알아가게 되고, 석유를 캐는 것에 대해 연구하다 보면 공룡에 대해서도 어느 정도는 관심을 갖게 된다. 어린이들의 꿈과 희망을 나타내는 공룡이 사실은 석유 사업과 어느 정도는 관계가 있다는 이야기다.

월터 앨버레즈의 아버지는 노벨 물리학상을 수상한 저명한 학자 루이스 앨버레즈Luis Alvarez였는데, 어느 날 아들은 아버지에게 중생대 말기의 돌을 보여주며 이 연대의 돌을 분석하기 어렵다는 불평을 늘어놓았다. 이 말을 들은 아버지가 새로운 분석 방법을 제안했고, 아들은 그 말에 따라 돌을 분석하는 과정에서 어쩌면 6,600만 년 전에 커다란 소행성이나 혜성이 지구에 떨어져서 거대한 재난을 일으켰다는 이론을 내놓게 되었다.

소행성 충돌설이 나온 초기에는 그에 대한 반론이 많이 나왔다. 다른 이유 없이 그냥 우연으로 하늘에 무엇인가가 뚝 떨어지는 일 때문에 거대한 종말이 시작되어 있다는 이야기는 너무 허무하고 너무 난데없었기 때문이라는 점도 반론의 이유였을 것이다.

그러나 10여 년 가까이 이어진 여러 학자들의 연구 결과, 그런 갑작스러운 일이 그냥 벌어지는 것도 자연의 원래 모습이며, 그것이 공룡 멸종의 가장 큰 이유라고 차차 인정받게 되었다. 그렇다면 우리도 언제인가는 하늘에서 떨어지는 돌덩어리가 일으키는 재난을 겪게 될지도 모른다. 이런 상상은 누구의 마음 속에나 쉽게 피어오를 수 있다. 나는 이것이 사람들이 공룡에게 공감과 비슷한 감정을 느끼기 때문이라고 생각한다. 사람이 지상에 출현하기 수천만 년 전에 이미 사라진 동물인데도, 그 상황을 우리는 가까운 일처럼 생각하는 마음을 갖고 있다.

리사 랜들Lisa Randall은 저서 『암흑 물질과 공룡Dark Matter and the Dinosaurs』에서 공룡의 소행성 충돌 멸망 학설을 받아들이는 과정에서 달에 있는 운석 충돌 구덩이를 연구하는 것도 도움이 되었다고 언급했다. 달에는 먼 옛날에 생긴 운석 충돌 자국이 무척 많다. 그 모습을 자세히 살펴보다 보니 "소행성 같은 큰 돌이 떨어지는 일이 어느 정도 자주 생길 수 있겠구나", "소행성이 떨어지면 어떤 일이 벌어지겠구나", "소행성 같은 큰 돌이 떨어져 지구가 크게 피해를 입는 재난이 황당하기만 한 생각은 아니구나" 하는 생각을 점차 믿을 수 있게 되었다는 이야기다.

고요의 바다와 토끼의 얼굴

달은 소행성, 혜성이 충돌한 자국을 연구하기에 정말 좋은 곳이다. 일단 달에는 공기가 없기 때문에 작은 돌덩이가 우주에서 떨어지다가 공기와 마찰을 일으켜 타서 사라지는 현상이 생기지 않는다. 그래서 작건 크건 돌덩이가 달에 오면 하여튼 떨어지면서 자국을 남긴다. 커다란 바위는 말할 것도 없고 작은 모래 한 알조차도 우주에서 달로 떨어져 충격을 줄 수 있다. 그래서 달에는 지구보다 훨씬 더 많은 운석 충돌 자국이 생긴다. 이런 현상은 달에 사람이 가서 작업을 하거나 달에서 기지를 짓고 사는 데에는 걱정거리이기도 하다.

그렇지만 충돌 구덩이를 연구하기에는 아주 훌륭한 조건이다. 게다가 달에는 다른 중요한 장점도 하나 더 있다. 달에는 지구와 같은 풍화작용이 없어서 한번 구덩이가 생기면 잘 변하지 않는다.

운석이 떨어지거나 소행성이 충돌해서 생긴 구덩이를 크레이터라고 한다. 그런데 지구에 생긴 크레이터는 금세 그 모습을 잃는다. 바람이 불고 비가 내리면서 땅이 점점 씻겨 내려가고 모양이 바뀌는 일이 일어난다. 그 위에 풀이 돋고 나무가 생기면서 모양이 계속 바뀌어 갈 수도 있다. 냇물이나 강물이 흐르면서 구덩이를 휘젓고 지나가면 모습이 크게 바뀌고, 세월이 좀 많이 흐르면 지진이 일어나거나 화산 활동으로 지형이 바뀌면서 아예 구덩이가 사라질 수도 있다. 이래서야, 어디에 무엇이 떨어져 어떤 모양으로 구덩이가 생겼는지 시간이 지나서 알아보기가 쉽지 않다.

경상남도 합천에 있는 초계 분지를 예로 들어보자. 사방이 산으로 둘러싸인 이 지역은 2020년에 들어와서는 4만 년 전 운석이 충돌해서 생긴 구덩이라는 사실이 인정받는 추세다. 그러니까 사방을 둘러싸고 있는 산은 사실 4만 년 전에 생긴 구덩이의 가장자리 튀어나온 부분이었다는 이야기다. 그렇지만 지금 이 동네에 가보면 그냥 한국 어디서나 볼 수 있는 산이 많은 동네처럼 생겼고 그 중앙의 낮고 평평한 지역에는 논밭이 있을 뿐이다. 여느 한국 시골처럼 농사를 짓고 있는 그 지역이 사실은 먼 옛날 굉장한 폭발을 일으킨 구덩이 한복판이라는 사실은, 관심을 갖고 정밀 분석을 해보기 전에 그냥 눈으로 보고 알기란 매우 어렵다.

1870년에 그려진 유성우의 그림. 지구에는 운석이 떨어질 때 불타 사라지기 때문에 충돌 구덩이를 제대로 관찰하려면 달에 가야 한다.

그러나 달은 그렇지 않다. 달에는 비도 내리지 않고 바람도 불지 않으며 강물도 냇물도 없고 식물이 자라나지도 않는다. 심지어 요즘 달에서는 화산 활동도 일어나지 않는다. 그래서 한번 생긴 구덩이는 그냥 계속 그 자리에 있다. 새로운 운석이 떨어져 모양이 훼손되는 것을 제외하면, 몇만 년이고 몇십만 년이고 그대로 구덩이 모양이 유지된다. 그래서 그렇게 많이 남아 있는 달의 충돌 구덩이들은 지난 긴 세월 동안, 지구 근처에 어떤 소행성들이 어떻게 돌아다니다가 떨어졌는지를 꼼꼼히 기록해 둔 일기장과 같다.

넓은 의미로 말해보자면, 소행성 충돌로 달에 생긴 흔적은 지구에서 맨눈으로도 어느 정도 살펴볼 수 있다. 지구에서 밤하늘의 달을 보면 어두운 색의 무늬가 보이는데, 한국 사람들은 그것을 토끼 모양이라고 한다. 고대 인도에서 전해진 신화 때문에 생긴 이야기 아닌가 싶은데, 나라에 따라서는 토끼 모양이 아니라 사람 얼굴 모양이라고 하거나, 게 모양이라고 하는 곳도 있다. 바로 그 검은 무늬가 사실은 커다란 충돌 구덩이 때문에 생겼다는 추측이 현대의 과학자들 사이에 널리 퍼져 있다.

지금으로부터 수십억 년 전인 먼 옛날에는 달에도 아직 열기가 상당히 많이 남아 있었다. 그래서 그 시절에는 달도 여차하면 용암을 내뿜을 수 있는 상태였다고 한다. 그런 시기에 꽤 커다란 소행성이 달에 가끔 부딪혔다. 그 때문에 큰 구덩이가 생겼으며 거기에 더해 그 충격으로 용암도 철철 뿜어져 나왔다. 그래서 넓은 구덩이 위로 넓게 평평한 용암이 깔려 굳은 모양이 생겼는데, 그게 멀리서 보면 평평하고 어두운 색깔로 보여서 무늬를 이루게 된다. 그렇게 해서 달의 토끼 무늬가 생긴 것이라면, 달에 사는 토끼의 정체란 바로 수십억 년 전에 달을 들이받은 커다란 소행성이 지금 달에 남긴 자국인 것이다. 말하자면 그 먼 옛날 달에 부딪힌 소행성들이야말로 거대 우주 토끼라고 할 수 있지 않을까?

유럽에서 망원경이 개발된 뒤에는 좀 더 상세히 달의 무늬를 관찰해서 지도를 만든 사람들도 있었다. 예를 들어, 근대 과학의 창시자 중 한 사람으로 존경받는 이탈리아의 갈릴레오 갈릴레이는, 달의 무늬가 그냥 색깔만 다른 무늬가 아니라 산과 골짜기 같은 형태를 이루며 구덩이도 있고 튀어나온 부분도 있다는 사실을 눈치채고 널리 퍼뜨리고자 했다. 그는 자신이 망원경을 이용해 세밀하게 살펴본 달의 지형을 그림으로 그려서 자랑스레 책에 싣기까지 했다.

달의 모습을 생생한 TV 화면으로 찍은 영상을 구해볼 수 있는 우리로서는 달에 산과 골짜기가 있다는 게 무슨 대단한 얘기인가 싶지만, 수백 년 전의 유럽에서는 그것만 해도 아주 귀중한 지식이었다. 고대인들은 달이나 별은 신령이나 천상의 완벽한 물체라고 생각하곤 했는데, 갈릴레이 같은 학자들은 달이 무슨 고결한 신령인 것이 아니라 그냥 달도 지구 같은 모습의 땅덩이, 흙덩이라는 것을 확인한 것이다.

보다 후대의 인물인 조반니 바티스타 리치올리는 더 세밀하게 관찰한 달의 모습을 보고 달 이곳저곳에 자기 나름대로 이름을 붙였다. 달의 각 지역에 이름을 붙인 사람들은 그 외에도 많이 있었지만, 리치올리가 정리한 이름들은 지금까지도 널리 쓰이고 있다.

그는 지구에서 주로 검은 무늬로 보이는 넓고 평평하고 어두운 지역을 바다 같은 느낌이라고 해서 바다라고 이름 붙였다. 예를 들어, 아폴로 11호가 착륙한 곳으로 널리 알려진 지역인 고요의 바다도 사실은 17세기에 리치올리가 붙인 이름이다. 그런 식으로 이름을 붙였기 때문에, 달의 바다는 바다라고는 하지만 물이 없는 황량한 사막이다.

고요의 바다는 달의 무늬가 토끼라고 생각하는 한국인의 시각으로 보면 토끼의 머리 부분 위쪽에 해당한다. 같은 시기 조선에도 송이영 같은 천문학자가 있었는데, 만약 송이영에게 망원경이 있어서 달을 관찰하고 그 지명을 붙였다면, 그는 아마 고요의 바다 대신 "토끼 얼굴 들판" 같은 이름을 붙이지 않았을까? 참고로 덧붙여 말해보자면, 토끼의 한쪽 귀에 해당하는 지역은 감로주의 바다라고 하고, 나머지 한쪽 귀에 해당하는 지역은 풍요의 바다라고 한다.

달은 충돌구덩이 전시장

바다가 아닌 나머지 지역, 그러니까 달의 육지 내지는 산에 해당하는 곳에는 용암이 퍼지지 않아 울룩불룩한 구덩이 모습이 다채롭게 남아 있는 곳이 많다. 달에는 구덩이 속에 작은 운석이 다시 나중에 또 충돌해서 작은 구덩이가 더 생겨 있는 곳도 흔하고, 그런 작은 구덩이 안에 또 더 작은 구덩이가 생긴 곳도 있다. 아주 작은 구덩이들은 정말 많아서 몇 m 정도 되는 구덩이까지 모두 하나하나 따져본다면 달에 있는 구덩이의 숫자는 수억 개가 될지도 모른다.

심지어 달에 있는 돌멩이를 들어서 자세히 확대해 보면, 우주에서 떨어진 작은 먼지만 한 물체가 돌에 충돌해 작은 자국을 남겨놓은 것이 보일 때가 있다고 한다. 그야말로 달에는 온갖 소행성 충돌 구덩이들은 다 모여 있다. 그러다 보니 그중에는 아주 이상한 충돌 자국도 있다. 내가 가장 신기하다고 생각하는 것은 린네 구덩이라고 부르는 곳이다. 린네 구덩이의 이름은 스웨덴 생물학자 린네Linné의 이름을 딴 것이다. 린네는 사람에게 호모 사피엔스라는 이름을 붙인 바로 그 학자다.

린네 구덩이를 세밀하게 살펴보고 기록한 사람 중에는 로흐만Lohrmann이라는 사람이 있었다. 그는 1824년경 린네 구덩이가 대략 지름 8km 정도 되는 크기라고 표시했다. 10년 정도 세월이 지나서 비어Beer라는 학자가 같은 구덩이를 자신의 책에 표시했는데, 그는 조금 더 큰 10 km 정도 되는 구덩이라고 보았다.

괴상한 일은 그로부터 다시 30년 정도가 지난 1866년 경에 벌어졌다. 슈미트Schmidt라는 학자가 린네 구덩이를 다시 살펴 봤을 때, 8km 또는 10km 짜리 구덩이는 보이지 않았다. 무슨 이유인지 그 대신 이상할 정도로 깊게 파여 있고 유난히 흰색을 띠고 있는 지름 2~3km 정도의 작은 구덩이가 보였다. 왜 갑자기 구덩이 모양이 바뀐 것일까? 작은 구덩이가 무너지면 더 넓어질 수야 있겠지만 어떻게 큰 구덩이가 작게 바뀔 수가 있는가? 이상한 흰색은 왜 생겨난 것일까? 린네 구덩이에 도대체 무슨 일이 일어났는가?

간단한 설명은 그냥 로흐만과 비어가 옛날에 잘못 봤다는 것이다. 과학기술이 발달한 지금 우리가 관찰할 수 있는 린네 구덩이의 모습은 슈미트가 기록한 모습과 유사하다. 지름 3km도 되지 않는 작은 구덩이를 지상에서 관찰하기에는 로흐만과 비어 시대의 망원경은 성능이 부족했다. 그래서 뭘 잘못 보고 엉뚱한 모양을 기록해 두었는데, 그것을 슈미트가 바로잡았다고 보면 이 문제는 어렵지 않게 해결된다.

그럼 로흐만과 비어가 하필 똑같은 구덩이를 보면서 똑같은 실수를 했다는 것일까? 이게 우연의 일치라고 하기에는 너무 묘하다고 생각한 사람들이 말을 만들어 내기도 한다. 달에 우리가 아직 모르는 이상한 화산 폭발이나 지각 변동을 일으킬 수 있는 기이한 성질이 있어서, 어떤 폭발이나 무너짐 현상이 일어나 30년 사이에 구덩이의 모양이 크게 변했을 수도 있다는 것이다. 이런 이야기는 달 한편의 특이하게 생긴 구덩이에 속에 무엇인가 엄청난 것이 숨겨져 있을 것 같다는 상상을 불러일으키기에도 좋은 이야기다.

조선 후기의 작가, 박지원이 쓴 『곡정필담鵠汀筆譚』에는 박지원이 나름대로 당시의 학문 수준에서 최선을 다해서 상상한 달 표면의 모습에 관한 추측이 실려 있다. 박지원은 조선 시대의 음양 이론에 따라서 달은 음기가 아주 강한 곳이라고 보았다. 그리고 그렇게 음기가 강하다면, 달은 온통 얼음으로 뒤덮인 지역으로 되어 있고 얼음으로 된 나무가 자라날 거라고 상상했다.

그런 식으로, 얼음 나무라든가 달 위에 퍼져 살던 이상한 생물이 숲 같은 모양을 이루고 마지막까지 린네 구덩이 근처에 조금 남아 있었다고 한번 상상해 보자. 숲에 뒤덮여 모습이 달랐던 구덩이의 형태를 로흐만과 비어가 보고 기록해 놓았다. 그 기록은 달에 사는 사라져 가던 생물의 마지막 모습이었다. 그리고 그 후, 30년의 시간이 흐르는 동안 그 생물은 결국 모두 사라져서 어떤 이유로 분해되어 버렸다. 그래서 린네 구덩이의 본모습이 드러난 거라고 생각해 보면 어떨까?

이런 이야기는 사실 과학적으로 맞아떨어질 가능성은 거의 없지만, SF 작가인 나로서는 이런 상상을 해보는 것도 흥미진진하다. 『곡정필담』도 소설은 아니지만, 박지원이 평소에 소설을 즐겨 썼던 걸 생각하면 이 대목은 말하자면 조선시대 SF라고도 할 수 있겠다. 이런 상상의 사실 여부보다 중요한 것은 달에는 이런 상상을 하게 해줄 만큼 이상한 모습의 구덩이들이 끝없이 널려 있다는 점이다.

데스 스타와 암흑 물질

잭 셉코스키Jack Sepkoski라는 학자는 공룡을 멸종시킨 소행성이 그냥 지구에 떨어진 것이 아니라, 대략 2,600만 년마다 반복되는 멸망의 주기에 따라서 떨어진 것일지도 모른다고 주장한 적이 있다. 이에 따르면 어떤 이유에서인지, 2,600만 년마다 지구를 파괴하는 무서운 재난이 반복해서 일어나는 경향이 있다. 주기적으로 지구에 놀러 와서 한바탕 행패를 부리고 가는 외계인 해적이 있는 것도 아니고, 어떻게 이런 일이 발생할 수 있을까?

셉코스키의 이론은 아직 확고한 사실로 인정되고 있지는 않은 것 같다. 그러나 상상력이 풍부한 사람들은 그 이유에 대해서도 벌써 재미난 상상을 떠올렸다. 스콧 샘슨은 자신의 저서에서 그 이야기를 '데스 스타Death Star'라고 소개했다. 우리가 흔히 아는 데스 스타는 영화 〈스타워즈Star Wars〉 시리즈에 나오는, 행성을 파괴할 수 있는 거대한 무기다. 하지만 여기에서 데스 스타는 우리 태양계 근처에 있을 것이라고 상상만 할 뿐, 아직 정체를 알 수 없는 이웃 별을 말한다.

우리 눈에 잘 안 보이는 형태로 잘 숨어 있는 그 별은 태양 주변을 돌다가 대략 2,600만 년에 한 번씩 유독 한 방향으로 우리와 가까워진다. 이 별은 자신의 무게가 갖고 있는 중력으로 우리 태양계 바깥쪽의 소행성이나 혜성들을 살짝 끌어당긴다. 그러면 소행성, 혜성들은 평소에 돌아다니던 길과 다르게 움직이게 된다. 그리고 마침 그 바뀐 방향에 지구가 있다. 즉, 데스 스타라는 상상 속의 별은 2,600만 년마다 한 번씩 우리 태양계 곁을 들락거리면서 그때마다 소행성이나 혜성들을 지구 쪽으로 보내, 온갖 멸종과 파괴가 일어난다는 이야기다.

이런 일이 정말로 발생한다는 증거는 부족하다. 그러나 긴 세월 소행성과 혜성들이 지구 주위를 돌아다녔고, 그중 일부가 지구에 추락했으며, 또 어떨 때는 좀 더 자주 지구에 추락하기도 한 것은 사실이다. 만약 과거 긴 세월 소행성들이 돌아다닌 역사와 그 충돌의 특성을 좀 더 자세하고 세밀하게 분석할 수 있다면, 우리는 지구를 위협하는 소행성이 언제, 어떻게 나타나는 것인지에 대해서도 더 잘 알 수 있게 될 것이다.

그래서 우리는 달에 가야 한다. 달에 있는 수많은 구덩이들은 우리에게 지구를 위협할지도 모를 소행성과 혜성에 얽힌 사연을 더 많이 알려줄 것이다. 특히나 달은 지구 바로 옆에 있기 때문에, 달에서 알 수 있는 사연은 그 많은 소행성 중에서도 우리가 사는 지구 근처로 오는 소행성에 대한 내용이다. 소행성과 태양계에 대한 지식이 더 풍부해진다는 것만으로도 소중한 일이다. 또한 그로부터 지구를 더 안전하게 보호할 수 있는 지식을 얻을 수 있다는 것은 무척 보람찬 일이다. 지구를 소행성 충돌로부터 보호하려면, 초능력을 사용할 줄 아는 지구방위대 용사에 대해 공상할 것이 아니라, 달에 가서 남아 있는 소행성 자국을 연구해야 한다.

2014년 매튜 리스^{Mattew Reece}라는 학자는 암흑 물질이 공룡을 죽였을지도 모른다는 추측을 발표한 적이 있었다. 암흑 물질이 공룡을 죽였다는 말만 들으면, 어떤 나쁜 외계인이 암흑 물질이라고 하는 아주 사악한 물질을 뿌려서 그 물질에 닿은 공룡들을 픽픽 쓰러지게 만드는 장면이 떠오를 만도 하다. 그러나 여기에서 말하는 암흑 물질이란 무슨 사악한 물질이나 새까만 물질이 아니라, 아직 과학자들이 정체나 관찰할 방법을 알지 못하는 물질을 말한다.

암흑 물질은 눈에 보이지도 않고 손에 잡히지도 않는다. 그렇지만 느껴지지만 않을 뿐, 지금 우리 바로 곁에도 암흑 물질이 가득하며 우리 몸을 뚫고 지나다니고 있을 거라고 많은 학자들이 생각하고 있다. 그런데도 그게 뭔지는 모른다. 만약 누군가 암흑 물질이 무엇으로 되어 있으며 어떤 성질을 가지고 있는지 정확히 확인할 수 있다면, 그것은 수십 년간 수많은 학자들이 도전했지만 결코 밝혀지지 않은 과학계의 대단히 어려운 수수께끼 하나를 푸는 일이다. 당연히 노벨상이건 무슨 상이건 다 받을 수 있다.

현재 암흑 물질에 대해 우리가 추측하고 있는 몇 안 되는 성질 중에 가장 뚜렷한 것은 무게를 갖고 있어서 중력으로 다른 물체를 끌어당길 수 있다는 정도다. 매튜 리스는 눈에 보이지는 않지만 우리 은하계의 우주 공간에 암흑 물질들이 덩어리져 있는 곳이 있어서, 그곳과 우리 지구가 속한 태양계가 마주치게 되면 그 암흑 물질의 중력에 소행성이나 혜성이 이끌릴 거라고 보았다. 그러면 돌아다니는 방향이 뒤틀려 지구 쪽으로 그것들이 더 많이 날아오게 된다. 즉, 암흑 물질이 공룡을 죽였다는 이야기는 사실, 암흑 물질과 가끔 마주치면 소행성이 날아가는 방향이 꼬이게 되어 지구가 거기에 두들겨 맞는다는 뜻이다.

나는 이 주장이 확고한 이론이라고 생각하지는 않는다. 그러나 만약 6,600만 년 전, 암흑 물질이 혹시라도 그런 사건을 일으켰다면, 먼 옛날의 소행성 충돌 흔적부터 몇 시간 전에 생긴 소행성 충돌까지 모두 갖고 있는 달에 가서 그 이론을 확인해 볼 수 있는 가능성은 있다고 생각한다. 만약 확인할 수 있다면, 세상의 가장 어려운 문제 하나를 푸는 데 한 발자국 더 다가가는 셈이다.

3

왜 늑대인간은 보름달을 보면 변신할까

나는 옛날 영화를 자주 보는 편이다. 그러다 보니 가끔은 아주 옛날 영화를 찾아 볼 때도 있다. 나온 지 한 100년 쯤 지난 영화를 보기도 한다. 이런 영화를 볼 때는 기술과 경험이 부족했던 과거에 어떤 식으로 특수효과를 만들어 재미난 장면을 만들었는지 살펴보는 것이 내용 못지않게 재미날 때도 있다. 특히 괴물이나 주술을 다루는 옛날 공포 영화가 그런 재미를 품고 있는 때가 많다.

　그러나 그런 영화를 보다 보면 순간 이상한 느낌이 들 때가 있다. 요즘 공포 영화의 무서운 느낌과는 또 다르다. 그냥 무섭기로만 따지자면 요즘 공포 영화가 훨씬 더 무섭다. 그런데 1910년대나 1920년대의 아주 옛날 공포 영화가 보여주는 기괴함이 분위기를 이상하게 만들 때가 있다. 예를 들어 스웨

덴 제작진이 덴마크에서 만든 1922년 영화 〈마녀들^{Häxan, The} Witches〉을 볼 때 나는 무척 이상한 느낌에 빠졌다.

요즘은 유치원 어린이들도 핼러윈 데이면 재미 삼아 괴물로 분장하는 시대다. 그러니 아무리 무서운 공포 영화라도 결국은 그냥 재미난 이야기를 만들기 위해서 사람들이 그렇게 꾸민 것일 뿐이라는 점을 안다. 영화를 보면서도 그 느낌은 대체로 티가 난다. 사람들에게 좋은 입소문이 돌게 하려고 이런 이야기를 만들었구나, 흥행 수입을 많이 올리기 위해 이런 장면을 이렇게 꾸몄구나 하는 사실을 느낄 수가 있다. 굳이 세세하게 장면 하나하나를 분석하지 않더라도, 많은 관객을 모으기 위해 극장에서 개봉되는 요즘 영화는 그렇게 잘 팔릴 만한 영화라는 틀 속에서 제작된다.

그런데 100년 전에 나온 이 영화는 그 틀 밖에 있다. 이 영화의 소재는 중세의 마녀 전설이다. 그런데 요즘 영화와는 구성 방식이 다르다. 영화에 소리가 들어 가지 않은 무성영화라서 대사도 없고 효과음도 없다는 점도 큰 차이다. 영화의 한 장면이 다른 장면으로 넘어가는 편집도, 영화에 등장하는 사람들이 연기하는 방식도 지금의 우리가 자연스럽게 받아들이는 방식과는 다르다. 무엇보다 마녀가 악마들과 모여 달빛 아래에서 잔치를 벌인다는 내용을 영화로 꾸며서 돈을 벌어보겠다는 생각을 하는 사람들을 찾아보기 아주 어렵던 시대에 나온 영화다. 기괴한 야수의 모습을 하고 사악한 의식을 치르는 출연자들의 모습을 보고 있으면, 저 사람은 무슨 생각으로 아무도 해본 적이 없는 마귀 흉내를 내고 있을까, 왜 자기 자신을 악마의 모습으로 꾸미는 일을 하겠다고 결심한 것일까 등등의 상상을 하게 된다.

끝까지 내용을 보면 〈마녀들〉은 사실 꽤 건전한 영화다. 중세에는 여성이 무엇인가 의심스럽다고 생각되면 마녀로 몰아서 무서운 고문을 가하다가 처형하던 일이 꽤 자주 있었는데, 사실은 그런 여성들은 단순히 그냥 신경 질환을 겪은 사람에 불과할 수 있지 않겠느냐 하는 이야기가 중심 내용이다. 그러니까 진짜 악마와 마녀는 없다. 대신 그냥 약을 좀 잘못 먹어서 하늘을 나는 환각에 빠진 경험을 했던 사람이 있었을 뿐인데, 그 사람이 무심코 "나는 빗자루 타고 날아다니는 기분이었다"라고 말하면 그 소문이 퍼지는 사이에 살이 붙어서 "악마와 거래를 해서 하늘을 나는 마녀가 되었다"라는 이야기가 되었다는 사연이다.

그러나 그렇다고 해서 감상이 상쾌해지지는 않았다. 그런 설명은 마음을 더 복잡하게 만든다. 처음 품었던 으스스함에 더해서, 별 죄도 없는 사람을 대단한 악당이라고 몰아붙인 중세의 보통 사람들에 대한 두려움이 생긴다. 어떤 사람이 마녀로 변해서 흉측한 짓을 하고 온갖 역겨운 의식을 치른다는 그런 상상을 왜 평범한 사람들이 집단으로 믿었던 것일까? 왜 거기에 휩쓸려 죄 없는 사람을 몰아붙여 별별 혹독한 처벌을 가했던 걸까?

중세 이후 유럽에서 여성들을 마녀로 몰아붙이는 사건이 자주 일어났다면, 남성에 대해서는 "그 사람이 늑대인간이다" 하고 몰아붙이는 사건도 있었다. 마녀사냥만큼 넓은 지역에서 큰 문제가 되었던 풍속은 아니지만, 지역에 따라서는 유명한 전설로 남은 사건이 여럿 있을 정도였다. 그래서 사건에 관한 기록을 구하는 것은 어렵지 않다.

잘 알려진 사건으로는 피터 스텀프Peter Stübbe, Peter Stumpp 전설이 있다. 원래 사건이 일어난 곳은 16세기 무렵 현재의 독일 베트부르크 지방이다. 그런데 오히려 영국에서 그에 관한 이야기가 더 많이 퍼져서 영어식으로 피터 스텀프라고 해야 자료를 구하기가 더 쉽다.

핵심만 추려보면 피터 스텀프는 얼핏 보면 멀쩡한 사람처럼 보였지만 사실은 늑대인간이라서 사람들을 난폭하게 공격하고 심지어 목숨을 앗아 갔다는 내용이다. 늑대인간으로 변신한 스텀프가 사람을 공격하면서 입으로 사람을 물어뜯었다는 이야기도 많다. 희생자가 많이 발생한 후에 스텀프는 붙잡혀 정체가 밝혀지고 처형당했다. 사람들은 사악한 마귀나 다름없는 스텀프를 벌하기 위해 마지막 순간까지 아주 혹독한 벌을 주었다고 한다.

실제로 스텀프가 사람들을 해친 범죄자였을 가능성은 충분하다. 그러나 그가 정말로 어떤 죄를 저질렀는지, 무슨 나쁜 짓을 얼마나 했는지에 대해서 전설을 모두 곧이곧대로 믿기는 어려워 보인다. 세상에 늑대인간은 없기 때문이다. 그런데도 그가 늑대인간으로 밝혀졌다는 것을 보면 분명히 무엇인가 과장되어, 없는 죄를 뒤집어씌운 내용도 있을 것이다. 기록 중에는 그가 늑대인간으로 변신해 커다란 덩치와 날카로운 이빨을 가진 짐승 모습이 되었다는 듯이 묘사해 놓은 내용도 있는 것 같다. 이런 내용은 그냥 스텀프를 나쁜 놈이라고 생각한 사람을 더 나쁜 놈이라고 욕하기 위해 이야기를 갖다 붙인 거라고 봐야 한다. 스텀프는 정말 늑대인간 같은 괴물이라고 할 만한 악당이었을까? 스텀프에게 죄를 뒤집어씌우고 영영 숨어버린 진짜 악마 같은 사람을 놓친 것은 아닐까? 그러면 그 속임수에 넘어가 스텀프를 늑대인간, 괴물이라고 몰아붙인 사람들의 흥분도 악마의 수작이라고 봐야 할까?

보름달을 보면 변신해서 사람들을 해치고 다닌다는 나쁜 늑대인간의 전설은 어떻게 만들어진 것일까?

나는 괴물에 관한 전설을 분석하는 책을 몇 권 낸 적이 있다. 그런 책을 통해 나는 늑대인간은 유독 몸에 털이 많은 체질인 사람을 오해한 것이라는 설이나, 갑자기 사람이 난폭해지는 증상을 갖고 있는 질병인 공수병, 즉 광견병 환자를 오해했을 수 있다는 설을 소개했다. 그러나 스텀프 사건의 이야기가 퍼져 나간 모습을 보면, 어쩌면 늑대인간의 전설은 밤이면 돌변해서 사람들을 해치는 범죄자가 돌아다닌다는 공포가 만들어 낸 소문에서 출발해 점점 살이 붙어 과장된 것일 수도 있을 거라는 생각도 해보게 되었다.

유럽에서 보름달과 괴물 이야기가 연결된 이유

유럽 문화에서 늑대인간이나 마녀의 주술은 보름달과 연결되어있는 경우가 많다. 본격적인 공포 영화로 제작된 1935년작 〈런던의 늑대인간Werewolf of London〉이나 1941년작 〈늑대인간The Wolf Man〉에서부터 보름달은 중요한 소재로 언급된다.

영화 속 주인공은 보통 때는 멀쩡한 사람이지만 보름달을 보면 몸이 변하기 시작해서 온몸이 털로 뒤덮이는 등 늑대와 비슷하게 변하고 성격도 굉장히 사나워진다. 특히 〈런던의 늑대인간〉은 나름대로 SF스러운 내용이 슬쩍 가미되어 있어서 지금 보면 더 눈길을 끈다. 이 영화에서 주인공은 티벳의 오지에 갔다가 이상한 식물의 독에 감염되는데, 그 후에 몸의 체질이 변하여 보름달 빛을 받으면 몸속의 신진대사가 이상하게 바뀌는 증상이 생긴다. 아마 무슨 호르몬이 갑자기 온몸에 넘치게 되는 모양으로, 그 때문에 몸에서 털도 나고 감정도 변해 쉽게 흥분하고 화를 내는 난폭한 성격이 되는 것 같다.

거슬러 올라가 보면 보름달이나 보름달에 치러지는 의식이라는 것이 중세 이후로 유럽 사람들을 자극할 만한 관습적인 이유도 있었던 것 같다. 로마 제국의 문화를 이어받은 다수의 유럽 사람들은 달력 체계를 고를 때 태양의 움직임과 계절 변화에 초점을 둔 양력을 택했다. 로마의 율리우스 카이사르는 이집트 문화를 접한 후, 이집트의 발달한 천문학 전통에서 나온 이집트식 양력이 편리하다고 판단했던 것 같은데, 그 달력 만드는 방식이 변형되어 율리우스 카이사르가 정한 달력이라는 뜻의 율리우스력이 되었다. 양력인 율리우스력은 긴 세월 유럽에서 날짜와 시간을 따지는 기준이었고, 지금 우리가 쓰는 양력 달력의 바탕인 그레고리력도 사실 율리우스력을 조금 개조한 방식이다.

그렇기 때문에 중세 이후 유럽 사람들은 명절이나 날짜를 헤아릴 때, 달을 기준으로 하는 달력을 사용하는 문화는 낯선 나라, 특이한 민족, 다른 문화권의 풍습이라고 여겼을 것이다. 예를 들어, 로마 제국이 영국을 점령하기 전에 원래 영국에 살던 켈트족들이 사용한 달력은 초승달, 보름달 뜨는 날을 날짜의 기준으로 삼았다. 그러니 켈트족의 풍습과 관습은 달과 관련이 많을 수밖에 없었을 것이다. 그러니 반대로 로마 문화권을 이어받은 사람들은 보름달이라면, 옛날부터 내려온 켈트 전통에 따른 특이한 풍습의 상징, 켈트족이 믿는 낯선 신들과 관련 있는 것이라는 생각을 떠올렸을 것이다.

옛사람들에게 낯선 문화의 다른 풍습은 무섭고 나쁜 것으로 보이기 쉽다. 게다가 이런 부류의 로마 문명 바깥의 풍속들 중에는 주로 괴상한 것들이 기록으로 남아 소문으로 널리 퍼지는 경향이 있었다. 예를 들어 고대 켈트족 주술사들 중에는 드루이드라고 하는 사람들이 있었는데, 이들의 풍습 중 위커맨wicker man이라고 하는 것이 사람들 사이에서 유명했다. 위커맨이란 위커, 즉 버들가지 같은 것을 엮어서 커다란 사람 모양을 만들고 그 속에 신에게 바칠 제물을 묶어둔 것을 말한다. 켈트족 드루이드들은 제물이 묶여 있는 그 사람 모양을 통째로 불에 태우는 것을 중요한 행사로 여겼다.

중세 이후의 유럽인들 상당수는 로마 제국이 남긴 문화에 이미 익숙해져 있었다. 그런 사람들은 보름달에 맞춰 무슨 의식을 치르는 등의 옛 켈트족 문화를 접하면, 사악하고 음침한 알 수 없는 믿음을 먼저 상상하지 않았을까? 그러다 보면 나중에는 달, 그 자체를 뭔가 괴상한 주술의 상징처럼 여기기도 했을 것이고, 마녀나 늑대인간이 무슨 나쁜 짓을 한다면 달의 힘을 이용한다는 식의 생각을 떠올리기도 좋았을 것이다.

물론 유럽 문화권에서 달이 항상 나쁜 역할만 맡는 것은 아니다. 마녀나 늑대인간 이야기가 특색이 있어 먼저 소개하기는 했지만, 유럽의 옛 시나 소설 등에도 달을 아름답게 표현한 사례는 많다.

　　예를 들어, 영국 문학을 대표하는 단 한 명의 작가라고 할 수 있는 셰익스피어는 〈한여름 밤의 꿈〉이라는 희곡을 쓴 적이 있는데, 여기에서 달은 밝고 긍정적인 소재로 등장한다. 〈한여름 밤의 꿈〉은 결혼을 앞둔 남녀가 사랑에 빠지게 하는 마법의 약 때문에 엉뚱한 사람과 사랑에 빠져 소동이 벌어진다는 이야기다. 이 연극에서는 처음 나오는 대사부터가 초승달이 뜨면 결혼하기로 했다는 말이다. 또한 이야기 내내 달빛이 사랑을 상징하는 좋은 의미로 언급된다. 이 연극도 따지고 보면, 요정과 마법을 다루는 내용이긴 하다. 그렇지만 셰익스피어의 연극 중에서는 가장 밝고 즐거운 내용으로 손꼽힌다.

　　이 희곡에는 "나뭇가지를 짊어진 사람"을 언급하는 알 수 없는 내용이 나온다. 이것은 중세 유럽에 퍼져 있던 달에 관한 또다른 전설의 인용이다. 우리가 달의 무늬를 보고 토끼라고 생각하듯이, 중세 유럽에서는 그 무늬가 나뭇가지를 짊어진 사람 모습이라고 보았다. 전설에 따르면, 옛날에 어떤 사람이 일요일에도 일을 한 벌로 달에 가서 영원히 일주일 내내 항상 나뭇가지를 지고 있게 되었다고 한다.

달빛에는 정말 특별한 힘이 있을까

로마 문화를 이어받은 유럽권에는 아직도 달빛을 받으면 사람의 마음이 좀 이상해진다는 믿음이 굉장히 널리 퍼져 있다. 그 흔적은 말에도 남아 있다. 'Lunar'나 'Moon'이라고 하면 영어로 달을 나타내는 말인데, 거기에서 파생된 단어 중에는 정신이 이상해지는 것과 관련된 단어가 많다. 'Lunatic'은 정신이 나갔다는 뜻이고 'Moony'라고 하면 멍하다는 뜻이며, 'Moonstruck'이라고 하면 좀 정신이 빠져서 붕 뜬 것 같은 상태를 말한다. 'Moonshine'은 헛소리, 'Moonraker'라고 하면 멍청이라는 뜻이 있다.

어쩌면 늑대인간 영화가 한때 그렇게 유행했던 것도, 사람이 원래 환한 달빛을 보면 좀 흥분하기 마련이니까 체질에 따라서는 너무 심하게 흥분해서 아예 야수처럼 변해버리는 사람이 있을 수도 있다는 상상 때문일 것이다. 단 이런 생각은 어디까지나 지나친 걱정으로, 학자들은 보름달이 뜬다고 해서 사람의 정신에 특별히 이상한 현상은 생기지 않는다고 보고 있다. 과거 미국 병원 응급실에서는 보름달이 뜨는 날에는 어쩐지 사고나 사건이 많이 생겨서 응급 환자가 많이 오는 것 같다고 느끼는 직원들이 가끔 있었다. 보름달이 사람을 흥분시켜서 싸우는 사람들이 많아지고 무모한 짓을 하는 사람들도 늘어난다는 생각이다. 그러나 2019년 10월 뉴욕대학

연구진이 범죄율 통계를 조사해서 실제로 분석해 본 결과에 따르면 범죄나 사고와 보름달은 별 관계가 없었다고 한다.

그렇지만 환한 보름달이 사람을 약간 들뜨게 하는 것은 사실인 듯하다. 달빛에 특별한 힘은 없다고 해도, 유독 달이 밝아 깊은 밤인데도 주변 풍경이 빛나 보이는 모습에는 아름다움이 있다. 그리고 그런 아름다운 풍경을 보면서 밤하늘 달을 보면 이런저런 생각이 많이 들기 마련이다.

그러니까 예로부터 그 많은 시인들이 달에 관한 시를 썼고, 그 많은 음악가들이 달에 관한 노래를 만들었을 것이다. 나는 대학원을 다닐 때 저녁을 먹고 오다가 같이 있던 평소 멀쩡했던 한 대학원생이 밤하늘의 밝은 보름달을 보고는, 난데없이 "달님에게 소원을 빌어야지"라고 말하고는 계단 난간 위에 올라가 달을 향해 기도하던 모습을 본 적이 있다. 지금은 화학 박사가 되어 잘 살고 있는 친구인데, 그때는 대학원 생활이 힘들어서 그랬는지는 어쨌는지 모르겠다. 술도 한 잔 정도밖에 안 마셨는데 그랬다.

마녀나 늑대인간이 달과 아무 상관이 없다고 해도, 보름달이 밝다는 것은 부정할 수 없다. 옛 학자들은 밤하늘 별들의 밝기를 대체로 1등성에서 6등성까지로 구분하여 1등성이 가장 밝고 6등성이 가장 어둡다고 했다. 1등성보다 더 밝은 별이 있다면 그 별을 0등성이라고 할 수 있고, 만약 그보다도 더 밝은 별이 있다면 -1등성이라고 부를 수도 있을 것이다.

현대 과학자들의 측정에 따르면 밤하늘에서 가장 밝은 별 축에 속하는 시리우스 별이 바로 -1등성에 해당한다고 한다. 그런데 보름달은 -12등성보다도 더 밝다. 밤하늘에서 가장 밝은 별에 속하는 시리우스보다 1만 배 이상 밝다는 뜻이다.

그렇다면 최소한 보름달의 밝기가 사람의 삶에 영향을 줄 수는 있을 것이다. 보름달이 뜨면 그렇지 않을 때보다 밤에 무엇인가가 더 잘 보인다. 그래서 밤하늘에서 어두운 별을 주로 관찰해야 하는 천문학자들은 보름달이 없는 날에 주로 작업한다. 보름달이 뜬다고 천문학자들이 늑대인간으로 변하지는 않겠지만, 별을 관찰하기 어렵게 되었다고 아쉬워하는 천문학자는 분명히 있을 수 있다.

조선시대에는 남에게 들키지 않고 밤에 몰래 행동을 할 때 보름밤보다는 그믐밤을 이용해야 한다는 생각도 널리 퍼져 있었다. 『조선왕조실록』의 1734년 기록을 보면, 임금을 보호하는 부대인 금위영에서 일하는 대원이면서도 밤이면 몰래 도둑질을 하는 해괴한 사람이 붙잡힌 내용이 나온다. 그 역시 그믐날 밤에 도둑질을 했다고 고백한다.

반대로 생각해 보면 보름달이 뜬 밤에는 다른 날 밤에는 보이지 않는 이상한 현상이 눈에 좀 더 쉽게 띄기 쉽다. 예를 들어서, 이상한 취향 때문에 밤마다 개 흉내를 내는 짓을 하는 특이한 사람이 있다고 상상해 보자. 그런 사람은 보름달 뜬 밤에 눈에 띄기 더 쉬울 것이다. 병 중에는 유독 밤에 통증

이 더 심해지거나, 밤만 되면 몸을 이상하게 만드는 것들이 있다. 그런 사람들이 병 때문에 괴로워하는 모습도 보름달이 떴을 때 눈에 더 잘 뜨일 것이다. 사람이 정신이 혼미하거나 몸이 너무 쇠약할 때에는 꿈과 현실을 혼동해서 엉뚱한 말을 하거나 엉뚱한 행동을 하는 경우가 있는데, 역시 보름달이 떠 있는 날에 그런 사람이 더 눈에 잘 뜨일 것이다.

악마가 나오는 꿈을 꿀 때마다 놀라서 집 밖으로 뛰쳐나와 정신없이 달리는 사람이 있다고 생각해 보자. 그 사람은 자주 그런 짓을 한다. 그러나 캄캄해서 아무 빛도 없는 밤보다는 보름달이 뜬 날, 옆집 사람에게 목격될 가능성이 좀 더 높다. 그러면 그 옆집 사람은 "보름달이 뜬 날마다, 저 사람은 갑자기 밤길을 뛰어다니며 소리 지르는 마귀로 변하는 것 같다"라고 생각할 수 있다.

심지어 별 이유가 없더라도 사람은 대체로 눈에 띄는 현상들끼리 서로 연결해서 괜히 연관 관계를 만들어 생각하기 좋아한다. 소위 잘못된 인과 관계의 오류라고 하는 것인데, 그냥 밤에 이상한 일을 보았을 때 마침 하늘을 보니 아주 밝은 보름달이 인상적인 모양으로 빛나고 있었다면, "혹시 보름달 때문인가?"라고 괜히 생각하게 된다. 보름달에 관한 미신은 아마 그런저런 이유 때문에 생기지 않았을까?

2017년에 토론토대학 연구진은 오토바이 사고의 경우 보름달이 뜬 날 약간 자주 일어나는 경향이 있다는 조사 결과를 발표한 일이 있었다. 그러면서 그 이유로, 보름달이 뜨면 주변의 잡다한 물체들이 더 눈에 잘 보이는 바람에 운전을 하다가 엉뚱한 것을 쳐다보며 주의를 빼앗겨 실수할 가능성이 높아진다는 점을 꼽았다. 모르긴 해도, 무척 아름다운 달이 뜬 날이라면 잠깐 달을 쳐다보며 딴생각을 하다가 사고를 내는 사람도 있지 않았을까 싶다.

사람이 아닌 다른 동물 중에는 달의 영향을 좀 더 많이 받는 것들도 있다. 밀물과 썰물의 영향에 따라 삶이 달라지는 수많은 바다 생물들은 쉽게 떠올릴 수 있는 사례다. 밀물과 썰물은 달 때문에 일어나는 현상이니 달의 영향을 간접적으로 받는다고 할 수 있다.

직접적으로 영향을 받는 사례도 있다. 바다거북들 중 몇몇은 해변에서 바다로 나아갈 때 하늘의 달을 보고 방향을 잡는다고 한다. 이 사실은 꽤 알려져 있는 편이다. 해변에 이런저런 불빛을 내뿜는 도시의 건축물들이 많이 생기면 바다거북들이 뭐가 달빛인지 잘 느끼지 못해 방향을 못 잡으므로 살기 어려워진다는 이야기도 있다. 또한 호주에 있는 세계 최대의 산호초 지대인 그레이트 배리어 리프에 사는 산호들은 항상 보름달이 뜨는 한밤중에만 알을 낳는 습성이 있다. 그레이트 배리어 리프에는 대단히 많은 숫자의 산호가 사는데, 보름달에 맞춰 일제히 모두 한꺼번에 알을 낳기 때문에 그때를 맞춰 잠수하여 구경하러 가는 사람들도 있다고 한다.

프린스턴대학 연구진은 아프리카 세렝게티 초원의 짐승들이 달에 특별히 반응하는 습성이 있다는 사실을 알아내, 2017년 발표하기도 했다. 많은 포유류들은 밤에 활동하는 습성, 즉 야행성이 있다. 어떤 학자들은 이것이 공룡들이 있던 시대에 공룡들의 눈을 피해 살아남기 위해 발달한 재주 아니냐고 짐작한 적이 있다. 세렝게티 초원의 초식동물 입장에서는 여전히 육식동물을 피해 몸을 숨길 필요가 있다. 그러나 달빛이 밝은 날에는 그만큼 밤에 육식동물들의 눈에 잘 띄게 된다. 그래서 보름달이 뜨면 초식동물들은 더 예민해지고, 더 경계하는 경향이 나타난다고 한다. 달빛에 사람의 마음을 바꿔놓을 힘은 없다지만, 적어도 초원 들소떼의 행동을 조금 바꿔놓을 힘 정도는 있는 것 같다.

달빛의 정체와 빛의 반사

달빛에 마력이 없다고는 해도, 달빛을 정밀하게 분석해 보면 재미난 사실을 몇 가지 더 알아낼 수 있다. 우선 달빛의 정체는 대체로 햇빛의 다른 모습이다. 달은 스스로 빛을 내뿜을 수 없다. 그냥 약한 별빛밖에 없는 아무것도 없는 허공에 달이 떠 있기 때문에 반대편에 있는 햇빛을 받아 드러난 모습이 특별해 보일 뿐이다. 지구에 워낙 가까이 있어서 크기가 커 보여서 그렇지, 심지어 달은 딱히 밝은 물체라고 할 수도 없다. 만약 달이 있는 자리에 달만큼 커다란 넓이로 흰색 A4 용지를 가득 붙여놓는다면 그 A4 용지 뭉치가 달보다 더 밝아 보일 것이다.

우주에서 지구를 내려다본다면 지구도 햇빛을 받기 때문에 파란색의 아름다운 모습으로 보인다. 재미있는 것이, 그 지구의 파란 색깔도 빛은 빛이기 때문에 그 빛도 달에 닿으면 달의 빛에 영향을 준다. 그래서 달빛을 정밀 분석해 보면 햇빛을 받아 생긴 지구의 빛이 다시 달에 닿아 달빛에 포함되어 아주아주 조금 더 밝아 보이는 것을 알 수 있다고 한다. 지구에서 그 빛을 측정한다면, 그것은 달빛에 섞여 그 빛이 지구로 다시 돌아온 것을 측정했다는 뜻이니까, 그 말은 햇빛이 지구에 비쳤다가, 그게 다시 달에 비쳤다가, 그게 또다시 지구로 돌아왔다는 말이다.

학자들은 지구에서 보낸 빛을 일부러 달에 정확하게 튕겨 돌아오게 해서 어떻게 보이는지 측정하는 실험도 하고 있다. 이런 실험이 가능한 것은 달에 보낸 우주선들이 달의 땅 위에 거울을 몇 개 설치해 놓았기 때문이다. 그래서 지구에서 빛을 잘 조준해서 그 거울에 맞춰 보내면 그냥 달에 빛을 보내는 것보다 훨씬 깨끗하게 반사된 빛이 지구로 다시 돌아온다.

달은 지구로부터 40만 km 가까이 떨어져 있다. 이 거리는 상당히 멀기 때문에 빛이 날아가는 데에도 1.3초 정도의 시간이 걸린다. 지구에서 레이저를 쏘면 레이저가 달에 있는 거울에 부딪혀 돌아올 때까지는 2.6초 정도의 시간이 걸린다.

짧은 무서운 이야기 중에 "거울에 비친 내 모습과 가위바위보를 해서 이겼다"라는 것이 있는데, 거울의 모습이 나와 다르다는 말은 거울에 내가 아닌 유령이 나타났다는 것을 암시한다. 그러나 달에 설치된 거울을 보며 가위바위보를 하면서 2.6초 안에 무엇을 냈는지 바꾸면 거울에 비친 모습과 실제 내 모습이 다른 상황을 실제로 체험해 볼 수 있다. 물론 지구에서 보는 달의 거울은 너무 작아서 맨눈으로 그 모습을 볼 수는 없겠지만.

빛 반사 실험을 하는 이유가 가위바위보를 하기 위해서는 아닐 것이다. 이 실험을 하는 가장 중요한 이유는 레이저가 달에 도달했다가 돌아오는 시간을 정밀하게 측정해서 역으로 달과 지구 사이의 거리를 알아낼 수 있기 때문이다. 이런 방법으로 학자들은 달과 지구 사이의 거리를 수십 번, 수백 번, 수천 번 반복 측정했다. 그래서 정확한 거리는 얼마인지 혹시 달의 위치가 변하고 있지는 않은지 정확히 알아냈다. 요즘 학자들은 이 방식으로 달과 지구 사이의 거리를 1mm 단위로 알아낸다. 그렇게 살펴보니 매년 달과 지구 사이의 거리가 약 4cm씩 멀어진다는 사실도 알아냈다. 그러므로 아마 1억 년 전 과거, 공룡들이 살던 시대에는 달이 지금보다 한결 가까웠을 것이고, 공룡들이 밤하늘을 보면 달이 지금보다는 더 크게 보였을 것이다.

달과 지구 사이의 거리를 1cm, 1mm 단위로 정확히 알게 되면, 달과 지구의 거리를 유지하게 만드는 힘인 중력에 대해 서도 더 정확하게 알 수 있다. 달이 지구에서 벗어나지 않고 붙잡혀 있는 이유는 중력으로 당기고 있기 때문이다. 현재 사 람들이 알고 있는 중력을 계산할 수 있는 가장 정확한 이론은 상대성이론, 그 중에서도 일반 상대성이론이다. 일반 상대성 이론은 시간과 공간이 휘어지고 뒤틀리는 복잡한 현상을 이 용해서 중력을 설명하므로 계산하기도 까다롭고 이해하기도 어려운 점이 있다. 상대성이론으로 중력을 계산해 보면 달과 지구의 거리가 얼마라고 나올까? 달과 지구의 거리를 측정해 놓은 결과란, 곧 상대성이론 중력 계산의 정확한 답이 무엇인 지 알려주는 해답지라고 할 수 있다.

그래서 우리는 그 자료를 보고, 일반 상대성이론으로 시 간과 공간을 계산하기 위해서는 어떻게 계산하는 것이 더 정 확하고 편리한지, 우리가 이해하고 있는 시간과 공간의 특성 이 과연 맞는지 따져보고 확인해 볼 수 있다. 반사로 생긴 아 주 미약한 달빛에 늑대인간을 변신시키는 힘은 없을지라도 그 빛이 우리에게 시간과 공간을 계산하는 방법을 알려주고 있다. 달에 거울을 설치해 놓은 지 50년 가량의 세월이 흘러, 지금은 실험 장치가 많이 낡은 상태다. 그래서 실험이 점차 어려워지고 있다. 아마 우주에서 떨어진 먼지 같은 것이 쌓인 것 아닌가 싶다. 그래서 우리는 달에 가야 한다.

이번에는 오래오래 사용할 수 있는 더 깨끗하고 큰 새 거울을 달에 설치해 둘 필요가 있다. 그렇게 큰 거울을 설치해 둘 만한 좋은 위치로 달은 아주 유용한 곳이다. 화성이나 금성은 그 정도 빛을 측정하는 실험을 하기에는 너무 멀어서 정밀하게 측정할 수가 없다. 인공위성 같은 물체에 거울을 달아 놓는다면 무게가 너무 작아서 중력, 시간, 공간의 효과를 따져 보기에는 어려움이 있다. 달에 깨끗한 새 거울을 설치해 놓는다면 그 거울이 우리에게 앞으로 50년, 100년 동안 달빛 속에서 시공간의 비밀을 알려줄 것이다.

4

달이
사람의 운명을
결정한다?

나는 십몇 년쯤 전에 외국에 나가서 몇 달간 지내던 중, 갑자기 공부할 것이 많이 쌓여서 정신없이 시달리며 일을 해야 했던 적이 있었다. 그러다 너무 답답해서 잠깐 숨 돌리기 삼아 깊은 밤에 괜히 길거리를 걸어보았다. 길에서 문득 하늘을 봤는데 아주 아름답고 큰 달이 떠 있었다. "오늘따라 이상하게 보름달이 되게 밝아 보이네"라고 생각했는데, 다시 찾아보니 그날이 한가위였다. 아무도 한국 명절인 추석을 챙기는 사람이 없는 외국이라 그날이 추석인지도 몰랐다가 달을 보고야 깨달았다. 그러고 나니 갑자기 외롭기도 하고 서럽기도 하고 그리운 사람들의 얼굴이 너무 생생하게 생각나기도 하고 그래서, 한국으로, 서울로 돌아가고 싶은 마음이 훅 치밀어 올랐던 기억이 있다.

먼 옛날 이 땅에 살았던 사람들에게도 이런 명절이 있었다. 고조선 사람들은 매년 음력 10월이 되면 무천이라고 하는 명절을 즐겼다고 한다. 음력 10월이면 늦가을 무렵이다. 추수가 끝나고 여유가 있을 시기다. 그러니 무천이라고 하는 명절은 아마도 추수한 곡식에 감사하며 그 풍요로움을 즐기는 축제였을 것이다. 의미를 본다면 지금의 추석과 비슷하다.

무천에 대한 기록은 『토원책부兔園策府』라고 하는 책에 나와 있는데, 이 책이 고조선 때의 풍속을 정확히 옮겨놓은 것이라면 이것은 한국인의 달력과 시간관념에 대한 기록 중 가장 먼 옛일에 관한 내용이다. 이것 말고도 약 2,000년 전에 있었던 나라인 동예에도 무천이라는 풍속이 있었다는 사실이 다른 여러 책에 좀 더 자세하게 기록되어 있다. 그러니 적어도 한반도의 고대인 중 상당수가 무천이라는 명절에 익숙했던 것은 분명하다.

옛 기록에는 동예의 무천을 "주야음주가무晝夜飮酒歌舞"라고 묘사하고 있다. 한문에 익숙지 않더라도 대충 뜻을 짐작할 수 있을 만한 표현이다. 밤낮으로 술을 마시고 노래를 하고 춤을 추었다는 뜻이다.

그러고 보면, "무천"이라는 말을 영어로 옮기면 "dance heaven"이 된다. 댄스 헤븐이라고 하면, 신나게 노는 요즘 축제에도 꽤 어울릴 것 같은 말이다. 좀 황당한 이야기이지만, 나는 그래서 무천을 되살려 매년 가을에 댄스 그룹들이 크고 작은 공연을 밤낮으로 성대하게 펼치는 축제를 개최해도 좋지 않을까 생각한다. 강원도에는 강릉 지역이 옛날 동예의 땅이라는 전설이 오래전부터 내려오고 있다. 그렇다면 강릉에서 매년 음력 10월 댄스 헤븐 축제를 열어도 좋지 않을까?

달, 시간의 상징

무천에 관한 기록을 보면서 좀 더 깊이 생각해 볼 수 있는 문제는 달력이다. 10월에 이런 명절이 있었다는 이야기는 그 명절이 돌아오는 때를 사람들이 알고 있었다는 의미다. 여럿이서 지내는 축제인 만큼 10월이 무엇인지 사람들 사이에서 정해두었을 것이다. 그렇다면 시간을 헤아리는 달력을 만들어 놓고, 그 달력을 보는 관습이 있었을 가능성이 높다. 현대 사회에서는 손을 뻗어 전화기 화면만 봐도 간단하게 날짜를 알 수 있지만, 그래도 바쁘게 살다 보면 오늘이 며칠인지, 무슨 요일인지 간혹 잘 생각이 나지 않을 때가 있다. 그러니 수천 년 전의 고대인들이 매년 한 번씩 돌아오는 명절을 알기 위해서는 분명 달력이 필요했을 것이다.

달력이라는 말에서 "달"은 하늘의 달이라는 뜻이고, "10월에 무천이 열린다"라고 말할 때의 "월"도 달이라는 뜻의 한자다. 이렇게 보면 예로부터 날짜를 헤아리며 시간을 가늠

하는 기준으로 한국인들은 달에 익숙했다.

지구에서 달을 올려다보면, 대략 30일에 한 번씩 완전히 동그란 모양인 보름달 모양이 되었다가 서서히 그 모양이 작아지면서 그믐달, 초승달, 반달 모양으로 변하는 과정을 반복하게 된다. 그렇기에 오늘 밤 달의 모습을 보면, 지난번 보름달이 뜬 날짜에서 며칠이나 지났는지 짐작할 수 있다. 달이 거의 전혀 보이지 않는 모습이라면 15일 정도가 지났다는 뜻이고, 또 보름달에 가까운 모습이 보인다면 30일 정도가 지났다는 뜻이다. 그렇기에 한국인들은 30일 정도의 기간을 한 달이라고 불렀다.

좀 더 응용해서, 보름달을 열두 번 반복해서 보게 되면 열두 달이라는 시간이 지났다는 뜻이다. 그 정도의 기간은 계절이 한 번 변하는 정도의 시간에 가까우므로 열두 달은 대략 1년에 가깝다.

따라서 달은 시간의 상징이다. 신라의 원효는 『발심수행장發心修行章』에서 사람의 삶에서 시간이 덧없이 빨리 흘러간다는 점을 지적하면서 "한 달 한 달 지나다 보면 곧 한 해의 끝에 도달하고, 한 해 한 해 지나다 보면 어느새 점차 죽음의 문 앞에 다가간다"라고 썼다. 더군다나 한국에서 통상 음력이라고 부르는 달력은, 예전부터 만들 때 항상 1일 전후에는 달이 잘 보이지 않다가 날짜가 지날수록 매일 차차 하늘의 달이 잘 보이고 크기가 커지게 되어 15일이면 보름달이 뜨도록 맞춰두었다. 즉, 달력에서 달과 시간의 관계가 바로 선명히 드러난다. 예를 들어 한가위 명절은 음력 8월 15일이고, 정월 대보름은 음력 1월 15일인데, 날짜의 15라는 숫자만 보아도 그날에는 보름달이 뜬다는 사실을 바로 알 수 있다.

달의 모양이 일정한 시간 간격에 따라 바뀌는 것은 달이 우주의 한곳에 가만히 머물러 있는 것이 아니라 지구 주위를 빙빙 돌면서 움직이고 있기 때문이다. 이 움직임을, 달이 지구에 대해 공전한다고 표현한다. 달이 돌면서 움직이다가 어느 방향에서 햇빛을 받느냐에 따라 우리가 지구의 땅 위에서 보는 모습이 달라진다. 햇빛을 옆쪽에서만 받으면 지구에서 볼 때 반달로 보이고, 햇빛을 정면으로 온통 다 받으면 보름달로 보인다. 햇빛을 잘 받지 못하는 방향으로 비켜 서 있게 되면 달이 보이지 않는다.

달이 지구 주위를 돌 때 왔다 갔다 하며 제멋대로 돌아다니는 게 아니라 항상 한 방향으로 일정하게 돌기 때문에, 달의 모양이 변화하는 것도 일정한 형태로 변해갔다. 먼저 달의 오른쪽이 점점 보이기 시작하면 그것이 초승달이고, 그다음 반달이 되면 상현달이라고 한다. 이후 달이 점점 배가 부른 모양으로 변하고 이어서 보름달이 된다. 그리고 나면 다시 달의 오른쪽부터 점점 사라지기 시작한다. 그러다 반달이 되면 하현달이라고 하고, 마지막으로는 달의 왼쪽 끄트머리만 조금 남게 보이면 그믐달이다.

나는 달의 모양이 변하는 순서가 항상 헷갈렸는데, 중학교 때 한 친구가 수학식에서 미지수를 나타내는 x모양을 쓰는 차례대로 달의 모양이 나타난다고 기억하면 된다고 해서 그 후로는 헷갈리지 않는다. 먼저 x의 왼쪽 반인) 모양처럼 생긴 달이 먼저 나타나고, 그다음 시간이 흐르면 상현달, 보름달이 나타나고 나중에 하현달을 거쳐 x의 오른쪽 반처럼 생긴 (모양의 달이 마지막으로 나타난다,

옛사람들은 이런 현상이 반복되는 것이 하늘 위 세상의 신비한 이치를 나타내고 있다고 믿었다. 그래서 달의 움직임이 규칙적으로 반복되는 현상이나, 그러는 사이에 계절이 변하면서 낮의 길이가 밤보다 길어졌다 짧아지는 일이 반복되는 현상이 시간이나 운명과도 관계가 깊다고 보았던 것 같다. 따지고 보면 고대의 학자들 중에도 달의 모양이 변하는 것은 달이 공전하는 중에 햇빛을 받는 각도의 차이가 생겨서 나타나는 현상일 뿐이라고 짐작한 사람들이 있었다. 하지만 그래도 달과 별의 움직임이 하늘 밖 세계의 신비로운 움직임을 나타낸다는 생각은 깊이 뿌리내려 있었다.

사람의 운명은 어떻게 정해질까

달이나 별의 위치, 해와 달이 나타내는 시간이 사람의 운

명과 관계가 있다는 믿음은 세계 곳곳에서 나타났다. 그중 한국에서 긴 세월 굉장히 인기 있었던 믿음은 역시 팔자일 것이다. 지금은 아예 한국어에서 팔자라는 말이 사람의 운명이라는 뜻의 관용어로 쓰일 지경이다. 원래 팔자八字는 사람이 태어난 연, 월, 일, 시를 각각 두 글자, 도합 여덟 글자로 표시한 것이다. 이것이 그 사람의 운명을 점칠 수 있는 기본 바탕이 된다고 보았다. 사람이 태어난 날짜가 음력 달력에 언제로 표시되느냐 하는 것은 달이 어느 계절에 어떤 모양으로 나타났느냐에 따라 결정되기 때문에 결국 팔자란 넓게 보면, 사람이 태어난 순간의 해와 달의 움직임을 기준으로 운명을 따지는 방식이라고 볼 수도 있겠다.

재미있는 것은, 과거 한국인들에게는 숫자를 배우고 익히는 중요한 목적이 숫자를 이용해 날짜를 계산하고 달력을 따지고 팔자를 아는 것이었다는 점이다. 한국어에서 흔히 쓰이는 말 중에 운수, 재수라는 말이 있는데, 여기에서 수數는 숫자를 뜻한다. 즉, "운수가 좋다"라는 말은 운을 따지기 위해 날짜, 시간을 계산해서 살펴보니 그 결과로 계산된 숫자가 좋다는 의미에 가깝다. 만약 삼국시대나 고려시대로 돌아가서 누구에게 "수학을 잘한다"라고 말한다면, 요즘 말하는 수학을 잘하는 사람이라는 의미보다는 운수, 재수를 계산하는 데 밝아 점을 잘 치는 사람이라는 뜻이라고 생각할 것이다.

이렇게 달력과 숫자에 따라 운명이 결정된다는 발상은

2,000년 전쯤, 삼국시대 초기 이전에 이미 자리 잡지 않았나 싶다. 『삼국사기』에 실린 197년의 기록을 보면, 고구려의 임금이 세상을 떠나자 그 부인이었던 우태후라는 사람이 급히 일을 꾸미는 장면이 묘사되어 있다. 우태후는 깊은 밤, 남편의 동생들을 찾아다니며 다음 임금 자리를 의논한다. 이때 동생 한 명이 서로 힘을 합치자는 우태후의 제안을 거절하면서 "하늘의 역수歷數는 정해져 있다"라고 말한다. 역수란 달력의 역 자와 숫자를 뜻하는 수 자를 합친 말이다. 사람과 나라의 운수란 달력에 따라 정해져서 계산에 의해 돌아가는 것이지, 임금의 동생과 부인이 야밤에 작당을 해서 운수를 바꿀 수는 없다고 이야기한 것이다.

이런 발상은 이후에도 끈질기게 문화의 한쪽에 남아 있게 되었다. 백제의 관록은 일본에 건너가 달력과 함께 천문지리서, 둔갑방술서를 전해주고 제자를 키웠다고 한다. 달력, 천문, 둔갑, 방술이 연결되어 있는 것을 보면, 달력과 하늘의 달, 별을 따지는 학문을 신비한 점술 내지는 마법, 술법과 가깝게 여기는 문화가 백제에도 퍼져 있었다고 볼 수 있다. 나중에 조선시대 기록들을 봐도, 달력과 운명을 연결시키는 생각은 흔히 볼 수 있다. 자기 생일과 시간에 따라 팔자를 따지면서 내가 이번에 시험에 붙을지 말지를 걱정하는 사람이나, 팔자를 보고 누구와 결혼을 해야 하는지 망설이는 사람 이야기가 무척 많다.

날짜 또는 해와 달의 움직임이 사람의 운명을 좌우하는 신비한 힘과는 거리가 멀다는 점은 막상 직접 달력을 만들고 그것을 정확하게 따지기 위해 계산하다 보면 조금씩 저절로 깨닫게 된다. 왜냐하면 막상 해와 달의 움직임을 따져 달력을 만들다 보면 뭔가 그렇게 하늘의 이치처럼 딱 맞아 드는 부분이 많지 않기 때문이다. 하늘의 신비로운 이치와 신령이 하는 일에 따라 시간이 표현된다면 숫자가 딱딱 맞아떨어져야 할 텐데, 정확히 따져보고 살펴보면 볼수록 실제 세상은 그렇지가 않다. 당연한 일이다. 세상이 무슨 컴퓨터 게임 규칙처럼 그냥 딱 잘라서 만들어져 있지는 않다. 하늘의 달과 별들은 돌멩이의 모양이나 물결이 굽이치는 모양처럼 그야말로 자연스럽게 만들어져 있다.

초승달이 15일이 지나면 보름달이 되고 다시 15일이 지나면 그믐달이 된다고 했지만, 막상 정확하게 따져보면 달의 움직임이 그렇게 30일 단위로 딱 맞아 들지는 않는다. 당연한 일이다. 맞아떨어진다면 그게 더 놀라운 일이다. 달이 지구 둘레를 도는 속도가 사람이 날짜 계산하는 30일에 굳이 정확히 맞춰줄 이유는 없다. 보름달에서 다음 보름달이 오는 시간 간격을 정확히 측정해 보면, 30일에서 조금 모자라는 29.53일 정도가 나온다. 그렇기 때문에 만약 달력에서 그냥 단순하게 한 달을 30일로 잡으면, 두 달만 지나면 15일에 보름달이 뜨지 않는다. 날짜가 하루 어긋나 버린다.

그래서 달력을 만들 때는 날짜를 적당히 조정해 주어야 한다. 15일 무렵에 보름달이 뜨도록 달력 날짜를 맞추려면 어떤 달은 29일까지 있어야 하고, 어떤 달은 30일까지 있다고 해야 한다. 그렇게 해야만 보름달이 뜨는 날이 15일 정도에 오도록 날짜를 계속 맞춰줄 수 있다. 여기에서 완벽한 원칙을 찾기란 어렵다. 다시 말해 음력 달력에서 어떤 달은 29일까지 있고, 어떤 달은 30일까지 있는지는 사람들끼리 나름대로 규칙을 만들어서 적당히 정하는 수밖에 없다.

더 골치 아픈 것은 계절에 관한 문제다. 옛날에 달력을 만들던 사람들은 달력을 보면 달의 모양뿐만 아니라 계절도 어느 정도 알 수 있기를 원했다. 계절은 해의 길이, 밤낮의 길이에 따라 정해지므로, 결국은 달뿐만 아니라 해도 같이 고려해야 한다. 그렇게 해야 8월 15일 추석은 가을철에 오고, 1월 1일 설날은 겨울철에 오게 된다.

그렇기 때문에, 사실 옛날에 사용하던 음력 달력은 정확하게 말하면 달과 해를 모두 고려한다고 해서, 음양을 다 따지는 달력, 태음태양력이라고 한다. 현대의 양력에는 이렇게 해와 달을 둘 다 고려하는 특징이 없다. 현대의 양력 달력을 보고 계절은 알 수 있지만, 달의 모양에 대해서는 알 수가 없다. 양력으로 15일이라고 해서 보름달이 뜨는 것이 아니다. 반대로 이슬람권에서 사용하는 달력은 달은 따지지만 달력 날짜를 보고 계절을 알 수는 없게 되어 있다.

달은 29.53일마다 보름달이 돌아오고, 1년은 365일, 좀 더 정확하게는 365.24일이다. 그러므로 달에 맞추어 12달을 다 보낸다고 해도, 계절이 반복되려면 날짜가 11일 정도가 남는다. 그냥 아무 생각 없이 음력 1년을 열두 달로만 정하면 계절에 비해 날짜가 11일씩 빨라진다. 이것이 3년만 반복되면 계절과 날짜가 한 달 이상 차이가 나버린다. 금년 추석은 가을이었지만, 10년 후의 추석은 한여름이 될 수가 있다는 뜻이다. 이 역시, 지구가 태양을 도는 속도와 달이 지구를 도는 속도가 시곗바늘처럼 딱딱 맞아떨어지지는 않기 때문에 발생하는 현상이다.

그래서 어쩔 수 없이, 몇 년에 한 번씩 적당한 때에 한 달을 추가로 끼워 넣기로 정했다. 그렇게 해서 계절에 비해 날짜가 당겨지는 것을 방지한다. 이것을 윤달이라고 부른다. 지금 한국에서 쓰는 음력의 경우 1년 중에 한 달을 골라 그 달의 뒤에 추가로 달을 하나 더 끼워 넣는 방식을 쓰는데, 3월 뒤에 끼워 넣는 달은 윤3월, 4월 뒤에 끼워 넣는 달은 윤4월이라는 식으로 이름을 붙인다. 달력에 이런 작업을 해주는 해에는 1년 열두 달이 아니라 사실은 열세 달이 된다.

옛 중국인들은 19년에 7번꼴로 윤달을 끼워 넣어주면 계절과 달이 비교적 잘 맞아떨어진다는 사실을 알아냈다. 그렇지만 그렇다고 해서 언제까지나 완벽하게 맞아떨어지는 것도 아니고, 어떤 해에, 몇 월 뒤에 윤달을 끼워 넣느냐에 대해서는 완벽한 답이 없다. 적당히 원칙을 만들어 사람들끼리 그냥 정하는 수밖에 없다. 이런 내용 때문에 어떻게 만들든 달력은 상당히 복잡해지고, 만드는 사람의 뜻에 따라 날짜가 달라진다.

다시 말해, 달력이란 나름대로 해와 달의 움직임을 나타내서 시간을 따지려고 만든 것이기는 하지만, 그 세부 사항은 학자들과 관리들이 적당히 편한 대로 합의해서 꾸며놓은 것일 뿐이다. 어떻게 정하는지는 그냥 그 사람들 마음이다. 그러니 거기에 따라 세상과 사람의 운명이 정해진다는 것은 믿기 어려운 일이다.

복잡하게 달의 움직임이니 윤달이니 따지기 이전에, 사실은 그냥 언제를 1월로 보느냐부터가 옛날 관리들의 선택에 따른 것이다. 한국인들이 세운 고대 국가 부여에 관한 『삼국지三國志』의 기록을 보면, 그 나라에는 은나라 달력으로 1월에 영고라고 하는 명절이 있었다고 한다. 은나라는 청동기시대 중국에 있었던 나라로, 이 나라의 달력은 대체로 동지를 1년의 마지막으로 하고 동지가 있는 달, 그다음 달을 1월로 삼았다. 나름대로는 합리적인 판단이라고 생각한다. 낮이 가장 짧아지고 밤이 가장 길어진 시기, 말하자면 겨울이 가장 심해지는 시기에 한 해가 끝난다고 본 것이니, 그다음 달이 새해 1월이 된다. 부여 사람들도 아마 비슷한 생각을 해서 같은 방식으로 달력을 만들었는지 모른다. 혹은 은나라에서 달력 만드는 방식을 수입해서 같은 방식을 채택했을 가능성도 있다.

그러나 중국의 다른 시대, 다른 나라에서 개발한 달력은 동지가 11월에 오도록 만든 경우가 많다. 즉, 동짓달이 11월이고, 동짓달로부터 두 달 후에 새해가 시작된다. 지금 우리가 쓰는 음력도 이 방식을 택하고 있다. 이것은 한국인들도 강대국이고 기술도 뛰어났던 중국의 달력을 표준으로 받아들였기 때문이다. 지금 한국에서 쓰는 음력은 여러 가지 방식 중에 중국 청나라의 임금 순치제가 자기 신하들에게 지시하여 1645년에 만든 시헌력을 기준으로 개발된 것이다.

달력 만드는 법을 역법이라고 부르는데, 기록에 남아 있는 한국에서 사용하던 역법들은 주로 중국의 역법을 수입해 온 것이 많다. 삼국시대에는 인덕력, 원가력, 대연력, 선명력 등을 수입해서 사용했고, 고려시대에는 선명력, 수시력을 수입해서 사용했다. 고려시대에는 십정력, 칠요력, 견행력, 둔갑력, 태일력 같은 특이한 역법을 자체 개발했다는 기록도 있다.

어떤 역법을 택하느냐에 따라 날짜는 달라진다. 예를 들어 음력 달력이기는 하지만 그중에서도 신라는 인덕력을 택하고 백제는 원가력을 택하고 있다면, 두 나라 사이에 날짜가 달라지는 때가 생길 수 있다.

만약 그런 일이 벌어지면 팔자도 달라질까? 같은 날 태어난 아이지만, 신라에서 태어난 아이는 인덕력 방식의 달력에 따라 7월 1일에 태어났다고 할 수 있고, 백제에서 태어난 아이는 원가력 방식의 달력에 따라 6월 30일에 태어나는 상황이 발생할 수도 있다. 좀 더 이상한 상황을 생각해 볼 수도 있다. 만약 그 아이의 어머니가 백제에서 신라 땅으로 잠깐 놀러 왔다고 치자. 그런데 하필 그때 아이가 태어났다면? 그 아이는 백제 사람의 자식이니 6월 30일생 팔자로 운명이 정해지는가? 아니면 신라의 법이 적용되는 신라 땅에서 태어났으니 신라 기준으로 달이 바뀌어 7월 1일생 팔자로 운명이 정해지는가? 이것만으로도 월과 일이 달라지니 팔자의 절반이 바뀐다. 만약 그 아이가 태어나는 순간 그 지역을 고구려의 장군이 공격해서 고구려 땅으로 빼앗고 있었다면 고구려 역법에 따라 운명이 정해진다고 볼 수도 있을 것인가?

이런 미세한 차이는 훨씬 과학적으로 날짜를 따지는 현재에도 얼마든지 일어날 수 있다. 한국과 중국 사이에는 1시간의 시차가 난다. 중국에서 한국으로 서해를 건너오고 있는 배 안에서 6월 30일 11시 30분에 태어난 아기가 있다면, 그 아기는 한국 시간에 따라 7월 1일에 태어난 것으로 봐야 할까? 아니면 6월 30일에 태어난 것으로 봐야 할까? 한국 정부와 중국 정부가 협의하여 한국과 중국의 국경선을 적당히 조절하면, 그 국경선 조절에 따라 운명이 달라질 수도 있을까? 이런 경우가 아니라도, 1997년에는 한국과 중국의 음력 설날 날짜가 하루 차이 나는 현상이 발생한 적이 있고, 2092년에도 비슷한 현상은 일어난다.

그런데도 긴 세월, 많은 사람들 사이에 달, 행성, 별들과 그에 따라 정해지는 날짜가 운명을 결정한다는 발상은 꿋꿋이 이어졌다. 조선시대에는 직성이라고 해서, 매년 초, 그해에 자신의 운명을 따지는 행성을 따져보는 문화가 상당히 유행했다. 하늘에 있는 달, 해, 수성, 금성, 화성, 목성, 나후, 계도, 일곱 가지가 그 사람이 태어난 연도에 따라 서로 다른 영향을 미쳐 운수를 정한다고 보는 방식이다. 예를 들어, 금년에 내가 금성의 기운을 받을 차례라면, 나의 직성은 금성이고, 금직성이라고 부르며 그에 따라 운수가 정해진다. 대개 해와 수성을 운이 없는 것으로 보았다고 하는데, 『경도잡지京都雜志』에 따르면 달이 직성일 때도 운이 없다고 보았다고 한다.

이런 풍습은 고대 인도에서 시작된 점성술이 흘러 전해지고 다른 점성술에 영향을 주다가 변형된 것이 아닌가 싶은데, 무엇 때문인지 조선 시대에 이르러 큰 인기를 얻었던 것 같다. 요즘 한국어에도 "직성이 풀린다"라는 표현이 있는데, "어쩔 수 없는 운명이라도 되는 것처럼 어떤 행동을 했다" 내지는, "직성 때문에 생긴 액운을 풀기 위해 하는 행동처럼 어떤 일을 했다"라는 뜻에서 생긴 말로 보고 있다.

그럼 이 일곱 가지의 직성 중에서 나후, 계도는 뭘까? 나후와 계도는 고대 인도 신화에 나오는 라후와 케투를 말하는 것이다. 인도 신화에서는 먼 옛날 태양의 신인 수리야와 달의 신인 찬드라가 우주에서 한 괴물과 영원한 생명을 얻는 약을 두고 싸우다가 그 괴물을 두 동강 냈다는 이야기가 있다. 괴물은 두 토막이 되었지만 그 직전에 약을 먹었기 때문에, 영원히 살아남을 수 있었다. 그래서 몸의 반쪽은 라후, 반쪽은 케투가 되어 영영 우주를 떠돌게 된다. 라후, 케투는 옛 원한 때문에 우주를 떠돌다가 가끔 태양의 신 수리야나 달의 신 찬드라를 만나면 물어뜯는다. 그러면 그때마다 해가 줄어드는 일식, 달이 줄어드는 월식이 일어난다고 보았다.

한국에는 하늘에 사는 개가 달을 물었다가 뱉는 것 때문에 달의 모양이 줄어드는 월식이 일어난다는 전래 동화가 있다. 나는 그 한국 동화와 인도 신화의 라후, 케투 이야기가 닮은 점이 있다고 생각한다. 고대 인도 신화가 점성술과 함께 한반도에 전해졌다가, 조선시대에 변형되어 유사한 전설이 생긴 것은 아닐까? 이런 전설은 상당히 인기 있었던 것 같다. 일제강점기에 조선의 민간설화를 수집하여 기록한 자료집인 『암흑의 조선』 같은 책을 보면, 조선에는 월식이 일어나면 하늘의 개가 달을 뱉을 때까지 사람들이 북을 치고 높이 뛰어오르며 요란하게 춤을 추는 풍습이 있었다는 기록도 보인다.

완전무결한 달은 없다

세월이 흘러 달력을 만드는 기술이 정밀해지고, 천문학이 점점 더 발달할수록 점점 많은 사람들이 달과 해의 움직임은 완벽하지 않고, 날짜나 달은 어긋나 있다는 사실을 깊이 깨닫게 되었다. 그리고 거기에서 운명과 시간, 세상과 삶을 보는 시선도 바뀌기 시작했다.

유럽에서는 독일의 과학자 요하네스 케플러Johannes Kepler가 행성이 태양을 도는 모양이 완벽한 원 모양이 아니라 아주 조금 찌그러진 타원형이라는 사실을 발견했다. 별 대단한 사실은 아닌 것 같지만, 이것은 달과 해, 행성들이 천상의 신령 같은 것이라는 생각에는 굉장히 큰 위협이었다. 고대의 유럽인들은 달, 해, 행성, 별 등은 신령이기 때문에 그야말로 신이 그린 것 같은, 상상할 수 있는 가장 완벽한 원을 그리며 돈다고 생각했다. 그런데 정밀하게 살펴보니 사실은 그렇지 않더라는 점을 케플러가 밝힌 것이다.

달도 마찬가지다. 달의 여신 아르테미스는 신이 그린 것 같이 완전무결한 원을 그리며 지구를 돌지 않는다. 대신 약간 찌그러진 원을 그리면서 돈다. 달이 이렇게 조금 엉성하게 지구를 돌기 때문에 가끔은 달이 지구에 조금 가깝게 오기도 하고, 가끔은 지구에서 조금 멀어지기도 한다. 지구에 달이 가까이 다가오면 달이 유달리 커 보이는데, 이때의 달을 슈퍼문이라고 한다. 슈퍼문은 달이 가장 작을 때에 비해 10% 이상 커 보인다.

이후 아이작 뉴턴Isaac Newton은 돌멩이를 던졌다가 떨어지는 속도를 계산하는 데 쓰는 방법인 중력의 법칙을 이용해서 달이 지구를 돌고 있는 모양을 계산해 내는 데 성공했다. 달이 아르테미스 여신이 아니라, 그냥 돌덩이와 다를 바 없는 성질을 가진 물체일 뿐이라는 뜻이다. 달은 그저 돌덩어리가 떨어지는 것과 같은 원리에 따라 그냥 지구 곁에서 움직이고 있을 뿐이다. 점점 더 발전한 망원경으로 달의 모습을 더 명확히 관찰할 수 있게 되고, 우주선으로 직접 달을 세밀하게 살펴보게 되자, 달은 운명을 결정해 주는 신령에서 우리에게 새로운 과학을 알려줄 수 있는 연구 대상으로 바뀌었다.

그래서 우리는 달에 가야 한다. 직접 달에 가서 달을 가까이에서 보고, 달의 돌과 흙을 살펴보고 달을 돌아다닐 수 있게 되면, 많은 사람들이 달의 실체와 달의 의미, 행성과 날짜,

달이 유달리 크게 보이는 슈퍼문 현상.
이것은 달이 '완벽한' 모양으로 돌지 않기 때문에 만끽할 수 있는 즐거움이다.

우주의 의미에 대해서 보다 잘 느낄 수 있게 될 것이다. 달이 사람의 운명을 망하게 하거나 흥하게 하는 신령이 아님을 모두가 생생히 느끼는 기회가 될 것이다. 나아가 해와 달, 하늘과 시간에 대한 막연한 옛 상상에서 벗어나, 더 구체적이고 현실적으로 세상을 바라보게 해줄 것이다.

그리고 그 세상은 실체 없는 천상의 주술이 우리의 미래를 정해주는 곳이 아니라, 로켓을 만들고 궤도를 계산하는 노동자들의 노력으로 미래를 만들어 나갈 수 있는 곳이다. 달은 재수 없는 월직성의 운명을 내려주는 신령에서 벗어나, 우리가 갈 수 있고 만질 수 있으며, 언제인가 우리가 마음껏 누릴 수 있는 공간이 되어줄 것이다.

5

밀물과 썰물은
왜 일어날까

조선 세종 시기에 만들어진 『칠정산七政算』이라는 책은 달력을 만들고 일식과 월식이 일어나는 시각을 계산하는 방법을 담고 있었다. 해와 달의 움직임에 대한 그때까지 알려진 많은 지식과 실제로 해와 달을 정확히 관찰한 기록을 모두 반영해 만든 훌륭한 성과였다. 여기에는 아라비아인들을 통해 전파된 유럽 천문학의 정수인 『알마게스트』의 내용도 반영되어 있다고 한다. 유럽의 천문학자 코페르니쿠스와 그 스승 세대의 천문학자들이 『알마게스트』 해석에 심취했던 것을 생각하면, 『칠정산』을 개발하던 조선 학자들도 목적은 달랐겠지만 이들과 비슷한 수준의 수학, 과학 지식을 연구했다고 말해볼 수 있겠다.

　『칠정산』의 이 대목은 우리가 지금 사용하는 대로 각도를 따질 때 한 바퀴를 360도로 보는 계산 방법을 택하고 있으며, 1년을 정확하게 365일 5시간 48분 45초로 따지고 있다. 이는 현대의 우리가 생각하는 365일 5시간 48분 46초와 1초밖에 차이 나지 않는 것이다. 당시 유럽에서 일반인들이 사용하던 율리우스력이라는 달력의 기준은 오차가 11분이나 되었던 것과 비교해 보면 대단히 정확하다.

당시 조선 사람들은 아시아의 강대국인 중국, 즉 그 당시의 명나라가 정한 시간의 표준을 따랐다. 그래서 달력을 만드는 방법도 명나라 기준이었고, 조선은 표준을 따르기 위해 명나라에서 매년 달력을 받아 와서 그것을 베껴 쓰는 것이 원칙이었다. 『칠정산』은 명나라에서 정한 표준을 따르되 단순히 받아 와서 베껴 쓰는 것이 아니라, 그 내용을 이해하고 확인하고 더 정확하게 활용할 수 있는 방법이었다. 따라서 『칠정산』을 활용하면 아주 정확한 달력을 직접 만드는 기술도 갖출 수 있다.

그런데 그런 뛰어난 기술이 문제가 되기도 했다. 『조선왕조실록』의 1598년 음력 12월 22일 기록을 보면 당시 조선의 임금이었던 선조가, 중국의 달력이 아닌 조선에서 직접 계산해서 만든 달력을 사용한다는 사실을 누가 중국에 알리면 위험할 수 있다는 의견을 밝힌 적이 있었다. 자칫하면 명나라의 기술을 의심하는 것처럼 보일 수 있고, 나아가 명나라 황제의 권위를 얕본다는 뜻으로 비칠 수도 있다고 생각했던 것이다.

마침 당시는 임진왜란이 벌어지는 중이라 대단히 혼란스러운 상황이었다. 누군가 조선과 중국의 사이를 이간질하기 위해 이 사실을 중국에 알리면서 나쁜 말을 곁들이면 명나라 황제의 기분이 상해 전쟁에 문제가 생길 수도 있다고 선조는 생각한 것이다. 그걸 너무 두려워해서 조선에서 직접 만든 달력은 사용하면 안 된다는 결론을 내릴 정도였다.

그럼 400년이 넘게 지난 지금은 시간과 달력의 기준을 누가 만들까? 현재 한국에서 채택하고 있는 방법은 그레고리력을 바탕으로 한 세계 표준이다. 그레고리력은 천주교의 교황인 그레고리오 13세가 유럽의 기준으로 삼기 위해 1582년 발표한 방식이다. 그런데 현대에 기준으로 사용하는 날짜, 시간 계산법은 1582년에 사용하던 방식과 약간 다른 점이 있다. 나는 가장 중요한 차이가 시간에 윤초leap second를 도입했다는 점이라고 생각한다.

과거에 사용하던 수많은 달력들은 최대한 정확하게 계절을 달력에 표현하기 위해 노력했다. 그래서 갖가지 복잡한 방법으로 아주 정밀한 달력을 만들고자 노력했다. 지구의 움직임을 초 단위까지 정밀하게 따져서 날짜가 맞아떨어지게 하려면 계산은 아주 복잡해지기 마련이다. 게다가 현대의 과학자들은 지구가 도는 움직임이 언제나 항상 똑같지 않으며 아주 약간씩이지만 바뀔 수도 있다는 사실을 알고 있다. 이래서야 아무리 정확한 달력을 개발해도 그때뿐이고, 천년만년 정확할 수는 없다.

그렇기 때문에 현대의 학자들은 1972년에 완벽한 달력을 만든다는 꿈을 포기했다. 그 대신에 시간을 정확히 측정하면서 오차가 생길 때마다 시간을 1초씩 더 끼워 넣어 오차를 없애기로 했다. 이렇게 넣는 시간을 윤초라고 하며, GMT 표준시 기준으로 6월 30일 또는 12월 31일에 1초를 추가로 집어넣는다. 예를 들어 1972년 6월 30일 밤 11시 59분 59초가 지나면, 다른 때처럼 바로 다음 날인 7월 1일 0시 0초가 되는 것이 아니라, 30일 밤 11시 59분 60초라는 이상한 시간이 된다. 그리고 그다음에야 7월 1일 0시 0초로 넘어간다. 1분은 60초라는 상식은 절대 변하지 않는 상식 같지만, 그때만큼은 1분이 61초가 되는 것이다.

이렇게 윤초를 정확히 짚고 넘어가려면 아주 정확한 시계가 필요하다. 20세기 들어 사용하고 있는 정밀한 시계로는 세슘 원자시계라는 장치가 있는데, 이 장치는 수천만 년 동안 사용해도 오차가 1초도 안 날 정도로 정확하다. 지금 세계의 시간과 달력을 따지는 기준은 대체로 이런 세슘 원자시계로 세계 여러 나라에서 측정한 결과를 모아서 정한다.

그런데 최근에 광격자시계라는 새로운 방식의 시계를 이용하면, 그보다 훨씬 더 정확한 시간을 측정할 수 있다는 사실을 알게 되었다. 예를 들어 한국표준연구소 시간표준그룹 원자기반양자표준팀에서 만든 KRISS-Yb1이라는 시계는 20억 년에 1초 정도밖에 오차가 나지 않을 정도로 정밀하다. 이 시계는 이터븀(Yb) 광격자시계 방식을 채택하고 있는데, 2021년 11월에 전 세계 시간의 기준이 되는 세계협정시(UTC)를 만드는 기준 중의 하나로 포함되도록 인정받았다. 한국은 프랑스, 일본, 미국, 이탈리아에 이어 세계에서 다섯 번째로 광격자시계 방식의 정확한 시계를 시계협정시 기준으로 올렸다.

400년 전에는 이웃한 강대국의 권위로 시간의 기준이 정해졌지만, 지금은 대전 유성구 가정로에 있는 한국표준연구소 실험실의 레이저 속에서 희미한 빛을 뿜고 있는 이터븀이 세계 시간의 기준을 정한다. 이런 여러 시계로 측정한 시간과 지구가 도는 속도가 살짝 어긋나게 되면, 그때 세계 사람들은 협의해서 윤초라는 신비한 시간을 1초 추가한다.

도대체 지구가 도는 속도는 왜 가끔 빨라지기도 하고 느려지기도 하는 것일까? 중요한 원인으로 꼽히는 것은 밀물과 썰물의 힘이다. 그러면 밀물과 썰물은 어째서 일어나고, 어떻게 지구 움직임에 영향을 미치는 것일까?

달이 일으키는 밀물과 썰물

밀물은 바닷물이 갑자기 육지 쪽으로 많이 밀어닥치면서 바닷물이 많아지는 것처럼 보이는 현상이고 썰물은 바닷물이 갑자기 육지에서 멀어지며 물이 적어지는 것처럼 보이는 현상이다. 밀물과 썰물은 대략 6시간마다 교대로 일어나서, 하루 24시간 동안 밀물, 썰물, 밀물, 썰물 하는 식으로 물이 두 번씩 움직인다.

옛사람들은 이런 일이 일어나는 이유를 잘 알 수 없었다. 그래도 한 가지 알 수 있었던 것은, 보름달이 뜨거나 정반대로 그믐인 날 무렵에는 밀물, 썰물의 차이가 유독 크더라는 점이었다. 이런 날에는 밀물이 밀려와도 보통 때보다 더 많이 밀려오는 것 같고, 썰물이 나갈 때에도 보통 때보다 더 많이 나가는 것 같다. 밀물과 썰물을 한자어로 만조와 간조라고 하므로 이럴 때를 간만의 차이가 크다고 말하기도 한다. 특히 간만의 차가 최대가 될 때를 사리라고 하고, 대조기라고 부르기도 한다. 반대로 반달이 뜨는 무렵에는 밀물, 썰물 차이가 별로 없어서 그런 때를 조금 또는 소조기라고 부른다.

그렇다 보니 조선시대 사람들도 달과 밀물, 썰물이 관련이 있다는 생각까지는 했다. 그러나 중력에 대해서는 알지 못했으므로 정확한 답을 알아내지는 못했다. 중국 고전을 보면 중국의 옛 학자들이 황해 물을 보고 밀물, 썰물의 원리에 대해 상상한 여러 이론이 있었다. 그래도 조선 학자들은 이런 이론으로 만족하지 못했다. 왜냐하면 중국과 달리 한반도에는 황해뿐만 아니라 동해도 있기 때문이다. 황해는 세계에서도 가장 심하다고 할 정도로 밀물, 썰물의 차이가 심한 지역이지만, 동해에서는 밀물과 썰물이 그다지 뚜렷하게 나타나지 않는다. 조선시대 사람들은 황해에 비하면 동해에는 아예 밀물, 썰물이 없는 거라고 여겼다.

보기에는 같은 바닷물 같은데, 왜 어느 쪽 바다는 밀물, 썰물이 나타나고 어느 쪽 바다는 안 나타나는가? 그 답을 구해 보고자, 조선시대 선비들은 밀물, 썰물의 원리에 대해 온갖 혼란스러운 생각 속으로 빠져들었다. 1476년 성종 때는 이 의문을 과거 시험 문제로 출제한 적도 있다.

조선시대 사람들 중에는 일단 음기, 양기에 대한 이야기와 밀물, 썰물을 연결하는 이야기를 만든 사람들이 많았다. 달은 강한 음기를 갖고 있고, 물도 음기를 띠고 있는 물체이므로, 달이 보름달이 되어 음기가 강해지면 물의 음기도 그만큼 그 기운에 맞아 든다. 말하자면 맞장구를 친다. 그러면 밀물, 썰물 현상이 심해진다는 식의 생각이었다.

여기에 다른 생각이 나오기도 한다. 예를 들어 서쪽은 음의 기운을 가진 방향이고 동쪽은 양의 기운을 가진 방향이기 때문에, 서해는 밀물, 썰물이 심한데 동해는 약하다는 식의 이론이다. 실제로는 서해와 동해의 바닷속 땅 모양과 깊이가 다르기 때문에 밀물, 썰물의 모양이 다르게 나타나는 것일 뿐, 동해에도 밀물, 썰물이 전혀 없지는 않다. 조선시대 학자들 중에도 지형이 원인이라고 생각한 사람도 없지는 않았지만, 말끔하게 설명한 사람은 없었다.

내가 읽은 가장 재미난 이야기는 17세기 초 장유라는 조선 학자가 제시한 이론이다. 중국 학자 중에는, 사람이 숨을 쉬듯이 땅이 기를 들이쉬고 내뿜음으로써 밀물과 썰물이 나타난다는 이야기를 한 사람이 있었다. 장유는 이 이론을 더 발전시켰다. 그는 땅이 만약 사람이나 짐승과 같다면, 땅에도 배와 가슴과 같은 쪽이 있고 등과 같은 쪽이 있을 거라고 보았다. 그래서 땅의 서쪽이 배와 가슴 같은 역할을 하는 거라고 보았다. 즉, 밀물과 썰물은 땅이 숨을 쉬는 것과 비슷하게 일어나는 현상인데, 숨을 쉴 때 배와 가슴은 움직이지만 등은 별로 안 움직이듯이 서해는 밀물과 썰물이 심하지만 동해는 심하지 않다고 생각한 것이다. 지구를 거대한 짐승이라고 상상하면 장유는 한반도가 그 중심인 등뼈 위치라고 본 셈이다.

실제로 밀물과 썰물이 일어나는 까닭은 달이 중력으로 지구를 당기고 있기 때문이다. 그런데 달이 지구 주위를 돌고 지구는 그 크기도 꽤 크기 때문에, 달이 지구를 당긴다고 해도 그 힘을 세게 받는 쪽이 있고 약하게 받는 쪽이 있다. 그 차이 때문에 밀물과 썰물이 생긴다.

약간 오차는 있지만 조금 더 단순화해서 말해보자면, 달이 지구를 당기는 힘 때문에 지구의 바닷물이 살짝 달에 당겨진다. 그러면 그 지역에 있는 사람들은 온통 물이 그쪽으로 밀려 있는 것을 보게 될 것이다. 그런데 지구도 돌고, 달도 돌기 때문에 그렇게 당겨지는 위치가 자꾸 바뀐다. 그렇기 때문에 지구의 한 지역에서 살고 있는 사람 입장에서는 밀물이 왔다가 얼마 지나면 썰물로 빠져 나가고 그러다 다시 밀물이 오기도 하는 현상을 보게 된다. 달이 지구의 물만 골라서 당기는 것은 아니고, 다른 부분도 당기고 땅 모양의 영향도 있기 때문에 실제로는 좀 더 복잡하다.

그래도 밀물과 썰물이 일어나는 원인이 지구 바깥의 물체가 이리저리 돌아가며 다른 방향으로 지구를 당기는 중력이라는 점은 분명하다. 그런데 지구를 당길 수 있을 정도로 무거운 물체는 달 말고도 또 있다. 바로 해다. 그래서 해도 약간의 밀물과 썰물을 일으킬 수 있다. 만약 달이 일으키는 밀물과 썰물, 태양이 일으키는 밀물과 썰물이 정확하게 방향이 맞으면, 평소보다 굉장히 큰 밀물과 썰물이 나타나게 된다. 이때가 바로 유난히 밀물과 썰물이 심한 시기다.

그러니까 보름달이나 그믐달이 뜰 때 밀물, 썰물이 심해지는 것은 음기와는 아무 상관이 없다. 바로 그때 가장 물을 강하게 당길 수 있도록 해와 달의 방향이 서로 맞아떨어지기 때문일 뿐이다. 그렇게 맞아떨어지는 방향 중에 달이 해의 빛을 정면으로 받으면 보름달이고 반대로 못 받으면 그믐달이다.

밀물과 썰물의 위력, 달이 가진 힘

우리가 알고 있는 우주의 다른 행성에 딸린 위성들과 비교했을 때, 달은 대단히 크다. 이것도 이유를 알 수 없는 달의 이상한 특징이다. 지구와 화성의 크기가 비슷하다고 하는데, 화성 주위를 도는 위성 포보스의 크기는 달에 비하면 부스러기에 불과하다. 부피로 비교해 보면 달이 포보스보다 몇백만 배는 더 클 것이다. 목성에 딸린 가니메데 같은 위성은 우리 달보다 좀 더 크긴 하다. 그러나 대신 그 중심인 목성이 지구보다 300배 이상 무거운 커다란 행성이다. 목성에 비하면 가니메데는 역시 아주 조그맣다는 이야기다. 유독 우리 지구에 딸린 달만 굉장히 크다. 그리고 그 무게 덕택에 달은 지구에 밀물과 썰물 현상을 일으킬 정도로 강한 중력을 낼 수 있다.

한국의 황해는 특히나 밀물과 썰물의 차이가 심하다. 그래서 잘못하면 밀물 때 배를 타고 들어와 부두에 배를 댔는데 썰물 때 물이 빠져 버리면 배가 떠 있을 물이 없어져 뻘 바닥에 나앉는 일이 벌어질 수 있다. 한국 수도권의 항구 도시인 인천은 황해안에 있기 때문에 실제로 이런 문제가 생길 수 있다. 그래서 갑문이라고 하여, 썰물이라고 해도 물이 빠져나가지 못하도록 막고 필요할 때마다 열고 닫을 수 있는 거대한 강철 문이 만들어져 있다.

황해의 밀물과 썰물 현상이 특히 심한 곳으로는 남부 지방의 명량도 대단히 유명하다. 순우리말로는 울돌목이라고 하는 곳인데, 밀물과 썰물 때문에 바닷물이 왔다 갔다 하다 생기는 물살이 너무 심해서 마치 물살이 우는 소리를 내는 것 같다고 해서 붙은 이름이다. 1597년 10월 25일, 바로 이곳, 울돌목에서 벌어진 명량해전에서 이순신 장군은 승리를 거두었다. 상황이 좋지 않았지만, "신에게는 아직 열두 척의 배가 있나이다"라는 명언을 남긴 후, 수백 척의 일본 전함을 격파했다. 많은 학자들은 당시 일본 전함이 명량의 격렬한 물살에 말려들었다가 대패한 것으로 추측하고 있다.

이렇게 생각하면 밀물과 썰물의 힘, 달의 힘이 조선군과 함께 싸워준 셈이다. 만약 고대 그리스의 시인 호메로스가 조선의 명량해전을 보았다면, 달의 여신 아르테미스가 이순신의 노력에 감격하여 함께 일본군을 몰아내 주었다고 노래하지 않았을까?

한반도의 옛사람들은 다른 방법으로도 밀물과 썰물을 교묘하게 활용했다. 나는 감조하천 현상도 꼭 이야기해 보고 싶다. 감조하천이란 밀물이 심할 때 바닷물이 밀려오는 힘이 너무 강해서 아예 강물 안쪽까지 바닷물이 거슬러 올라가는 현상이 일어나는 곳을 말한다. 그냥 단순히 생각하면 감조하천은 나쁜 현상인 것 같다. 강물 근처에 사는 사람들이 농사를 짓고 살 때, 이런 식으로 바닷물이 밀려오면 바닷물 소금기를 견디지 못하는 식물은 죽어버리고 만다. 농작물에 이런 피해가 발생하면 큰 손해다. 그 때문에 현대에는 바닷물이 강물 쪽으로 들어오지 못하도록 큰 둑을 쌓아 아예 바닷물을 막아 버리기도 한다. 그러나 세상에는 항상 나빠 보이는 현상이라도 역으로 유용하게 활용하는 방법이 있기 마련이다. 옛날 사람들은 감조하천을 오히려 유용한 교통수단을 운영하는 방법으로 이용한다는 생각을 해냈다.

나는 어릴 때 서울 마포의 '포'라는 글자가 옛날에 배들이 모여드는 곳이라는 의미였다는 사실을 들은 뒤에 한 가지가 무척 궁금했다. 한강은 동쪽에서 서쪽을 향해 흐른다. 그러니 강물 흐르는 물살을 따라 동쪽에서 서쪽으로 가는 것은 쉬울 것이다. 그렇지만 인천, 강화도 같은 황해 지역에서 애초에 서울의 마포까지 올 때는 도대체 무슨 수로 물살을 거슬러 온단 말인가? 나는 어릴 때, 힘이 센 사람들이 모여서 조정 선수들처럼 힘을 다해 열심히 노를 저으며 한강물을 거슬러서 인천에서 마포까지 가는 장면을 상상했다. 그런데 아무리 조선시대 그림을 보거나 기록을 봐도 그런 모습은 본 적이 없었다. 그래서 굉장히 이상하다고 생각했다. 조선시대 그림에서 한강에 배가 떠다니는 모습을 보면 덩치 큰 조정 선수들은 커녕, 힘 없고 노쇠한 사람이 혼자 외로이 배에 서 있는 모습밖에 못 봤다. 그러다 고등학교 지리 시간에 감조하천에 대해 배우면서 의문이 풀렸다. 그때 반가웠기에 그 사실을 가르쳐 준 선생님의 성함도 아직까지 기억하고 있다.

어떻게 노쇠한
뱃사공들이 이 넓은
한강을 배 한 척으로
넘나들 수 있었을까?
한강이 조선시대
물류의 중심지가 될
수 있었던 비결은
바로 달에 있다.
《한임강명승도권》,
정수영 그림.

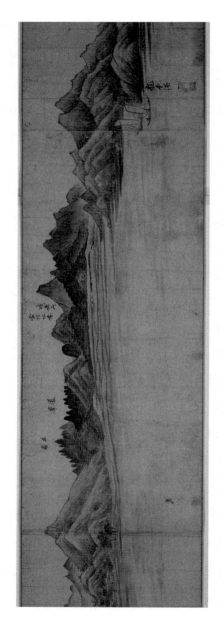

황해는 밀물과 썰물 현상이 크게 일어나기 때문에 황해와 연결되어 있는 한강도 바로 감조하천이다. 바다에서 밀물이 심하게 일어나면 밀물이 강물을 거슬러서 한강 깊숙이 밀려든다는 이야기다. 지금은 한강에 여러가지 공사를 많이 해두어 이런 현상이 예전처럼 심하지는 않다. 하지만 『조선왕조실록』의 1790년 7월 1일 기록을 보면 노량진 지역까지도 밀물이 아주 심했다는 이야기가 있다. 그러니 밀물이 한강으로 밀려들 때 인천에서 배를 띄우면 달이 바닷물을 잡아당기면서 생긴 물살을 타고 마포까지, 노량진까지 배가 들어갈 수 있다는 뜻이다.

　　바로 이 방식을 이용해서 옛사람들은 막대한 양의 화물을 한강 이곳저곳으로 운송할 수 있었다. 기차나 자동차가 없었고 도로도 별로 발달하지 못했던 옛 한반도에서는 무거운 화물을 운반하기가 어려웠다. 소나 말 같은 가축에 짐을 실어 옮긴다고 해도 한 번에 몇백 kg을 옮기기가 쉽지 않았을 것이다. 그러나 큰 배에 짐을 싣는다면 옛날 기술로도 한 번에 몇십 t을 싣는 것도 어렵지 않다. 그리고 인천에서 서울 쪽으로, 즉 서쪽에서 동쪽으로 가고 싶을 때는 밀물 때를 기다렸다가 배를 출발시키면 된다. 도착 후에 다시 돌아오고 싶을 때에는 썰물 때가 되었을 때 배를 출발시키면 한강 흐름에 따라 자연스럽게 배는 다시 떠내려 가서 원래 있던 위치로 돌아간다. 밀물과 썰물은 하루에 두 번씩 나타나므로 자주 움직일 수는 없지만 느긋하게 기다리면 반드시 때는 온다. 한강을 오가는 옛 시대의 배들은 달의 힘으로 움직였다고 말할 수 있다.

지금도 노량진은 수산시장으로 유명하지만, 과거에는 배들이 많이 모여들어서 더욱 중요한 곳이었다. 서해에서 잡은 온갖 생선을 가득 실은 배가 밀물을 따라 한강을 거슬러 노량진까지 흘러왔다. 그러면 서울과 경기 지역 사람들이 그 물건을 편리하게 살 수 있다. 고려시대, 조선시대에 노량진 시장에서 광어나 우럭을 사 먹었다면 그 생선은 달이 배달해 준 음식이었던 셈이다. 19세기 말 개화기가 시작되어 조선 최초로 철도가 건설될 때에 인천에서 노량진 구간이 가장 먼저 개통되었고, 1900년에 서울에서 한강을 건너는 다리가 가장 먼저 놓인 곳도 노량진과 용산을 연결하는 한강철교다. 조선 말기까지도 노량진이 이렇게 교통에서 중요했던 것은 거슬러 올라가면 결국 달의 힘 때문이다.

이광률 선생의 글에 따르면 감조하천 현상이 심할 때는 밀물이 한강을 따라 거슬러 올라와 지금의 잠실 지역까지 밀려 들어오기도 했다고 한다. 그렇다면 고대에 백제가 지금의 서울 송파구 지역에 자리 잡아 번창할 수 있었던 것도 어쩌면 밀물과 썰물의 힘을 이용해서 서울, 김포, 인천 모든 지역과 쉽게 배를 타고 오갈 수 있어서 빠르게 많은 물자를 주고받고 여차하면 병사들을 보내고 군인들을 부르기 편했기 때문일지도 모른다는 상상도 해본다.

그 외에도 한국과 밀물, 썰물의 관계는 각별하다. 드넓은 서해안 갯벌이 항상 촉촉한 뻘밭으로 유지될 수 있는 것은 그 넓은 지역에 밀물, 썰물이 반복해서 드나들기 때문이다. 넓은 갯벌에서 생계를 이어 가는 한국 어민들의 숫자는 대단히 많다. 한국에는 낙지 같은 갯벌에서 나오는 독특한 수산물을 다른 나라 사람들보다 훨씬 더 친숙하게 여기는 문화도 있다. 이 역시 밀물, 썰물 때문이고, 달 때문이다.

밀물 때는 섬이 되었다가 썰물 때는 물이 빠져서 섬으로 연결된 길이 드러나는 지역은 한국의 서해에 여러 곳이 있다. 옛날 한국 사람들은 그런 곳을 보아도 그냥 좀 재미난 상황이라고 생각하고 넘어갔을 것이다. 그러나 다른 여러 나라 문화가 전해지면서 이런 풍경이 바닷물이 갈라지는 기적과 비슷하다는 식의 이야기가 생겼다. 그런 현상을 기적이라고 한다면, 이 역시 달의 힘으로 일어난 기적이라고 봐야 한다.

달과 생명의 탄생

많은 사람들이 달려들어 조금이라도 무엇인가 알아보려고 하는 어려운 문제 중에, 도대체 생명이 어떻게 처음 지구에 탄생했느냐 하는 의문이 있다. 화학과 생물학 분야에서 아직 풀리지 않은 문제고, 앞으로도 쉽게 풀기 어려워 보인다.

생명이 처음 탄생한 후에 어떻게 다양하게 변화하며 온갖 모습으로 온 세상에 퍼졌는지에 대해서는 그래도 많은 것을 안다. 진화라는 굵직한 줄기가 있고, 진화가 어떤 식으로 일어나는지에 대해서도 여러 가지 내용을 알아내는 데 성공했다. 그러나 생명이 도대체 맨 처음 어떻게 탄생했느냐 하는 과정에 대해서는 아는 것이 별로 없다.

　일단 30억 년 전에 생명체가 지구에 있었다는 것은 거의 확실하며, 요즘은 약 40억 년 전쯤에도 생명체가 지구에 있었던 것 같다고 보고 있다. 그러니까 지구가 탄생한 45억 년 전으로부터 약 5억 년 만에 황량한 지구에 눈에 안 보일 정도로 아주 작지만 꼬물거리는 생명체가 나타났다는 이야기다.

　아주 간단한 생명체라고 하더라도 무생물에 비하면 비교할 필요가 없을 정도로 엄청나게 복잡하다. 물, 수증기는 H_2O라고 해서 원자 세 개가 모여서 만들어지는 물질이고, 이산화탄소는 CO_2라고 해서 역시 원자 세 개가 모여서 만들어지는 물질이다. 이 정도면 공기를 이루고 있는 성분 중에서는 비교적 복잡한 축에 속한다. 공기 성분 중에 아르곤 같은 것은 그냥 아르곤 원자 하나가 있는 게 그냥 그 물질의 모양 전부다.

　그러나 생명체 속에서 발견되는 오메가3 지방산인 DHA는 56개의 원자가 정확한 규칙에 따라 연결되어 이루어져 있다. 56개의 원자 중에 하나만 제 위치에 붙어 있지 않아도 제

역할을 하지 못한다. 게다가 DHA는 생명체를 이루고 있는 물질치고는 간단하고 단순한 물질에 속한다. 몸속의 다양한 단백질들은 수천, 수만 개의 원자들이 정교한 기계 장치나 세밀한 조각품과 같이 절묘한 모양으로 엉겨 붙어 있는 것들도 허다하다.

도대체 어떻게 해서 이렇게 복잡한 물질들이 생겨날 수 있었을까? 유명한 밀러-유레이 실험에서는 번개가 치는 충격이 사소한 물질을 중요하게 바꾸는 충격을 주었을 거라고 보기도 하고, 어떤 학자들은 지구 내부에서 나온 물질이 원재료가 되었을 거라고 하기도 한다. 요즘 유행하는 학설 중에는 이런 물질들 중 상당수가 우주 이곳저곳에 퍼져 있는데, 그게 지구에 떨어지지 않았겠느냐 추측하기도 한다.

하나 쉽게 생각해 볼 수 있는 사실은 그런 재료 물질들이 화학 반응을 일으켜 더 복잡한 물질, 생명체의 조각이 되려면, 적어도 그런 물질들을 잘 섞어주어야 할 거라는 점이다. 화학 실험을 하거나 요리를 할 때 재료를 넣고 젓는 일이 많은 것도 따지고 보면 그 때문이다. 그런데 40억 년 전의 지구를 도대체 누가 휘저어 주었을까? 바로 달이다.

달이 지구에 밀물과 썰물을 일으키면, 온 세상의 바다는 휘저어진다. 달은 부지런히 지구를 돌며 이런 일을 끊임없이 계속 일으켰다. 돌과 물 그리고 독한 연기뿐인 황량한 행성이었던 지구를, 달은 5억 년 동안 무엇인가 나타나기를 기다리며 쉬지 않고 계속 저어주었다. 세계의 수많은 바닷가 중에는 사리 때에 높은 밀물을 따라 물이 깊숙히 들어왔다가 물이 빠질 때 움푹 들어간 곳에만 물이 고여 연못처럼 된 곳을 조수 웅덩이tide pool이라고 하는데, 이런 지역은 잠깐 실험하던 재료를 담아두는 곳 역할을 하기도 했을 것이다. 지금도 조수 웅덩이에는 여러 가지 다양한 생물들이 많이 살아서 좋은 관찰 대상이 된다. 먼 옛날의 지구에 이런 곳이 생겨나고 또 말라붙기도 하면서 여러 물질들이 교묘하게 골라서 섞이거나 조금씩 쌓이거나 하는 특별한 반응이 일어날 기회가 생겼을 것이다.

정확히 알 수 있는 것은 없지만, 이 모든 활동은 생명이 처음 탄생하는 화학 반응에 도움이 되었을 수 있다. 달은 바다만 이리저리 끌어당기는 것이 아니라 지구의 땅도 이리저리 당긴다. 어쩌면 지구의 지진이나 화산 활동은 달의 이런 힘에 좀 더 잘 일어나는 것일지도 모른다. 지진이나 화산 때문에 땅속에서 흘러나오는 독특한 물질과 갑자기 온도가 뜨거워지는 곳이 생기는 현상도 생명이 탄생하는 화학 반응에 도움이 되었을 수 있다. 생명의 실험 장치에 특이한 성분의 가루를 뿌리고, 잠깐씩 불을 지펴주는 효과를 냈을 것이다.

생명체가 처음 물속에서 생긴 후에도 달이 진화에 끼친 영향은 이것저것을 생각해 볼 수 있다. 예를 들어 달 때문에 밀물 때는 물에 잠겼다가 썰물 때는 육지가 되었다가 하면서 변하는 지역이 많이 생겼을 것이다. 생명체는 처음에는 대개 물속에서 살았는데, 그런 생물들 중에 그렇게 갑자기 육지로 변하는 곳에서 적응해서 살아남으려고 하다가 육지에서 살도록 진화한 것이 나타났을 것이다. 다시 말해, 우리 사람 같은 생물이 바다가 아닌 육지에서 사는 것은 밀물, 썰물이 어지럽게 바뀌는 가운데 물이 없을 때도 살아남으려고 했던 먼 옛날의 생명체 때문이다. 달 때문에 생긴 일이다.

나아가 달은 그 무겁고 묵직한 당기는 중력으로 지구가 혼자 돌면서 비틀거리지 않게 잡아주는 역할도 하고 있다. 지구가 돌아가는 모양이 비틀거리면 햇빛을 받는 각도가 심하게 달라지면서 뜨거운 곳과 차가운 곳이 너무 많이 변해서 기후가 갑자기 추웠다 더웠다 하는 일이 일어날 것이다. 그러므로 달이 없었다면 지구는 날씨가 대단히 혹독한 행성이 되었을지도 모른다. 그랬다면 온화한 환경에서 살 수 있는 많은 복잡한 생명체가 살기는 훨씬 어려웠을 것이다. 실제로 화성은 지구처럼 크고 무거운 달을 거느리지 못하고 있어서 거의 반쯤 누워서 돌기도 했다가 아주 똑바로 서서 돌기도 했다가 훨씬 혼란스러운 움직임을 보여준다.

꼼꼼하게 따져보자면, 달이 없다고 하더라도 해가 어느 정도는 밀물과 썰물을 일으켜 주기는 한다. 그러면 설령 달이 없었을지라도 지구에 생명체가 생기고 진화가 시작되었을지도 모른다. 그러나 그랬다면 생명체가 등장한 시기와 진화해

나간 속도와 방향이 지금과는 많이 달랐을 것이다. 달 없이 진화한 세상은 아이돌 가수 노래에 맞춰 춤추는 영상이 세상을 돌고, 인터넷 먹방 영상이나 SNS 허세 같은 특이한 문화를 담은 전파가 지구 주변에 퍼져 나가는 세상은 아니었을 것이다. 어쩌면 텅 빈 흙더미와 넓은 바다에 해초나 작은 벌레를 닮은 생물이 가끔 바다에 떠 있는 모습. 그 정도가 전부인 세상일 수도 있지 않았을까.

그래서 나는 달의 과거 모습과 과거의 상황을 아는 것은 생명체의 탄생과 옛 진화를 추적하는 데에도 중요하다고 생각한다. 그 과정에서 우리는 생명체가 이렇게 처음으로 생겨났다는 오랜 수수께끼에 대한 답에 더 가까이 다가갈 기회를 잡을 수 있다. 그러다 보면 생명체의 가장 중요한 특성을 깨닫게 될 수 있다. 또는 지금껏 우리가 알지 못했던 생명을 이루는 물질의 묘한 성질에 대해서도 더 잘 알 수도 있을 것이다. 그래서 우리는 달에 가야 한다. 생명의 바탕에 대한 지식이 쌓이는 가운데 언제인가 우리는 우리 몸을 돌보고, 병을 치료하고, 생태계를 보호하는 일에 대해서 지금은 알지 못하는 새로운 지식을 상상해 낼 수 있을 것이다.

6

달의 왕국
신라

신라를 달의 왕국이라고 부를 수 있지 않을까? 신라에 관한 옛 기록을 보다 보면 가끔 드는 생각이다. 달은 밤하늘에서 눈에 잘 띄다 보니 신라만 아니라 모든 문화권에도 어느 정도씩은 영향을 미쳤다. 또한 신라 역사는 1,000년에 가까우니 긴 역사 동안 유행에 따라 문화가 변하기도 했다. 한 100년 동안 신라 사람들이 달을 아주 좋아하다가도, 유행이 바뀌어 다시 100년쯤은 신라 사람들이 달을 싫어하는 문화가 퍼졌을 수도 있다는 뜻이다. 말이 쉬워서 1,000년이지, 1,000년이면 그렇게 100년마다 일어나는 변화가 열 번은 반복해서 일어날 수 있는 시간이다.

그래도 신라 문화를 백제나 고구려, 나아가 나중의 고려와 비교해 보면, 다른 나라에 비해서 달을 친숙하게 여기고 달을 중요하게 여기는 분위기가 있었다는 말은 꺼내볼 수 있다. 일단 신라의 임금이 머물던 궁전 건물이 많이 있었을 것으로 추정되는 장소의 이름부터가 월성이다. 그리고 거기에서 멀지 않은 곳에는 월지라는 연못이 있었다. 각각 달의 성, 달의 연못이라는 의미다.

한 나라의 중심인 임금이 머무는 궁전 이름은 아무렇게나 정해지는 게 아니라, 파헤쳐 보면 깊은 의미를 담고 있다. 예를 들어 서울의 경복궁에서 "경복"은 뜻을 그대로 풀이하면 행운, 복이 있는 궁전이라는 뜻이다. 영어로 말하자면 "the Lucky Palace"가 되어 어쩌 휴양지나 카지노 같은 느낌이 되지만, 사실은 고대 중국의 시를 모아둔 『시경詩經』에서 따온 말이다. 그만큼 옛 문화에 대한 존경과 심취를 담은 이름이다. 중국 베이징의 자금성은 영어로 흔히 "the Forbidden City"로 번역하는데, 직역한 말과 달리 자금이란 중국 도교 문화에서 하늘 세계, 천상의 임금이 머무는 곳을 의미하는 말이다. 보통 중국 도교에서는 그런 곳이 북극성과 북두칠성 근처였다고 보았으므로, 자금성의 뜻을 풀이하자면 사실 "북극성 성", "the Polaris City"라고 해야 한다.

그에 비해 경주의 월성은 달의 성이라는 뜻이다. "the Lunar City"라고 하면 SF 영화에 나오는 미래 세계에서 달에 건설한 도시라는 느낌이 드는데, 신라 사람들은 바로 그런 이름을 가진 궁전 근처를 드나들며 생활했을 것이다. 지금 월성에 가보면 모든 것이 허물어지고 파괴되어 있어, 그 흔적만 어렴풋하게 살펴볼 수밖에 없다. 그렇지만 『삼국사기三國史記』에는 파사이사금이 임금이었던 서기 101년에 월성을 건설했다고 하며, 바로 근처에 있는 월지에서 신라 말기의 사치품들도 자주 발견되고 있다. 그러니 신라 초기에서 신라 멸망 무렵까지 거의 800년 동안 월성 근처가 신라의 중심지이자 경주의 중심지였을 가능성은 매우 높다.

사람들은 한동안 월지를 나중에 생긴 별명인 안압지라는 이름으로 불렀다. 그런데 20세기에 이 연못을 조사한 결과 이곳을 신라에서는 월지라고 불렀다고 추측할 수 있게 되어, 최근에는 정식 명칭도 월지로 바뀌었다. 근처에는 임금의 후계자가 머무는 궁전이 있었던 것으로 보고 있는데, 임금의 후계자가 사는 궁궐을 흔히 동궁이라고 하므로, 요즘에는 월지와 그 인근을 아예 '동궁과 월지'라고 묶어 부른다.

궁궐 근처라서 잔치를 많이 했는지, 월지에서는 이런저런 놀고먹는 생활상에 관련된 유물들이 꽤 많이 나왔다. 특히 가장 많이 알려진 유물로는 술 마시면서 게임할 때 쓰던 주사위가 있다. 나중에 주령구라는 이름이 붙었는데, 나무를 깎아 만든 14면체 주사위다. 각 면에는 숫자나 점 찍은 무늬 대신에 술 마시며 게임할 때 내릴 벌칙이 적혀 있다. 1,000년에서 1,300년 전 사이의 신라 사람들이 즐기던 술 마시기 게임용 도구이지만, 그 내용은 현대의 술자리 게임과 별로 다르지 않다. 한국인들의 회식 술자리 문화에 익숙한 사람이라면, 신라에서 쓰던 주사위에 적혀 있는 "한 번에 술 3잔 마시기", "소리 내지 않고 춤추기" 따위의 내용을 보기만 해도 어떤 느낌인지 생생히 떠올릴 수 있을 것이다.

달빛이 연못에 비친 모양을 보면서 달의 연못가에서 술판을 벌인 1,300년 전의 신라 사람들을 떠올리다 보면 한 가지 상상을 하게 된다. 흔히 이 유물을 두고, 실수로 주사위를 연못에 빠뜨리는 바람에 연못 바닥의 뻘 속에 묻혀서 1,000년 이상 보존되었을 것이라고 추측하는데, 나는 그런 회식자리 술판이 지긋지긋하게 싫었던 신라의 어느 신입 관리가 몰래 그 주사위를 연못에 던져버린 것 아닌가 싶다.

이 주사위는 1975년에 발견된 후, 보존을 위해서 바싹 말리던 도중에 어이없게도 불타 없어지고 말았다. 오랫동안 잘 보존하기 위해서 건조 처리하겠다고 한 것인데, 도리어 버려져서도 1,000년 넘게 남아 있던 물건을 한순간에 없애버린 셈이다. 굉장히 안타까운 일이기는 하지만, 만약 회식이 싫어

동궁과 월지에서 나온 신라의 술자리 게임용 도구의 모습. 지금 보이는 면에는 "한 번에 술 3잔 마시기"라는 벌칙이 쓰여 있다. ⓒ한국관광공사

서 어떤 신라 사람이 던져버린 주사위가 1,300년 만에 다시 물 밖으로 나와 사람 손으로 들어오자, 그 순간 이번에는 아예 불타 없어져 버렸다고 상상해 보면, 좀 묘한 일이라는 생각도 든다.

덧붙여 이야기해 보자면, 월지에서는 그냥 평범한 네모 주사위처럼 생긴 물건도 발견된 적이 있다. 그 주사위는 상아로 된 제품으로, 지금도 실물이 남아 있다. 신라 사람들이 도박이나 보드게임 같은 것을 즐기기 위해 만들었던 것 아닌가 싶은데, 코끼리 이빨인 상아는 먼 외국에서 수입해 와야 하는 물건인 만큼, 화려하고 사치스러운 놀이 문화를 짐작하게 해준다.

월성이 그 이름을 얻은 것은 아마 그 성의 모양 때문이 아닐까? 지금 남아 있는 월성의 흔적만 보아도 지도나 공중에서 촬영한 사진을 보면 월성은 반달 내지는 초승달처럼 생겼다. 월성에서 '월' 자가 뜻하는 게 그냥 달이 아니라 초승달이라고 치면, 그 모양에 관해서 삼국통일 이후의 신라 사람들을 더 기분 좋게 할 만한 사연이 있는 이야기도 있다.

『삼국사기』에 따르면 서기 660년 음력 6월에 당시 신라와 한창 자주 전쟁을 벌이던 백제의 궁중에서 이상한 일이 벌어졌다고 한다. 백제 궁중에 이상한 귀신 형체가 나타난 것을 본 사람들이 있었는데, 마침 "백제는 망한다, 백제는 망한다"라고 하는 소리를 들은 사람들도 있었던 것 같다. 그 형체는 땅속으로 들어갔는데 이상해서 그 땅을 파헤쳐 보니 대략

1m쯤 파 내려간 꽤 깊은 곳에서 거북이 한 마리가 발견되었다. 등에는 글씨가 적혀 있었다는데, 그렇다면 발견된 것이 진짜 살아 있는 거북이였다기보다는 거북이 모양으로 만든 조각품이나 거북이 모양의 쇳덩어리 장식품 같은 것이 아니었겠나 싶다.

거북이에 적혀 있는 글자는 "백제는 보름달이고, 신라는 초승달과 같다"였다. 그게 무슨 말인지 몰라서 백제 임금은 주술에 밝은 사람에게 물어보았다. 그 사람은 "보름달은 앞으로 이제 점점 줄어들면서 빛을 잃어간다는 뜻이니 백제는 점점 쇠약해질 것이라는 뜻이고, 초승달은 앞으로 점점 커질 것이니 신라는 점점 강해질 것이라는 뜻입니다"라고 해석했다. 백제 임금은 백제가 약해진다는 말에 화가 나서 그 사람을 처형해 버렸다. 그러자 백제 임금의 기분을 맞춰주려는 다른 사람이 "보름달은 빛이 세니 백제는 강하다는 뜻이고, 초승달은 빛이 약하니 신라는 약하다는 뜻입니다"라고 해석했다. 그러자 백제 임금은 기뻐했다.

그러나 얼마 후, 백제는 신라의 공격으로 멸망하고 말았다. 이 시대, 중국이나 한반도 지역에서 나온 이야기들을 보면 이런 줄거리가 종종 보인다. 결코 사람이 볼 수 없을 만한 곳에 무슨 글자를 써둔 물건 같은 것이 숨겨져 있거나 묻혀 있는데, 우연히 몇백 년 만에 그걸 누가 발견했더니 마치 그 몇백 년의 운명이 정해져 있었던 것처럼 거기 적혀 있는 옛

글씨가 지금 상황과 딱 맞아떨어진다는 내용 말이다. 이런 줄 거리는 그 신비한 느낌이 여운을 남긴다.

한 발짝 물러서서 이야기의 내용을 따져보면 돌이켜 볼 만한 교훈도 있다. 거북이 조각품에 적혀 있는 알 수 없는 글자 몇 자 따위에 사실 무슨 대단한 의미가 있겠는가? 찬찬히 돌아보면, 백제가 앞으로 쇠약해진다는 해석이나, 지금 백제가 강하다는 해석이나 둘 다 일리는 있다. 게다가 지금 백제가 강하다는 지적과 앞으로 쇠약해질 수 있으니 조심해야 한다는 지적은 서로 그렇게 어긋나는 이야기도 아니다. 그러니까 이야기 자체보다도 이야기를 듣고 어떻게 받아들이느냐가 중요하다.

그러나 백제의 임금은 자기 기분을 나쁘게 하는 이야기를 견딜 수 없어 그 말을 한 사람을 처형해 버리고 말았다. 이래서야 올바른 판단을 내릴 수도 없다. 무엇보다도 이런 짓을 하면, 그 후로는 목숨을 잃을까 두려워 주위에 자기 의견을 정직하게 이야기해 줄 사람들도 없어진다. 그러므로 점점 더 여러 사람의 지혜를 모으기도 어렵고, 좋은 판단을 하기는 더 어려워진다.

말하자면 예언이 백제의 멸망을 알려주었다기보다는, 예언 때문에 화를 낸 백제 임금의 행동 때문에 그에게 충성할 인재들이 없어져 나라가 망했다는 것이 이 이야기의 숨겨진 교훈 같다. 이렇게 보면, 여러 사람의 의견을 모으는 회의를 주

관하는 사람, 또는 하급자의 의견을 대하는 상급자는 솔직한 의견을 풍부하게 듣기 위해 노력해야 한다는 교훈을 품은 이야기다.

전쟁에서 이겨 백제를 정복한 신라 사람들은 나중에 백제 궁중에서 이런 사건이 있었다는 이야기를 전해 듣고 으쓱했을 것이다. 신라의 궁궐이 하필 거북이의 예언 속에 나오는 초승달을 닮은 모양의 성인 월성에 건설되어 있으니, 그 앞을 지날 때마다 신라 사람들은 전쟁의 승리를 추억할 수 있었을 거라는 생각도 해본다. 어쩌면, 지금보다 계속 점점 더 발전해 나가야 한다는 초승달의 의미를 되새기는 사연으로 백제의 전설을 돌아보는 신라 사람이 있었을 것 같기도 하다.

신라의 달밤

신라 사람들이 달을 좋아하게 만들어 준 문화 중에 현대의 한국에까지 강하게 영향을 미치고 있는 풍속도 있다. 다름 아닌 추석, 한가위다. 지금으로부터 2,000년 전인 서기 32년에 신라 임금이 행정구역을 개편하고 새로 만드는 작업을 했다. 그리고 전체 행정구역을 크게 두 편으로 나누어 서로 겨루는 행사를 하나 시작했다고 한다.

매달 7월 보름달이 뜬 다음 날, 그러니까 음력 7월 16일부터, 한 달 후인 음력 8월 15일 보름날까지 여성들이 큰 대회 장소에 모여 두 편으로 갈라서 길쌈, 그러니까 옷감 짜기 대결을 한다. 매일 아침부터 밤까지 계속 옷감을 부지런히 짜는 것인데, 한 달 동안 작업을 해서 8월 보름달이 뜨는 날 승패를 겨룬다. 패배한 쪽은 승리한 쪽에 술과 음식을 주고, 그러면 그것으로 먹고 놀면서 노래하고 춤추며 즐기는 것이 행사의 마지막이다. 기록에는 이 행사를 가배라고 부른다고 되어 있다. 많은 사람들이 가배라는 말이 바뀌어 가위가 되었고 거기에 크다는 뜻의 한이라는 말이 붙어 한가위라는 말이 생기지 않았나 추측하고 있다. 2,000년이 지난 지금도 한가위는 한국에서 가장 큰 명절이다.

이렇게 길쌈 대결을 하면, 대결에서 이긴 쪽이 즐거워하는 것이 중심이 되어야 할 것 같은데, 정작 그때 부르는 노래 중에 진 쪽에서 안타까워하며 부르는 노래가 훨씬 유명했다. 이런 점이 신라 한가위의 특별한 재미다. 이것은 한가위가 경쟁이나 다툼이 목적인 행사가 아니라 그야말로 즐기기 위한 축제의 의미가 커서 다 같이 즐거워질 수 있는 명절이었기 때문이었을 수도 있다고 생각한다. 그 노래 가사에, "회소—" "회소—"라는 말이 들어가 있어서 그 노래를 〈회소곡〉이라고 불렀다고 하는데, "회소"가 무슨 뜻인지는 현대의 학자들도 정확히 모른다.

현대의 아이돌 노래를 보면, 별다른 뜻 없이 그냥 귀에 잘 들어오는 후크송을 만들려고 재미난 단어를 반복해서 많이 말하는 경우가 있는데, "회소"도 2,000년 전에 그런 목적으로 사용된 가사였던 것은 아닐까?

보름달이 뜬 직후에서 다음 보름달이 뜰 때까지 벌어지는 축제가 이렇게 즐거웠으니, 자연히 달을 감상하는 여흥이나 달에게 소원을 비는 풍습도 같이 생겼을 것이다. 가을밤 달을 보는 것 자체를 반갑고 좋은 일로 여기는 생각이, 이 행사가 벌어지는 내내 신라 사람들 사이에 퍼졌을 거라고 나는 짐작해 본다. 이런 문화를 신라의 고유한 특징이라고 볼 수도 있다. 보름달이 뜨는 날을 명절로 여기고 이렇게까지 중시하는 나라가 그렇게 많지는 않다. 명절을 현대의 양력으로 정하는 대부분의 나라에서는 애초에 명절 날짜가 달과 별 상관이 없다. 중국의 경우, 추석과 동일한 8월 15일을 중추절이라고 부르기는 하나, 한국과 같이 큰 명절로 치지는 않는다. 당시 839년에 일본의 승려가 쓴 『입당구법순례행기入唐求法巡禮行記』를 보아도, 추석은 오직 신라에만 있는 명절이라고 하면서 온갖 음식을 마련해 밤낮으로 노래와 춤을 즐겼다고 되어 있다.

요즘은 추석 명절이라고 하면 피곤한 날이라는 생각이 더 앞선다는 생각도 해본다. 신라 때의 전통을 부활시켜서 그냥 푹 쉬고, 좀 즐겁게 노는 날로 되살려 볼 수는 없을까? 원래 옷감을 만드는 대회를 하는 시대였으니, 패션 위크 행사처럼, 한 달 동안을 패션 행사 기간으로 정해서 옷, 옷감, 패션에 대한 행사를 즐기는 시기로 만들어 보면 어떨까 싶기도 하다. 그게 아니라도, 그냥 새 옷, 평소 안 입던 옷, 한복 입고 사진 찍는 날 정도로 재미있게 보내는 날로 다들 즐겁게 보내는 방법을 개발해 나가는 것도 좋다고 본다. 그렇게 부담 없이 즐기는 날로 바꾸어 가는 것도 전통 명절을 미래에도 살려나갈 수 있는 방법이라고 본다.

신라의 문화 중에는 달과 관련이 있는 이야기들은 몇 가지가 더 있다. 정월대보름도 한가위와 비슷하게 보름달이 뜨는 날을 명절로 삼은 것인데, 이 역시 신라와 관계가 있다. 이 이야기는 『삼국유사』에 실린 여러 이야기 중에서도 가장 그 소재가 재미난 것으로 미스터리, 스릴러, 액션이 섞여 있는 내용이다.

서기 488년에 신라의 임금이었던 소지 마립간이 까마귀 한 마리를 추적하다가 이상한 봉투 하나를 발견했다. 봉투에는 "뜯어보면 두 사람이 죽고, 뜯어보지 않으면 한 사람이 죽는다"라고 적혀 있었다고 한다. 임금은 두 사람이 죽는 것보다는 한 사람이 죽는 것이 낫다고 생각해서 그냥 뜯어보지 않고 버리려고 하지만, 신하 한 사람이 "한 사람이란 임금 한 사람을 말하는 것일 수 있다"라고 해서 뜯어보기로 한다. 그래서 봉투를 뜯어보니, 거기에는 뜬금 없이 "거문고를 보관해 놓는 통을 활로 쏘아라"라고 적혀 있었다.

임금은 괴상하게 여기면서도 시킨 대로 거문고 통에 활을 쏘았다. 그런데 나중에 알고 보니, 궁중에 임금의 부인이 바람이 난 남자가 있었는데, 갑자기 임금이 오자 부인과 함께 거문고 보관하는 통 속에 둘이 같이 숨었던 것이다. 그리고 둘은 그 안에서 화살을 맞아 사망했다. 임금은 이때 화살을 쏘지 않았다면, 그 남자가 자신을 암살했을 거라고 보고, 이 사실을 알게 해준 까마귀에게 감사하는 뜻으로 까마귀를 기리는 날을 정한다. 그리고 그날이 바로 정월대보름이었다고 한다.

이 이야기는 후대에도 아주 널리 알려져서, 조선시대 선비들이 쓴 글을 보아도, 정월대보름에 먹는 약밥이나 오곡밥은 까마귀에게 줄 선물로 만드는 음식에서 유래한다고 설명하는 내용을 자주 볼 수 있다. 그렇게 생각하면 이 이야기도 아름다운 보름달을 즐기고 좋아하는 문화를 신라 사람들이 만든 사례다.

그 외에도 신라에는 달과 관련된 이야기가 많다. 가령 노힐부득, 달달박박이라는 사람이 득도하여 사람들에게 좋은 이야기를 하고 공중으로 날아가며 떠났다고 하는데, 그 놀라운 사람들이 지내던 백원산이 너무도 신비로운 곳이라서 보름달이 뜨면 멀리 중국 당나라 임금이 만들어 둔 연못 한 곳에 그 산의 경치가 비쳤다고 한다. 내가 특히 좋아하는 이야기는 월명사라는 음악에 아주 밝은 사람의 이야기인데, 그 사람이 밤에 피리를 불면 밤하늘의 달이 더 듣고 싶어서 지지 않고 멈추어 있었다는 대단히 시적인 이야기다.

이렇게 모아놓고 보면, 신라와 달의 관계라는 주제에 눈 길이 자꾸 갈 만하지 않은가 싶다. 하다못해, 1940년대에 나온 잘 알려진 한국 가요 명곡 중에, 〈신라의 달밤〉이라는 곡도 있지 않은가?

신라의 해와 달 신화

아예 신라 사람들의 신화 중에도 달에 관한 것이 있다. 『삼국유사』에 실려 잘 알려진 연오, 세오 이야기다. 이는 동해안에 살던 연오라는 남자가 서기 157년에 해조류를 따러 갔다가 이상한 것의 등 위에 실려서 멀리 일본 땅까지 가게 되었다는 이야기로 시작한다. 그 이상한 것은 바위였다고도 하고, 물고기였다고도 한다. 그래서 어떤 사람들은 바위만큼 큼직해 보이는 고래라고 하면 말이 더 잘 들어맞지 않나 추측하기도 한다. 그렇게 보면, 어느 날 갑자기 고래가 나타나 연오를 싣고 일본으로 데려갔다는 이야기다.

아무튼 얼마 후, 갑자기 사라진 연오를 찾아다니던 그의 부인 세오가 또 그 이상한 것을 만난다. 그 이상한 것은 이번에는 세오를 싣고 또 일본 땅에 데려다준다. 그래서 부부가 일본 땅에서 만난다. 갑자기 이상한 것을 타고 나타난 신라 남자, 연오를 일본 땅에 살던 사람들은 신비롭고 놀랍다고 생각해서 임금으로 떠받들었다. 그리고 세오가 나타나자 세오는 자연히 왕비가 되었다.

여기까지만 보면, 이 이야기는 이 무렵 한반도 사람과 일본 사람들 사이에 활발히 교류가 있었다는 점을 상징하는 전설일 것이다. 마침 비슷하게 고대 한반도의 남녀가 쌍으로 신비로운 이유 때문에 일본으로 건너가는 이야기가 일본 쪽에도 남아 있다. 『일본서기日本書紀』, 『고사기古事記』 등에 등장하는 천일창天日槍 이야기나, 도노아아라사등都怒我阿羅斯等 이야기 등인데, 어떤 학자들은 이런 전설들 사이에 어떤 관계가 있지 않나 추측하기도 한다.

연오와 세오 이야기는 그다음 사연에서 신화의 형태로 변화하게 된다. 두 사람이 떠난 후, 신라에서 갑자기 해와 달이 빛을 잃는 현상이 발생한다. 짙은 안개나 구름, 혹은 미세먼지 같은 현상이 심하게 일어난 것 아닐까 싶다. 혹은 일식이나 월식이 일어났을 수도 있는데, 마침 비슷한 시기에 일식이 일어났다는 기록이 『삼국사기』에 있다.

신라 임금이 당황하자, 한 신하가 이것은 해의 정기를 품고 있는 사람과 달의 정기를 품고 있는 사람이 신라를 떠나 일본으로 갔기 때문이라고 이야기해 준다. 그래서 신라 임금은 연오와 세오에게 사신을 보내 돌아와 달라고 이야기한다.

연오는 그 청을 거절하지만, 대신에 세오가 짜놓은 비단을 대신 주면서 그 비단으로 제사를 지내면 해와 달의 빛이 돌아올거라고 이야기해 준다.

그렇게 해서 신라는 해와 달의 빛을 되찾는다. 비단으로 제사를 지낸 곳을 영일현이라고 불렀는데, 지금의 포항 근처라고 한다. 이때 비단은 해와 달을 빛나게 해줄 수 있는 물건이므로 보물로 삼아 보물창고에 잘 간직했고, 그 창고를 왕비가 준 보물을 저장해 놓은 창고라고 하여 귀비고라고 불렀다고 한다.

신라 사람들이 믿던 이 신화에 따르면, 해와 달은 그 정기를 품고 있는 사람과 연결되어 있다. 그렇기 때문에 그 사람이 나라를 떠나면 해와 달은 빛을 잃는다. 해와 달의 정기를 품은 사람이 대단한 실력자나 고귀한 자손이 아니라, 그냥 바닷가에서 미역이나 다시마 따는 부부라는 점도 재미난 특징이다. 세상의 수많은 평범한 사람들 중에 자기 자신도 모르지만, 사실은 해와 달의 빛을 조절할 수 있는 사람이 숨어 있다는 이야기로 볼 수도 있다. 해와 달이 서로 부부의 관계로 맺어져 있다는 점도 재미있다.

연오, 세오 이야기와 얼마나 깊게 연관되어 있는지는 모르지만, 해와 달을 신화의 대상으로 여기는 풍습은 이후에도 꾸준히 이어진 것 같다. 『삼국사기』에는 문열림이라는 숲에서 특별히 해와 달에게 제사를 지내는 일월제라는 관습이 신라에 있었다고 기록되어 있다. 또한 『구당서舊唐書』 같은 책을 보면, 신라 조정에서는 매년 설날에 크게 잔치를 여는 행사가 있었는데, 그때 일월신, 즉 해와 달의 신을 향해 절을 하는 풍습이 있었다고 한다.

혹시 새해 첫날이 되면 신라 백성 중에 섞여 있을지도 모르는 해와 달을 상징하는 사람이 있을 거라고 보고, 누구인지는 정확히 모르지만 그들을 향해 임금과 신하들이 같이 절을 했던 것일까? 넘겨짚어 보는 상상이기는 하지만, 그렇다면 백성들 중에 해와 달의 정기를 품은 사람이 있을 수 있으니, 결코 무시하거나 함부로 대하지 말라는 뜻이 담겨 있는 것으로도 볼 수 있는 이야기 아닌가 싶다.

오늘날의 해와 달

신라가 멸망한 지도 1,000년이 넘게 지났고, 그사이에 과학기술은 훌쩍 발전하여, 지금 우리는 해와 달이 부부 사이가 아니라는 것 정도는 누구나 다 안다.

해와 달이 비슷해 보이는 것은 그냥 해가 워낙 멀리 있고 달이 워낙 가까이 있기 때문에 지구에서 보이는 크기가 비슷할 뿐으로, 심지어 정확하게 잘 재보면 그렇게 지구에서 보이는 크기도 꽤 다르다. 달이 지구 주위를 돌다가 우연히 해를 가리는 현상인 일식이 일어날 때를 보면, 달이 완전히 해를 가리는 개기일식이 일어날 때도 있지만, 가끔 개기일식이 일어나야 하는 데도 완전히 해를 가리지 못해 해의 겉 테두리 부분이 그냥 남아 보일 때도 있다. 이런 현상을 그 테두리가 금반지 모양으로 보인다고 해서 금환식이라고 한다

그렇지만 여전히 신라 사람들처럼 달과 해를 견주어 살펴볼 필요는 있다. 해와 달은 우주에서 지구에 가장 영향을 많이 미치는 물체이기 때문이다. 해는 태양계에서 가장 크며 무엇보다 강한 빛과 열을 내는 물체다. 달은 우주의 커다란 물체들 중에 지구에 가장 가까이에 있는 물체다. 하나는 크기와 힘으로 우리에게 영향을 미치고, 하나는 지구에 찰싹 달라붙어 있음으로써 우리에게 큰 영향을 미친다. 그래서 지구의 밀물과 썰물에 대해 연구한다든가, 지구에 미치는 태양 빛의 영향에 대해 연구할 때, 해와 달을 같이 따져야 하는 경우는 자주 있다.

달은 지구 바로 곁에서 오랜 시간 해에서 오는 모든 빛과 열을 같이 받고 있다. 그렇기 때문에 달을 잘 살펴보는 것은 지구에게 강력한 영향을 미치는 해의 특징을 분석하는 데에도 요긴하다. 달에서 해를 관찰하는 것과 지구에서 해를 관찰하는 것의 차이에서 해의 특성을 세밀히 알아낼 수 있을 수도 있고, 수억 년 동안 달 표면에 쌓여 있는 해에서 날아온 물질의 흔적을 분석해서 해에 대한 지식을 알아낼 수도 있다.

해의 겉면 바로 바깥에서 빛을 뿜고 있는 엷은 물질을 코로나라고 부르는데, 이상하게도 코로나가 뜨거워지면 섭씨 100만 도나 되는 극히 높은 온도가 된다. 이 사실은 큰 의문이었다. 태양의 겉면 온도가 섭씨 6,000도밖에 안 되는 것을 보면 굉장히 이상한 현상이다. 불덩어리 그 자체보다 그 불덩어리 바로 바깥쪽 공기가 훨씬 더 뜨겁다는 것과 비슷한 현상이다. 2021년 달에 날아간 인도의 달 탐사선 찬드라얀2호는 달에서 태양을 관찰하면서, 바로 이 태양 코로나의 비밀을 풀기 위한 자료를 수집했다. 왜 이런 이상한 일이 일어날까? 혹시 먼 미래에는 이 원리를 이용해서 뜨거운 온도를 쉽게 만드는 방법을 개발할 수 있을까?

심지어 사람들 중에는 달에서 햇빛을 받아 태양광 발전을 하면 훨씬 싸게 먹힐 거라고 주장하는 사람들도 있다. 달에는 눈도 내리지 않고 비도 오지 않고 구름도 끼지 않기 때문에 항상 밝은 햇빛을 잘 받을 수 있다. 바람도 없고 폭풍도 없기 때문에, 태양광 발전 장치를 튼튼하고 무겁게 설치할 필요도 없다. 달에는 언제나 계속 햇빛을 받을 수 있는 지역도 있다. 심지어 달에 태양광 발전을 설치하면 땅값도 들지 않는다.

그래서 아주 얇고 값싼 태양광 발전 장치를 달에 온통 크게 펼쳐서 뜨거운 햇빛으로 마음껏 전기를 만들어서, 마이크로파 전력 전송이나 레이저 전력 전송 방식을 활용해 그 전기를 무선으로 지구로 보낸다. 그러면 풍부한 전기를 많이 얻을 수 있다는 발상이다. 2013년에는 일본의 시미즈 건설에서 달을 고리 모양의 태양광 발전 장치로 둘러서 막대한 전력을 만들겠다는 루나링 구상을 발표한 적도 있다.

나는 달에서 태양광 발전으로 만든 전기를 지구에서 팔아서 돈을 번다는 것은 아직 먼 일이라고 생각한다. 그러나 달, 해, 지구의 밀접한 관계를 알고 활용하기 위해서는 달에 가는 쪽이 유리하다는 것은 이미 미국, 소련, 일본, 중국, 인도, 이스라엘 등 세계 여러 나라의 달 탐사를 통해 여러 차례 경험한 바 있다.

그래서 우리는 달에 가야 한다. 그러면 설령 언제인가 해와 달이 빛을 잃는다 해도 떠나간 연오와 세오를 찾는 대신, 해와 달에 정말로 무슨 일이 생겼는지, 그리고 무슨 일이 생길지에 대해 더 정확하게 알 수 있게 될 것이다. 그렇게 과학의 힘으로 달에 대해 더 많은 지식을 알아나가는 것이 신라의 달을 지금 시대에 걸맞게 새롭게 즐길 수 있는 또 다른 길이 될 수 있다고 생각한다.

7

조선이 꾼
달나라 여행의 꿈

다음 질문들을 읽어보자. 질문에 답하려고 하기보다는 질문 그 자체에 대해 다시 질문해 보자. 이런 질문을 누가, 언제, 왜 했을까?

　　"하늘에서 해와 달이 뜨고 질 때 밤낮의 길이가 바뀜에 따라 어떤 때에는 오랫동안 떠 있고 어떤 때에는 짧게 떠 있는데, 이런 변화는 왜 생길까?"

　　"가끔 해와 달에 일식이나 월식이 생길 때가 있는데 이런 일은 왜 일어날까?"

　　"행성들이 이리저리 움직이는 모양과 다른 별들이 일정하게 움직이는 모양에 대해서 상세히 말할 수 있는가?"

"혜성이나 다른 갑작스럽게 나타나는 색다른 별은 어떤 때에 보일까?"

질문은 계속해서 더 이어져서 나중에는 다음과 같은 물음도 나온다.

"바람은 어디에서 시작되어 어디로 불어 갈까? 가끔 바람이 폭풍이나 태풍이 되는 것은 무엇 때문일까? 구름은 왜 생길까? 천둥과 번개는 무엇 때문에 생기고, 왜 그렇게 번쩍거리고 소리는 무서울까? 번개가 나무나 물건에 떨어지는 것은 어떤 원리 때문일까?"

언뜻 보면 무슨 학교 과학 시간에 설명에 앞서 흥미를 유발하려고 꺼낸 질문 같아 보이기도 한다. 그러나 이 문제는 현대의 과학 교과서에 나오던 것은 아니다.

이 문제는 조선 중기인 1558년, 과거 시험 문제로 나온 내용의 일부를 발췌한 것이다. 이 문제는 특별히 별을 관찰하거나 날씨를 따지는 공무원을 뽑기 위해 나온 것도 아니고, 그냥 보통 조선시대의 선비들이 과거에 급제하기 위해 치르는 시험에 나왔다. 그런데도 그 내용을 보면 대부분이 과학 문제다. 지금 우리가 입시를 위해 과목을 나누어 공부를 하다 보면 과학과 문학, 역사, 철학, 윤리 문제를 서로 관계가 없는 문제처럼 생각하게 될 때가 가끔 있다. 그런데 정작 요즘보다 과학에 관심이 덜했다고 하는 조선시대에, 그것도 양반 선비들이 풀어야 했던 과거 시험 문제에 이런 내용이 가득 들어 있었던 것이다.

이 문제는 조선시대 500년 동안 치러진 수많은 과거 시험의 문제들 중에서도 가장 유명한 축에 속한다. 왜냐하면 이 복잡하고 어려운 질문에 대답하여 장원을 차지한 사람이 바로 오천 원짜리 지폐의 등장인물로도 잘 알려진 율곡 이이였기 때문이다.

이이는 인생을 살면서 각종 과거 시험에 참여하여 총 아홉 번 장원을 차지하는 무시무시한 기록을 세웠다. 그래서 그에게는 아홉 번 장원한 분, 곧 구도장원공이라는 별명이 붙었다. 지금까지도 입시를 중요시하는 한국 문화에서 이 정도면 공부의 화신이라고 할 만한 사람이다. 모르긴 해도, 퇴계 이황을 높여 부르는 이부자라는 호칭이나 우암 송시열을 높여 부르는 송자 같은 호칭보다도 이이의 구도장원공을 더 멋진 칭호라고 생각하는 사람이 많았을 거라고 생각해 본다.

이이가 이 문제에 대답한 내용은 『천도책』이라는 이름으로 묶여 널리 읽혔다. 이 이름은 하늘의 길에 대한 문답이라는 뜻인데, 도道라는 한자에는 도리라는 뜻이 있으므로 풀이해 보자면 하늘의 이치 내지는 하늘의 이치와 그 도리에 대한 문답이라는 뜻이 된다.

제목만 보더라도 깊은 생각 끝에 나오는 세상의 중요한 원리를 다루는 것 같은 느낌이다. 이후에 나온 조선시대 여러 다른 사람들의 글을 보면, 『천도책』의 내용은 조선에서 많은 사람들이 존경하며 읽던 자료가 되었음은 물론이고, 조선 바깥 외국에도 잘 쓴 글이라고 소문이 날 정도로 인기가 있었다고 한다. 도는 이야기에 따르면, 과거 시험을 주관하던 시험관들은 이이가 쓴 답안을 본 뒤에 "우리는 여럿이서 모여서 몇 날 며칠을 고민한 끝에 문제를 냈는데, 어떻게 잠깐 시험을 치며 혼자 그 답을 쓴 사람의 글이 이렇게 훌륭할 수가 있는가? 정말 천재 선비다"라면서 감탄했다고 한다.

이 책에 실린 답을 보면 막상 그 내용은 요즘 우리가 알고 있는 사실과는 좀 어긋난다. 이이는 세상 모든 것을 음양의 조화로 보고, 모든 것이 음기와 양기가 서로 어울리거나 나뉘어지고 뭉치거나 흩어지는 현상으로 설명할 수 있다고 보았다. 다양한 현상을 음양, 짝이 맞는 두 가지 기운으로 설명하다 보니, 일식은 양기의 덩어리인 해를 음기의 덩어리인 달이 가려서 생긴다고 보았고, 월식은 반대로 음기 덩어리 달을 양기 덩어리 해가 가려서 생긴다고 보았다. 그렇게 음양으로 모든 것을 이야기했다.

실제로는 달이 움직이다가 간혹 태양 앞을 지나갈 때가

되면 지구에서 태양을 볼 때 태양이 달에 가려 안 보이는 수가 생긴다. 그것이 일식이다. 여기까지는 이이의 설명과 잘 맞아떨어진다. 그러나 월식이 생기는 이유는 달이 태양으로부터 받는 빛을 지구의 한쪽 편이 교묘하게 가리는 일이 발생하기 때문이다. 단순히 짧게 설명하려면 "지구가 해를 가리기 때문"이라고 하는 편이 차라리 더 쉽고 간단한 설명이다. "해가 달을 가린다"라는 말은 어긋난 설명이다.

일식, 월식이 일어나는 것을 간단히 설명하려면 해, 달, 지구가 모두 둥글게 생겼다는 점, 해는 아주 멀리 있고, 달은 아주 가까이 있다는 사실, 그 대신 달이 해에 비해 크기가 훨씬 작다는 사실 등등을 알고 있어야 한다. 이런 점에서 이이의 생각은 지금 우리가 아는 실제와는 차이가 있다. 그러므로 지금 보면 『천도책』에서 중요한 내용은 해와 달이 움직이는 핵심 원리라기보다는, 해, 달, 별을 보고 우리는 무엇을 느낄 수 있고, 사람이 삶을 어떻게 사는 것이 좋으냐고 해설한 부분이라고 봐야 한다.

그래도 해, 달, 별, 비, 바람, 천둥, 번개 등등 온갖 현상을 모두 음기와 양기의 딱딱 맞아떨어지는 조합으로 풀이해 나가는 이이의 설명은 옛사람이 보기에 멋과 우아함이 있었을 것이다. 조선시대 학자들의 철학과 세계관으로 우주의 원리를 이해하는 방법이 시험지 답안에 잘 요약되어 있다고 할 만하다. 심지어 이이는 세상 모든 것은 그저 단 하나의 기일 뿐인데, 그 기가 움직이는 형태면 양기이고, 가만히 멈추는 형태면 음기라고도 설명했다. 세상 모든 물체를 기라는 단 하나의 생각만으로 설명할 수 있다는 뜻이다.

사람들은 이렇게 간단한 원리로 출발해서 균형을 이루며 맞아떨어지는 이론을 지금까지도 좋아하는 경향이 있다. 이런 경향은 현대의 학자들도 마찬가지인 것 같다.

예를 들어, 현재 학자들은 세상의 모든 보통 물질이 업 쿼크와 다운 쿼크라는 이름의 두 가지 입자와 전자라는 또 다른 하나의 입자가 조합되어 이루어져 있다고 보고 있다. 돌, 물, 공기는 물론, 나무, 사람, 지구, 달도 확대해 보면 결국은 업 쿼크, 다운 쿼크, 전자라는 아주 작은 입자가 굉장히 많이 모여서 붙어 있는 덩어리라는 이야기다. 그런데 왜 하필 이 세 가지 물질이 세상을 이루고 있을까? 네 가지나 다섯 가지가 아닌 이유는 뭘까? 이상하지 않은가? 초끈이론을 연구하는 현대 학자들은 세상에는 원래 끈 모양을 가진 단 하나의 물질밖에 없다고 본다. 그리고 그 끈이 서로 다른 세 가지 방식으로 떨리는 것이 세 가지 물질로 보일 뿐이라고 설명한다.

초끈이론이 탄생한 배경은 조선시대의 이이가 음기, 양기를 따지던 생각과는 엄청나게 다르다. 그렇지만 세상에 어떤 단 한 가지의 간단한 근원이 있으며, 그것이 움직이는 방식에 따라 세상의 별별 다양한 물질과 현상이 나타난다는 발상을 멋지다고 생각한다는 점에서, 초끈이론 학자들의 취향과 이이의 취향에서 공통점을 찾을 수는 있다고 나는 생각한다.

이이는 해와 달이 화를 내면 횡포를 부리는 요정 같은 것이라든가 제물을 바치면 기뻐하는 신령이라는 생각에는 완전히 반대했다. 살아 있는 사람이나 동물이 어떤 신비로운 원리에 따라서 하늘의 별이 될 수 있다는 발상도 옳지 않다고 보았다. 고대 그리스인들이 달을 보며 달의 여신을 떠올린 것에 비하면, 이이가 달을 보며 떠올렸던 생각은 현대의 우리가 달을 보고 떠올리는 생각과 어느 정도 닮은 점도 있다.

그렇다고 해도 이이가 말한 기는 과학 연구의 대상은 아니었다. 대신 『천도책』에는 세상에서 사람들이 착한 일을 하면서 순리대로 잘 지내면 세상의 기가 순조로워지고, 나아가 온 세상의 기가 잘 통해서 자연의 현상들도 순조로워진다는 주장이 담겨 있다. 그래서 이이는 사람들이 착하게 살면 혜성이 나타나거나 나쁜 날씨가 생기는 것 같은 이상한 현상이 잘 일어나지 않을 거라는 취지로 자신의 생각을 정리했다.

그러고 보면, 이런 시험 문제가 출제된 나름대로의 시대 상황도 있지 않나 싶다. 당시는 임금의 어머니였던 문정왕후가 조선을 통치하고 있던, 소위 말하는 여인천하의 시대였다. 지금 생각하면 황당한 일이지만 당시 사람들은 여성이 정치를 하는 것은 사리에 어긋난다고 보았다. 이들은 음양으로 따지면 남성은 양기, 여성은 음기인데, 여성이 정치를 하면 음기가 순리에 맞지 않게 너무 강해져, 세상에 음기가 일으키는 온갖 나쁜 현상이 일어날 수 있다고 주장했다. 그래서 그 시절에는 무슨 이상한 현상만 발생하면 이것은 여성이 정치를 하기 때문이라고 지적하는 사람들이 많았다.

『조선왕조실록』에도 그런 내용은 자주 보인다. 서기 1563년 음력 2월 18일 기록을 보면, 경상도에 운석이 떨어진 것도 정치가 잘못되었기 때문이라고 해설하고 있고, 같은 해 1월 7일에는 천둥이 친 현상을 보고 음기가 너무 강해서 이렇게 되었다고 해설하고 있다. 5월 3일에는 밤하늘의 목성과 달이 보이는 위치가 겹쳐서 달이 목성을 잡아먹은 것 같은 모양이 보였는데, 이 현상을 보고 임금과 백성의 관계가 잘못되었기 때문이라고 말하고 있기도 하다.

여기서부터는 내 생각인데, 그렇다 보니 이 무렵 궁중의 관리들은 도대체 이런 현상에 대해 젊은 선비들은 뭐라고 생각하는지 알고 싶었던 것 아닐까? 그렇기 때문에, 달과 해, 일식과 월식, 별과 바람과 비의 원리에 대해 묻는 문제를 과거 시험으로 냈던 것인데, 마침 그 문제를 받아 든 사람 중에 이이가 있었던 것이다.

조선 개 삼 년이면 풍월을 읊는다

조선시대라고 해서 마냥 과학기술에 대한 관심이 적었고,

과학의 발전도 더뎠다고만 생각하는 것은 옳지 않다. 세종 때 이순지, 김담, 정인지, 장영실 같은 사람의 활약으로 과학기술이 발달했던 사실은 잘 알려져 있다. 이 시기 조선 학자들은 언제 달이 뜨고, 언제 달이 지는지, 정확하게 그 시각까지 미리 예측하기 위한 복잡한 이론을 숙지하기 위해 연구했고, 일식과 월식을 정확하게 예측하기 위한 기술도 정밀하게 발달시켰다.

이후에도 최석정 같은 인물은 영의정 벼슬까지 지낸 지위가 높은 인물이면서도 동시에 수학자로서 크게 활약하는 등, 수학과 천문학이 양반 학자들의 관심이 되기도 했다. 조선 후기의 천문학자 남병철은 자신의 저서에서 하늘의 달과 별을 따지는 문제에 대해 설명했는데, 이때 이론이 멋지다고 거기에 실제 일어나는 일을 맞출 것이 아니라, 실제 하늘을 보고 관찰한 결과를 잘 계산할 수 있는 이론을 만들어야 한다고 언급했다. 이런 내용은 근대 과학자의 태도와도 닮아 보인다.

하지만 여러 가지 이유 때문에 조선의 과학에는 뚜렷한 한계가 있었던 것도 사실이다. 조선은 현대와 같은 과학기술 문명으로 스스로 나아가지도 못했고, 유럽의 과학을 받아들이는 데도 이웃 나라들에 비해 뒤처졌다. 그렇다 보니 조선시대에 달은 탐구나 과학 연구의 대상이라기보다는 그 아름다움을 감상하는 문학과 예술, 놀이의 대상인 때가 많았다.

속담 중에 "서당 개 삼 년이면 풍월을 읊는다"라는 말이 있다. 여기서 "풍월을 읊는다"라는 것은 흥을 즐기기 위해 시를 읊는다는 뜻이다. 풍월이란 말을 글자 그대로 풀이하면 바람과 달이라는 뜻이다. 한문으로 널리 사용되는 표현이라 중국에서도 많이 쓰이는 말이다. 그러나 얼핏 들으면 바람과 달이라는 말이 도대체 왜 시를 짓고 논다는 뜻으로 이어지는지 이해하기 어렵다. 옛글들을 보면 "바람에 대해 시를 읊고 달에 대해 시를 짓는다吟風詠月"라는 말을 줄여서 풍월이라고 한다는 말도 있고, "바람에 대해 시를 읊고 달을 희롱한다吟風弄月"라는 말을 줄여 풍월이라고 한다는 말도 있다. 또, "맑은 바람과 밝은 달吟風弄月"을 줄여 풍월이라고 한다는 말도 있다. 뭐가 되었든 바람과 달이 시를 지으며 놀기에 어울리는 소재라서 생긴 말이다.

시를 지을 때, 임금님의 은혜에 대해 칭송하는 내용으로 글을 지을 수도 있고, 요즘 사회의 심각한 문제를 지적하는 시를 써볼 수도 있다. 그런데 풍월을 읊는다는 것은, 그런 내용이 아니라 그냥 바람과 달에 대한 시를 짓는다는 뜻이다. 바람은 손에 잡히지 않고 그냥 잠깐 스쳐 지나가는 것이고 달도 삶의 가까운 문제와 관련 없이 밤하늘에 떠 있는 아름다운 동그라미로, 그저 그 모습을 멀리서 보며 감상하는 대상이다. 그러니 풍월이라고 하면, 돈 문제와도 관계없고 출세하는 일과도 상관없이, 현실 세계의 중요한 문제를 떠나 그저 속 편하게 즐길 수 있는 대상을 말한다는 느낌이다.

재미난 것은 조선에서는 시간이 흐르면서 풍월을 읊는 문화 그 자체가 점점 사람들을 사귀는 데에 중요해졌다는 사실이다. 예를 들어, 한국어 표현 중에 "얻어 들은 풍월"이라는 이야기가 있는데, 이 말은 자기가 제대로 지은 시는 아니지만, 대충 오다가다 들어서 인용할 수는 있을 만한 글귀를 말한다. 요즘은 정확히 알 수는 없는 대충 얼핏 들은 소문이나 지식을 "얻어 들은 풍월"이라고 말하기도 한다. 나는 이런 말이 자리 잡은 것을 보면, 조선시대에 사람들끼리 모여서 풍월을 읊게 되면, 어떻게든 적당히 시를 짓는 시늉이라도 해서 맞춰주지 않으면 노는 분위기를 깬다고 눈총을 받는 문화가 있었을 거라고 생각한다. 풍월을 읊기 시작하면, 내 차례가 되었을 때 하다못해 얻어 들은 풍월이라도 읊어야 한다.

서당에서는 어린이들에게 『추구抽句』라고 하는, 시를 지을 때 요긴하게 쓸 수 있는 말들을 모아놓은 책을 교재로 썼다. 혹시 『춘향전』을 읽어보았다면, 이몽룡이 정체를 드러내기 직전에 자기도 조금은 시 짓는 것을 배웠다면서, "저도 어려서 『추구』나 좀 읽어보았는데"라고 말하는 장면이 기억날지 모르겠다. "시를 짓는 방법의 가장 기초를 다룬 책은 읽어본 적이 있다"라는 뜻이다. 『추구』는 이곳저곳에서 좋은 구절을 여럿 모아놓은 책이라서, 뚜렷한 작자도 밝혀진 바 없고 판본도 여러 가지인 책이다. 그런데도 "추구를 읽었다"라고 하면 시의 기초를 배웠다는 뜻이 될 정도로 어린이들에게 널리 가르쳤던 것이다. 그렇게 보면 조선시대에는 풍월을 너무나 중시해서 바람과 달을 여유 있게 즐긴다는 원래 의미를 잊을 정도로 시 짓는 데 달려들었다는 느낌이다. 마침 『추구』의 첫머리에 나오는 말도, "하늘은 높고 해와 달은 밝으며, 땅은 두껍고 풀과 나무가 자라네天高日月明 地厚草木生"인 경우가 많다. 조선시대 풍월 기초 교재, 『추구』의 첫 줄에 다름 아닌 달이 등장한다.

사람들끼리 만나면 시를 지으며 노는 문화라니 어찌 보면 너무 어렵고 머리 아픈 놀이 아닌가 싶기도 한데, 따지고 보면 감동적이고 재미난 말을 리듬에 맞춰 지어내는 놀이 문화라고 생각하면 그렇게 이상할 것도 없다. 재치 있는 노래 가사를 지어내 서로 겨루는 요즘의 힙합 음악이나 랩배틀과 비슷하다는 생각도 든다. 조선시대 사람들이 바람과 달을 구경하면서 풍월을 읊는다고 말했다면, 현대의 한국인들은 반짝이는 야경이나 화려한 조명을 보면서 "쇼 미 더 머니"라고 말한다는 점에서 차이를 찾을 수는 있겠다.

허난설헌의 달 탐험

이런 조선에서도 얘기에서 빼놓을 수 없는 뛰어난 시인으로, 허난설헌이라는 호칭으로도 잘 알려진 허초희가 있다.

허초희는 어릴 때부터 글을 짓는 재주가 뛰어났으며 그 솜씨를 잘 가꾸었던 훌륭한 작가였다. 그렇지만 여성이었기 때문에 당시 조선 사회에서는 그런 솜씨로도 성공할 방법이 마땅찮았다. 허초희의 결혼 생활은 결코 행복하지 않았는데, 그나마 남편이 과거 시험에 계속 낙방하면서 더 삶은 고달파졌다. 나중에는 형제들이 이런저런 사건에 휘말려 귀양살이를 하게 되었고 부모도 갑작스레 세상을 떠나는 등 고생을 하다가 본인도 27세의 나이로 세상을 떠났다.

그런데 그 후 허초희가 남긴 시가 굉장한 인기를 모았다. 특히 중국과 일본에서 명성을 얻었는데, 나중에는 중국 사람들 사이에서 조선의 어느 시인보다도 허초희의 시가 가장 자주 언급될 정도로 화제가 된 시대도 있었다. 정작 허초희는 세상을 떠나면서 자신이 남긴 시는 모두 없애달라고 했다는데, 그의 동생 허균이 시를 기억하고 있다가 되살려서 시집을 냈다고 한다. 시인이라면 자기 글을 뽐내고 널리 보이고 싶어 안달이 날텐데, 오히려 그냥 다 없애달라고 했던 시들이 그렇게나 인기를 얻었다는 사실도 참 묘한 일이다.

허초희의 대표작 중에 〈광한전백옥루상량문廣寒殿白玉樓上樑文〉이라는 글이 있다. 광한전이란 옛 중국 고전에 나오는 전설 속의 집으로, 천상의 신선 세계에 있는 궁전 중에서 달에 있다고 하는 건물이다. 『춘향전』의 배경으로 유명한 전라북도 남원의 광한루 역시 여기에서 따온 이름이다. 그러니까 광한루는 달나라 누각이라는 뜻이다. 제목을 전부 풀이해 보면, 달나라에 천상 세계의 신선들이 지어놓은 궁궐이 있고, 거기에 백옥루라고 하는 새 건물을 하나 지었는데, 그 건물을 지었다는 사실을 기념하기 위해 쓴 글이라는 뜻이다.

옛 시인들의 이야기를 보다 보면, 꿈에서 천상의 신선들을 만나 글쓰기를 부탁받았다는 내용이 가끔 보인다. 신선들이 아주 글을 잘 쓰는 사람을 찾다가 지상의 시인이 최고라고 생각해서 부탁을 하게 되었다는 내용이다. 혹은 조금 슬픈 이야기로, 재주가 뛰어난 작가가 세상을 갑자기 떠나게 되면 천상세계의 신선이 글을 써달라고 그 작가를 불렀기 때문에 작가가 이 세상을 떠나 다른 세계로 가게 된 것 아니겠냐고 말해주는 경우도 자주 있다.

이 글에 대해서는 더 재미있는 사연이 붙어 있다. 허초희가 불과 8세 어린이였던 시절에 놀라운 실력을 발휘해서 이 글을 썼다는 소문이 있었기 때문이다. 이 소문은 특히 중국에서 유행했는데, 조선의 천재 소녀가 8세에 이렇게나 화려한 시를 썼다는 식으로 말이 돌았던 것 같다. 〈광한전백옥루상량문〉에는 온갖 다양한 비유법과 옛 인물의 사연에 대한 인용이 등장하고 있어서 도저히 8세가 쓴 내용으로는 보이지는 않는다. 그래서 허초희가 나중에 쓴 글인데도 소문이 돌다 보니 과장되어 8세에 썼다는 말로 변했다는 이야기도 있고, 아예 허균이 허초희의 글을 내면서 적당히 자기가 지어내 덧붙인 내용이 섞여 들었을 거라는 이야기도 있다.

그러나 돌아보면 허초희는 20대의 젊은 나이에 세상을 뜬 사람이다. 8세는 아닐지라도 충분히 젊은 나이에 쓴 글의 흔적이 남아 있다고 볼 수 있다. 나는 그래서 27세로 힘든 인생을 마감하는 그 고난을 겪기 전, 삶이 힘들고 어렵게 흘러가는 것을 알기 전에, 어린 허초희가 달나라의 풍경에 대해 그저 마음껏 신나게 상상하고 글을 쓰는 모습을 이 글에서 떠올려 본다.

글에 묘사되어 있는 달나라 백옥루의 모습을 살펴보면, 옥으로 만든 하얀 건물이 있는데 달은 항상 차갑고 서늘한 곳이라서 지붕에는 서리가 덮여 있고, 기둥 옆으로는 차가운 느낌을 내는 수정으로 만든 발이 드리워져 있다. 건물 안에는 흰 옥으로 된 침대가 있어서 편안하게 잘 수가 있고, 건물 바깥 뜰에는 연못이 있는데 그 연못에서는 옥 색깔의 용이 물을 마시고 있다. 푸른 꽃밭에는 다섯 가지 색깔로 되어 있는 신비로운 새가 움직이고 있고, 가끔 하늘 위에 아주 거대한 상상 속의 새가 날아오르는데 그때마다 그 바람에 따라 짙은 구름이 생겨 갑자기 온통 세상이 캄캄해지기도 한다. 고개를 들어 먼 곳을 보면, 멀리 바다가 내려다보이는데, 각종 남녀 신선들은 봉황이나 학을 타고 날아서 달나라를 드나들고 있다.

아마, 어느 날 어린 허초희는 달나라에 놀러 가는 꿈을 꾸었을 것이다. 그래서 설레는 마음으로 놀랍고 신나는 느낌이 사라지기 전에, 최선을 다해서 신비로운 달 풍경을 묘사해 놓은 글을 썼을 것이다. 나중에 성장한 허초희의 힘든 삶을 생각해 보면, 어린 허초희가 쓴 글의 구절마다 멋지고 좋은 달나라 풍경이 묘사되어 있는 만큼, 현실은 고달프고 슬프다는 느낌이 같이 든다.

허초희가 꿈꾸던 우주로, 우리는 간다

그리고 이제는 허초희처럼 상상 속에서 달나라를 여행하는 데서 그치지 않고, 실제로 달에 관광을 갈 수 있는 시대가 다가오고 있다. 실제로 현대의 상업 우주 회사들이 그런 관광 상품을 구상하고 있다. 달에 착륙했다가 다시 날아오를 수 있는 우주선을 보내는 것은 여전히 힘든 일이지만, 달 근처까지 가서 달 주위의 상공을 돌다 오는 것 정도는 지금의 기술로도 그렇게 어려운 일이 아니다. 이미 상업 우주 회사들의 우주선을 이용해서 달을 탐사하는 우주선이 날아가고 있기 때문이다. 한국의 달 탐사선 다누리 역시 미국의 상업 우주 회사인 스페이스X의 로켓에 실려 달로 날아간다.

2010년대 후반부터 민간 기업들이 갑자기 우주 개발에서 큰 역할을 하게 되었다. 그래서 1960년대 달 탐사 경쟁 때의 우주 시대와 비슷한 유행이 다시 돌아왔다는 말이 곳곳에서 나오고 있다. 그러면서도 과거와는 다른 우주 개발 사업이 진행되고 있다고 해서 "뉴 스페이스"라는 말도 자주 쓰인다. 이런 일이 벌어진 데는 다양한 원인이 있다. 예를 들어, 스페이스X가 지금까지 역사상 그 어떤 로켓보다도 싼값에 인공위성을 띄워주는 사업을 하면서 세계의 주목을 받은 것도 뉴 스페이스 바람의 원인 중 하나다.

크게 정리해 보자면, 나는 두 가지 이유로 상업 우주 회사들의 성공을 정리해 보고 싶다. 첫번째 이유는 과거에 비해 우주로 돈을 벌 수 있는 분야가 많아졌다는 점이다. IT가 발전하고 수많은 사람들이 자주 인터넷을 활용하면서, 인공위성을 이용해서 통신을 하면 이익을 볼 수 있는 사업이 과거보다 훨씬 많아졌다. 인공위성을 이용한 인터넷도 돈을 벌 수 있는 상품이 되었다. 자동차 내비게이션, 배달 앱 등 GPS와 지도를 이용하는 상품이 많아졌다는 것도 중요한 변화다. GPS 기능은 인공위성이 있어야 쓸 수 있고 지도의 사진은 인공위성이 있어야만 얻을 수 있다. 게다가 인공위성에서 측정한 자료를 컴퓨터로 분석해서 돈이 되는 정보를 얻을 수 있는 사업도 계속해서 만들어지고 있다. 여기에 더해서, 세계 경제가 다 같이 발전하면서 강대국뿐만 아니라 여러 개발 도상국들이 우주 개발에 참여하고 싶어 하는 시대가 오고 있다.

그러니 사람들은 인공위성을 더 많이, 더 자주 띄우고 싶어 한다. 그만큼 우주에 인공위성을 띄워주는 로켓 사업이 돈을 벌 수 있게 되었다. 1960년대에 한창 우주 개발에 어마어마한 예산을 사용할 때에도 1년에 발사되는 인공위성 숫자는 수십 대, 수백 대를 헤아리는 수준이었지만, 요즘에는 매년 1,000대씩의 인공위성이 우주로 나아간다. 2020년에 우주로 나아간 인공위성 숫자는 1만 대를 돌파했다.

두번째 이유는 과거에 비해 더 적은 돈으로 우주에서 쓸모 있는 작업을 할 수 있게 되었다는 점이다. 과거의 인공위성은 주로 커다란 기계를 덕지덕지 달고 있는 장비였다. 그만큼 무거운 무게를 이끌고 우주에 가야 했다. 그러면 그만큼 로켓 발사는 어려워진다. 그러나 반도체 기술의 발달로 모든 전자장비들이 훨씬 더 가볍고 작아지면서도 성능은 더 좋아졌다. 그래서 요즘에는 적은 무게를 더 쉽게 우주에 올려놓아도 훨씬 쓸모가 많다. 냉전 시기 소련에서 간단한 과학 관찰을 위해 우주에 보낸 스푸트니크3호 위성의 무게는 1,300kg이 넘었다. 그러나 우주에서 지구로 떨어지는 우주방사선을 살피는 용도로 한국에서 보내는 도요샛 같은 위성은 무게가 10kg도 되지 않는다. 도요샛은 어린이 책가방 정도 되는 크기로, 스푸트니크3호의 100분의 1보다도 가볍다. 그런데도 지구를 위해 우주를 살펴보는 역할을 훌륭하게 해낼 수 있다.

스페이스X에서 재사용 로켓을 성공시켜서 우주로 가는 가격을 낮춘 것 또한 많은 사람들의 눈길을 모은 상징적인 사건이다. 일본의 공공기관인 일본항공우주연구개발기구에서 멀지 않은 우주로 1kg의 무게를 보내는 데 드는 비용은 3만 달러 이상으로 추정된다고 하는데, 스페이스X의 팰컨9 로켓은 같은 곳으로 같은 무게를 보내는 데 3,000달러도 들지 않는다. 과거에 비해 우주로 가는 비용이 10분의 1도 안 되게 내려간 것이다.

이렇게 가벼운 장치를 이용해 싼값으로 우주에서 일을 할 수 있다면, 그만큼 더 많은 사람들이 우주에서 무엇인가 일을 하려고 할 것이다. 그렇기 때문에 그만큼 상업 우주 회사들이 돈 받고 로켓으로 인공위성을 보내주는 사업의 고객은 더 늘어날 수 있었다.

우주 관광은 정부보다 과감하고 빠르게 움직일 수 있는 민간 기업이 도전해 보기 특히 좋은 사업이다. 그렇게 민간

스페이스X의 팰컨9 로켓에 실려 우주로 올라가는 크루 드래곤 캡슐.
지금의 우주 관광은 과거와 비교할 수 없을 정도로 쉬워졌다. ⓒNASA

기업들이 우주에서 활약하면서, 다양한 우주 사업은 더 빠르게 성장하고 있다. 현재 우주정거장에 방문하는 관광 사업에서 그 표는 한 사람당 수백억 원 정도에 판매되고 있다. 최초로 돈을 내고 관광 목적으로 우주정거장에 방문한 인물은 미국의 억만장자 데니스 티토다. 그는 2001년 4월에 우주정거장에 다녀왔다. 한 사람이 며칠 관광을 하는 데 그렇게나 어마어마한 금액을 쓰는 것이 과연 바람직한 일이냐는 이야기가 이곳저곳에서 나왔다. 생각해 보면 세상사가 신기한 것이, 2001년 당시 돈만 내면 누구든 우주에 데려다준다고, 티토에게 거액을 받고 그를 우주에 보내준 나라는 정작 공산주의 국가인 러시아였다.

나는 막대한 돈을 쓰며 우주 체험을 하는 억만장자에 대한 비판도 이해할 만한 점이 있다고 생각한다. 그러나 우리는 우주 관광이 아니더라도 계속해서 우주 개발 사업을 하고 있다. 그리고 우주 개발 사업은 언제나 어쩔 수 없이 큰 비용을 투자해 써야 하는 일이다. 어느 시대, 어느 나라에서도 마찬가지다.

그러므로 우주 개발에 들어가는 예산 문제는 고민거리가 될 수밖에 없다. 당장 밥을 굶는 사람에게 쓸 돈도 없고, 병이 걸렸는데 치료비가 부족한 사람에게 쓸 돈도 부족하다고 하면서, 나라의 예산을 우주 사업에 쓰는 것이 맞느냐는 지적은 자주 나왔다. 아폴로11호 발사 때에도, 미국의 가난한 사람들이 겪는 어려움이 심각한데 막대한 나랏돈을 굳이 사람을 달에 보내는 데 써 없앨 필요가 있느냐고 시위하는 사람들이 발사장 근처에 여럿 있었다.

그런 고민을 다른 방향에서 본다면, 사기업의 우주 관광 사업이 기술 발전에 역할을 할 수 있다는 생각도 해볼 수 있지 않을까? 공공 목적으로 신중하게 써야 하는 정부의 예산은 사용할 때마다 여러 가지 고민이 생긴다. 그 고민을 무시할 수도 없다. 그렇다면 차라리 우주를 구경하고 싶어 하는 부유한 관광객들의 돈을 받아 민간 회사가 사업을 하고, 그 민간 회사가 로켓을 개발하고 우주선을 설계하면서 기술을 발전시킨다면 어떨까? 나랏돈을 쓰지 않고도 우주로 갈 수 있는 기술을 개발하는 데에 세상의 돈이 들어가게 된다. 그리고 관광객을 우주까지, 나아가 달까지 안전하게 보내는 사업을 계속해 나가면서 우주 기술을 발전시키다 보면, 기술은 점점 더 값싸고 안전해질 것이다. 그리고 그렇게 발전한 기술로 모두를 위해 달을 연구하고 달을 개발하는 데에 활용할 수도 있을 거라고 나는 생각해 본다.

그래서 우리는 달에 가야 한다. 우리는 달 탐사 계획을 진행하면서 우주 관광 사업을 진행해 볼 수도 있고, 또 관광이 아니더라도 민간 우주 기업이 달 탐사 사업 과정에서 여러 가지로 참여하여 성장할 수 있는 기회를 줄 수 있다. 그렇게 성장하는 민간 우주 기업을 틀에 박힌 정부 관공서의 뜻대로 끌고 가는 것이 아니라, 민간 기업다운 다채로운 도전을 해나가도록 지원해 줄 수도 있다. 그렇게 된다면, 달 탐사 사업은 민간 기업이 빠르게 다양한 우주 기술을 키워나갈 수 있는 출발점이 될 것이다.

미래에 달 주변의 우주를 돌아보고 오는 관광이 현실이되고 그 가격도 낮아진다면, 관광객들은 지구를 떠나 달까지 가면서 고향 행성인 지구를 돌아볼 것이다. 그러면 먼 곳에서 작은 동그라미 모양으로 작아진 지구가 보인다. 우주에 가면 막연히 지구가 동그랗게 보일 거라고 생각하는 사람들이 많은데, 실제로 지구의 둘레는 4만 km이지만 우주 정거장이 떠 있는 높이는 그 100분의 1 수준인 몇백 km 정도다. 그 정도 높이에서는 지구의 일부분밖에 보이지 않아 그다지 지구가 아주 둥글게 보이지도 않는다.

그렇지만 달은 지구에서 40만 km 가까이 떨어져 있다. 우주정거장보다 1,000배쯤 먼 거리다. 그 정도 먼 거리까지 떨어지면 지구는 조그마한 동그란 모양으로 보인다. 긴 세월 아웅다웅하며 살아온 인류 역사의 그 수많은 사람들이 살던 땅이, 오히려 밤하늘 우주에 떠 있는 작은 동그라미로 보일 뿐이다. 승객들에게 그 풍경은 삶이 무엇이고 세상이 무엇이며 사회가 무엇인지에 대해서 조금은 다른 느낌으로 생각할 수 있는 기회가 될 것이다.

그리고 며칠의 시간이 걸려 달 주변에 도착하면 달이 하늘에 떠 있는 것이 아니라, 발 아래에 바다나 땅처럼 펼쳐져 있는 모습을 보게 된다. 달의 토끼 모양 무늬가 사실은 들판과 산이 이루는 무늬라는 사실을 눈으로 확인할 수 있다. 방향을 잘 맞추어 본다면, 달의 지평선 너머로 해가 떠오를 것 같아 보이는 위치에, 해 대신에 지구가 떠오르는 모습을 보게될 수도 있다. 해가 뜨는 것을 해돋이라고 하니, 그 모습은 지구돋이라고 부를 만하다.

그런 시대에 우리가 다음 세대 어린이들에게 정말로 달의 들판을 구경하게 해줄 수 있다면, 그때에는 어느 때보다도 바람과 달에 대해 자유롭게 노래할 수 있을 것이다. 나는 그 때 달에 가는 우주선의 이름을 허난설헌호나 초희호라고 붙여도 좋을 거라고 생각한다.

8

소련,
달의 뒷면을
쓰다

7~8년 전쯤 나는 중국 상하이에서 그때 다니던 회사의 팀 동료들을 만났다. 내가 소속된 팀은 서로 다른 여러 나라의 지사에 팀원들이 흩어져서 일해야 하는 곳이었다. 몇 달 동안 팀원들과 일하면서 전화 통화나 비대면 회의는 수십, 수백 번도 더 했지만 직접 얼굴을 보며 만나는 것은 그때가 처음이었다. 인도, 싱가포르, 중국, 일본, 독일, 네덜란드, 미국, 한국에서 일하던 동료들이 모두 모였고, 그러다 보니 우리는 일 이야기 말고 이런저런 사는 이야기도 하게 되었다.

　그러던 중에 나이가 지긋한 일본에서 온 동료가 자기는 소싯적에 기타를 치는 것을 좋아했고 지금도 가끔 심심하면 이런저런 옛날 밴드의 음악을 기타로 연주해 본다고 이야기했다. 그러자 미국에서 온 동료가 혹시 좋아하는 록 밴드가 있느냐고 물어보았는데, 일본인 동료는 자기가 가장 좋아하는 밴드는 핑크 플로이드라고 말했다. 미국인 동료는 놀라 자기도 핑크 플로이드를 제일 좋아한다면서, 자기 MP3 플레이어에 저장해 둔 핑크 플로이드 노래들을 그 자리에서 보여주었다. 그 동료는 한동안 쉬는 시간에 핑크 플로이드 노래를 틀어놓았다.

재미 있는 우연의 일치라고 생각했다. 나는 맥주를 마시다가 "혹시 화학에 대해 연구하고 따지는 일을 하다 보면 핑크 플로이드 노래를 좋아하는 경향이 생기는 것 아닐까" 하고 중얼거렸다. 비슷한 일을 좋아하고, 비슷한 분야에서 솜씨가 좋은 사람들이니, 어쩌면 같은 것에서 좋은 느낌을 받을 가능성도 높지 않을까? 예를 들어, 무언가를 가지런하게 정리하는 것을 좋아하는 사람이라면 아무래도 규칙적인 느낌으로 곡조가 반복되는 바흐의 대위법 음악 같은 것을 좋아하기 쉬울 것이고, 그렇게 가지런하고 규칙적인 것을 좋아하는 사람이 잘해낼 수 있는 직업이 따로 있을지도 모른다. 만약 화학을 좋아하는 성격인 사람이 좋아할 만한 그 무엇을 핑크 플로이드의 음악이 들려주고 있다면?

다음 날 정신 차리고 보니 참 황당한 생각을 동료들에게 길게도 중얼거렸다 싶었다. 그렇지만 핑크 플로이드에 대한 호기심은 확 생겨서, 한국에 돌아와 핑크 플로이드의 노래들을 들어보았다. 그러다가 점차 옛날 록밴드에 빠져서 하드록

밴드나 헤비메탈 밴드 노래를 한동안 찾아 들었다. 특히 딥퍼플 노래를 많이 들었던 기억이 난다.

이 모든 일의 발단이 된 핑크 플로이드의 노래 중에도 인상적인 것이 많았다. 특히 기억에 남는 앨범은 〈The Dark Side of the Moon〉이었다. 알고 보니 1970년대에는 굉장한 인기를 끌어서 전 세계에 걸쳐 어마어마한 양이 팔린 앨범이었다. 어찌나 많이, 그리고 오랫동안 계속 팔렸는지, 앨범 판매량을 집계하는 빌보드200 차트에서 900주 이상 머물러 있었다는 말도 안 되는 기록을 세우기도 했단다. 900주면 18년 동안 인기곡 차트를 돌아다녔다는 뜻이다. 유행 따라 인기를 얻고 유행이 지나면 잊힌다는 유행가, 대중가요의 세계에서 이게 말이 되는 기록인가?

확실히 인기 있는 앨범이기는 했는지 내가 들어봐도 익숙한 곡이 있었다. 이 앨범에 포함된 〈Time〉이라는 곡은 공익 광고 배경 음악이나 다큐멘터리, TV 보도 프로그램의 배경 음악으로 자주 들어보던 것이었다. 똑딱거리는 시계 소리 같은 느낌의 곡조에 종을 치는 소리 같은 연주가 어울려 있는 음악이었는데, 곡이 진행되는 것을 들으면 알 수 없는 이상한 세계를 파헤치는 듯한 느낌이 든다. 약간 음침한 듯하지만 신비롭고, 긴박한 듯한데 소리는 부드럽게 이어진다.

그 곡 말고도 다음 곡, 다음 노래를 연달아서 들으면 감상은 점점 더 깊어졌다. 무엇인가 알 수 없는 세상을 탐험하는 것 같은 느낌이 들었다. 적어도 잠깐 동안은 평범하고 가까운 삶을 잊고, 그러니까 회사, 출퇴근, 지하철, 이메일 같은 것들을 잊고 다른 세상을 생각해 보자는 느낌을 주는 것 같았다.

가만 생각해 보니 이런 앨범이 그렇게나 인기가 있었다는 것도 신기한 일이다. 대중음악은 반복되는 가사, 흥겹게 따라 하기 쉬운 곡조, 간단하고 이해하기 좋은 내용, 그런 것들을 모아서 노래를 만들어야 잘 팔린다고 하지 않는가? 그런데 핑크 플로이드의 그 음반은 그런 느낌이 아니었다. 심지어 이 음반에서는 특별히 사람들이 따라 부를 만한 노래, 유독 인기 있었던 곡도 없다. 딱히 어떤 노래 하나가 선명하게 튀는 것도 없어서 그냥 들어 있는 모든 곡을 연이어서 다 이어서 감상하는 맛을 즐겨야 제맛을 볼 수 있는 앨범이다. 무슨 학구적으로 공부해야 하는 난해한 예술품이 아니라 대중음악 앨범이 이런데, 도대체 무슨 마력을 발휘해서 그렇게 많은 사람들에게 인기를 얻을 수 있었던 것일까?

제목 때문일까? "The Dark Side of the Moon"은 그대로 옮기면 달의 어두운 면이라는 뜻이다. 달에서 보이지 않는 면을 뜻하는 말이다. 좀 더 널리 쓰이는 영어 표현으로는 "the far side of the moon"이라고 해서, 달의 먼 쪽 면이라는 말도 있다. 한국어로는 보통 달의 뒷면이라는 말을 자주 사용한다.

보름달을 몇 차례 유심히 본 기억이 있다면, 항상 토끼 모양의 무늬를 보았을 것이다. 그런데 달도 지구처럼 둥글다.

그렇다면 토끼 모양의 무늬가 있는 쪽 말고 그 반대편에는 다른 무늬가 있는 달의 다른 지역이 펼쳐져 있을 것이다. 그러나 아무리 달을 유심히 살펴봐도 토끼 모양 무늬가 있는 부분 말고 다른 쪽 부분의 달이 보이지는 않는다.

이것은 이상한 현상이다. 우주선을 타고 멀리 우주에 나가 지구를 내려다보면, 지구가 돌기 때문에 어떤 때에는 넓은 아시아 대륙이 보이기도 하고 어떤 때에는 넓은 태평양 바다 쪽이 보이기도 한다. 그런데 달은 움직이지도 않는 것일까? 왜 지구에서 달을 보면 항상 고요의 바다, 감로주의 바다, 풍요의 바다가 있는 모습, 똑같은 쪽의 지형만 보일까?

그것은 달이 지구 주위를 돌면서 교묘하게 항상 그 보이는 면만 보여주면서 돌기 때문이다. 어린이들이 놀고 있는데 중간에 한 친구를 세워놓고 다른 친구가 그 주위를 빙빙 도는 모습을 떠올려 보자. 이때 도는 친구가 항상 중간에 서 있는 친구를 똑바로 쳐다보면서 돈다면, 중간에 서 있는 친구 입장에서는 도는 친구의 뒤통수나 옆모습을 볼 수는 없다. 도는 친구의 입장에서는 돌면서 쳐다보는 각도를 계속 바꾸면서 돌아야 한다.

이런 현상이 바로 달에서도 발생하기 때문에 지구에서는 항상 달의 한쪽 방향, 즉 토끼 무늬가 있는 방향밖에 볼 수 없다. 그래서 한국어로는 달의 보이는 면을 앞면이라고 하고, 영어로는 "the near side of the moon", 즉 가까운 쪽 면이라고 부른다. 이런 현상이 발생하는 이유는 달과 지구 사이에서 서로 당기는 중력이 어지간하면 서로 한 방향으로 마주 보도록 붙잡기 때문이다. 이럴 때를 가리켜, 밀물과 썰물을 일으키는 힘에 의해 바라보는 방향이 맞추어져 고정된다고 해서 조석고정tidal locking 현상이 일어났다고 말하기도 한다.

달은 지구에서 가장 가까이 있는 물체고, 누구나 밤하늘에서 쉽게 찾을 수 있을 정도로 친숙한 대상이다. 그렇지만 바로 그 달의 뒷면은 우리가 결코 볼 수 없다. 이렇게 보면 핑크 플로이드 앨범의 제목 "The Dark Side of the Moon"은 신비한 노래로 구성되어 이상한 기록을 세운 앨범에 무척 잘 어울린다는 생각이 든다.

탄도미사일과 우주 로켓

그런데 핑크 플로이드와 관계없이 달의 뒷면에 관한 이야기를 조금 더 따져보면, 약간은 무서운 세상사가 엮여 있다. 20세기 초, 두 번의 세계대전을 치르면서 사람들은 서로의 목숨을 빼앗기 위해 열광적으로 노력했다. 말 그대로 목숨을 걸고 모든 것을 바쳐서 남을 해치는 방법을 개발하려고 했으니, 그사이에 무기를 만드는 기술도 굉장한 속도로 발전했다.

제2차 세계대전 시기 독일에서 특히 성공한 무기 중에는 탄도미사일이라는 것이 있었다. 미사일이란 로켓을 장치해서 그 힘으로 빠르게 날아가는 무기라는 뜻이고, 탄도라는 말은 포탄이 날아가는 모양처럼 날아간다는 이야기다. 비스듬히 높은 방향으로 대포를 발사하면 포탄은 꼭 야구 경기에서 타자가 친 야구공이 높이 올라갔다가 떨어지면서 멀리 날아가는 것처럼, 곡선을 그리면서 날아간다. 탄도미사일도 마찬가지로 그런 모양을 그리며 움직인다. 일단 하늘 위로 높이 올라가고, 가장 높이 올라간 후에는 떨어지면서 쭉쭉 뻗어 나가서 빠르게 목표물에 내려꽂힌다.

독일이 개발한 탄도미사일 중 가장 유명한 무기는 속칭 V-2라고 불렸던 로켓이었다. 세워놓으면 높이가 10m를 훨씬 넘는 크기였는데, 일단 발사되면 지상 8만 m 상공까지는 가볍게 올라갈 수 있었다. 2020년대의 우주 관광 업체들은 대개 지상 100km 상공을 넘어서면 거기서부터 우주라고 말하는데, 그렇게 치면 V-2는 우주 근처의 높이까지 일상적으로 도달할 수 있는 미사일이었다. 아닌 게 아니라 그냥 V-2를 최대한 높이 쏘기 위한 목적으로 수직으로 쏘면 우주까지 보내는 것도 어렵지 않다.

한번 우주 근처까지 올라간 V-2는 그 후로는 적진을 향해 떨어지기 시작한다. 이렇게 떨어지는 속도는 시속 2,000km, 3,000km 수준에 달했다. 이 정도 속도에 도달하면 방어하기가 어렵다. 당시로서는 아예 어떻게 막아야 할지 마땅한 방법을 생각할 수도 없을 정도였다. V-2는 그런 식으로 몇백 km 씩 날아 간다. 이 무기로 독일군은 바다 건너 영국을 공격했다. V-2가 날아오면, 영국인들은 어디에서 뭐가 날아오는지도 알 수 없어 정신을 차리지도 못하고 그냥 무서운 속도로 떨어지는 미사일을 맞을 수밖에 없었다. 독일군은 이런 무기를 한두 발도 아니고, 1,000발, 2,000발씩 만들어 마구 영국에 날려 보냈다. 우주에 도달할 수 있는 성능을 가진 로켓을 한두 발 조심스럽게 실험하는 것이 아니라, 몇천 발을 만들어 뿌려대는 것이 세계대전 시기, 무기 개발의 광기였다.

V-2의 단점은 정확성이 너무 떨어지고 높은 가격에 비해서는 위력이 약하다는 것이었다. 도저히 막을 수 없다는 점은 무서웠지만, 그래도 수십만 명의 병사들이 떼로 몰려와서 직접 공격을 하는 것과 비교해 보면, 피해는 생각보다 크지 않았다. 그 때문에 독일은 무적의 무기, V-2로도 전쟁 상황을 바꾸지는 못했다. 어쩌면 비싼 V-2를 그렇게나 많이 만드느라 괜히 독일의 경제력만 많이 축냈을지도 모른다.

그런데 막상 제2차 세계대전이 끝나자, V-2 같은 탄도미사일의 새로운 가능성을 내다본 사람들이 세계 각지에서 나타났다. 제2차 세계대전 말기에 원자폭탄이 개발되었기 때문이다. V-2가 정확성이 떨어진다고는 하지만, 원자폭탄을 집어 넣어 공격할 수 있다면 몇십 m, 몇백 m쯤 떨어진 곳을 공격한다고 해도 별 상관이 없다. 어차피 원자폭탄은 시가지 전체, 도시 모두를 날려 보낼 수 있는 무기다. V-2가 가격이 비싸다는 것도 별문제가 되지 않는다. 원자폭탄을 발사하는 수단으로 사용한다면, 원자폭탄의 위력과 가격에 비하면 V-2의 가격도 지하철 요금과 크게 차이가 나지 않는다. 제2차 세계대전에서 원자폭탄이 단 2발 사용되었지만, V-2는 수천 발이 날아다닌 것만 봐도 알 수 있다.

그렇다면 원자폭탄을 탄도미사일에 넣어 적을 공격할 수 있다면, 역사상 최강의 무기가 탄생한다. 사람의 눈이 닿지 않는 우주 근처 높이까지 올라가 빠르게 내려 꽂는 로켓이기 때문에 처음부터 막을 방법은 없다. 만약 사정거리가 충분히 길어서 멀리 떨어진 비밀기지에서 적의 대도시까지 날아갈 수 있다면, 이 무기는 대단히 위협적이다. 적이 탱크와 장갑차를 아무리 많이 모아서 국경을 넘어 쳐들어온다고 해도, 그 보복으로 핵미사일 한 발만 발사하면, 잠깐 사이에 적을 잿더미로 만들 수 있다. 그러니 핵미사일만 갖추고 있다면 적은 설령 기막힌 기습 계획을 개발한다고 해도 자기 나라 대도시 주민들이 모두 희생당할 것을 각오하기 전에는 싸움을 걸어 올 수 없다.

이런 생각에 깊이 빠진 사람들 중에는 우크라이나 출신의 공학자, 세르게이 코롤료프Сергей Павлович Королёв도 있었다.

코롤료프와 세묘르카

1907년생인 코롤료프는 원래 비행기를 설계하고 개발하던 일에 종사하던 사람이었다. 20세기 초 우크라이나는 소련이라는 나라의 일부였으므로 젊은 시절 그는 소련 비행기를 개발하는 일이 직업이었다. 그런데 그의 동료 중 한 사람이 그가 일은 하지 않고 게으름을 부린다고 상부 기관에 신고하는 일이 벌어졌다. 그래서 코롤료프는 회사에 와서 일은 하지 않고 딴 짓을 하다 가는 일이 많다, 월급 도둑이나 다름없다는 지적을 받았던 것 같다.

코롤료프는 소련 당국에 끌려가서 조사를 받았다. 요즘 같았다면 그냥 듣기 싫은 소리를 몇 마디 듣거나 아니면 회사에서 해고당하는 정도의 처벌을 받았을 것이다. 그러나 마침 소련에서 충성심이 약한 사람들을 엄격하게 처벌하고자 할 때였는지, 코롤료프는 상당히 무거운 벌을 받게 되었다. 그는 악명 높은 시베리아의 강제 수용소, 굴라그ГУЛАГ, GULAG로 끌려갔고, 추위와 굶주림 속에서 살아남는 것조차 쉽지 않은 유배 생활을 하게 되었다.

그런데 워낙 많은 사람들이 시베리아의 강제 수용소에 끌려와 있다 보니, 소련 당국에는 수용소에 갇혀 있는 사람들 중에서도 무기를 만들거나 무기에 관한 기술을 개발할 수 있는 사람들은 따로 빼내서 그에 관한 일을 시키는 제도가 있었다. 시베리아 벌판에서 그냥 시키는 대로 아무 강제 노동에나 시달리며 사는 생활보다는, 무기를 설계하고 개발하는 일이 훨씬 몸이 다치거나 병들 위험이 적었다. 그래서 코롤료프는 살아남기 위해, 어떻게든 자신의 장기를 살려서 무기를 개발하는 일을 하고자 했다.

세월이 흐르는 동안 코롤료프는 시베리아의 죄수들 중에서 로켓 개발에 탁월한 실력을 갖춘 전문가로 성장했다. 코롤료프는 로켓 개발의 기술에 대해서 아는 것도 많았지만, 그 이상으로 로켓을 개발하는 조직을 효율적으로 운영하고, 사람들을 이끌어 나가는 솜씨가 뛰어났던 것 같다. 특히 로켓 개발에 필요한 자금을 얻고, 어떤 로켓을 개발해서 어떻게 사용하면 좋은지를 상부에 이야기해서 설득하는 데에도 수완이 뛰어났던 것으로 보인다.

1957년, 코롤료프를 비롯한 소련 기술진은 걸작 로켓으로 손꼽히는 속칭 R-7 로켓을 시험하는 데 성공했다. 흔히 세묘르카라고도 부르는 로켓이다. 세묘르카 로켓은 우주 높은 곳으로 치솟았다가 내리꽂으며 8,000km 이상의 먼 거리를 공격할 수 있는 무기다. 당연히 그 머리 부분에는 핵무기를 달아놓을 수 있도록 되어 있다. 핵폭발을 일으킬 수 있는 무기 부분, 즉 핵탄두를 세묘르카 로켓에 장치해서 발사하면, 소련이 있는 유럽과 아시아 대륙에서 아메리카 대륙에 있는 미국의 주요 도시를 단숨에 공격할 수 있다. 그렇기 때문에,

서로 다른 대륙 사이를 날아 다니며 공격할 수 있는 미사일이라고 해서, 이 무기에 대륙간탄도미사일Inter-Continental Ballistic Missle, ICBM이라는 이름이 붙었다. 그러므로 세묘르카 로켓은 세계 최초로 성공한 ICBM이다.

곧 코롤료프는 무거운 무게를 싣고 우주까지 날아갈 수 있는 이 무기를 이용해서 무기가 아닌 인공위성을 띄운다는 생각을 해냈다. 그리고 실제로 1957년 10월, 세묘르카 로켓을 개조한 장치로 세계 최초의 인공위성인 스푸트니크를 발사하는 데 성공했다.

전 세계의 연구진과 방송 기술자들은 스푸트니크 위성이 지구를 돌며 내뿜는 전파의 소리를 들을 수 있었다. 별생각 없이 들으면 그냥 삐, 삐 하는 소리일 뿐이었다. 하지만 세계 각국의 군인과 정치인들에게는 다르게 들렸을 것이다. 삐, 삐, 삐 하는 소리는 이제 소련이 발사 단추만 누르면 즉각 세계 어느 나라에든 핵폭탄을 떨어뜨릴 수 있으며, 이를 막을 방법은 없다는 이야기를 아주 짧게 반복해서 끊임없이 들려주는 것과 같았다.

지구의 바깥세상인 우주에 머무는 장치를 사상 최초로 소련 사람들이 만들었다는 사실은 과학적으로도 굉장한 충격을 주었다. 냉전 시기, 소련과 모든 분야에서 실력을 겨루던 미국인들에게는, 당장 하늘을 올려다보면 머리 위로 소련의 인공위성이 지나가고 있는데 미국은 아무것도 할 수 없다는 느껌이 괴로웠을 것이다. 우주는 하늘 바깥의 세상, 천상의 세상, 별, 달, 행성 같은 것들이 돌아다니는 성스러운 세상이었다. 그런데 그런 곳을 소련 사람들이 먼저 휘젓고 다니고 있다는 사실도 충격적이었을 것이다. 흔히 "스푸트니크 쇼크"라고 부르는 일인데, 미국이 세계에서 가장 강한 나라이고, 가장 기술이 발전한 나라라는 믿음이 소련에게 이제 뒤처지는 것 아니냐는 공포와 의심으로 바뀔 만한 문제였다.

스푸트니크 쇼크는 단지 미국만의 문제도 아니었다. 스푸트니크 쇼크는 미국 못지 않게 한국에서도 꽤 큰 문제였다. 1957년이면 한국전쟁이 끝난 지 불과 4년이 지난 후로, 대부분의 한국 국민들은 공산주의 세력과 전쟁을 해본 기억을 생생하게 갖고 있었다. 그런데 자본주의 국가 진영의 최고 강대국인 미국의 기술을 공산주의 국가가 능가하고 있다는 사실은 아주 무거운 문제였다.

자본주의가 공산주의에 비해서 우월하고 좋은 것이니까 어떻게든 자본주의를 지키며 공산주의와 싸워야 한다고 끝없이 선전하는 것이 당시 한국의 반공 정책이었다. 그런데 공산주의 국가가 스푸트니크 같은 더 뛰어난 기술을 보여준다니? 공산주의를 택한 나라가 더 잘 발전하고 있다니? 그런 소식이 들려오면 모든 정책의 바탕이 흔들려 버린다. 만약 또다시 공산주의 진영과의 전쟁이 벌어지면, 과연 미국이 아무리 도와준다고 한들 공산주의자들의 무기를 막을 수 있겠는가 하는 고민을 하게 만들만 했다.

그렇기에 1950년대 한국 신문 기사를 살펴보면 스푸트니크에 관한 소식은 공산주의자들의 심리전이니까 흔들리지 말자는 주장이 보일 때가 있는가 하면, 국회에서 국방 예산을 심의할 때 "스푸트니크의 출현을 어떻게 반영할지" 고민해야 한다는 발언이 있었다는 이야기도 보인다. 곱씹어 볼수록 그 시절 한국인들에게 "스푸트니크의 출현을 국방 예산에 반영한다"라는 말은 꽤 많은 뜻을 함축하고 있다고 생각한다.

그리고 미국이 우물쭈물하는 동안, 코롤료프와 소련 기술진은 세묘르카 로켓을 개량해서 더 많은 성과를 냈다. 소련 기술진은 세묘르카 로켓 위에 다른 로켓을 하나 덧붙여 얹는 방식의 개조 로켓을 많이 만들어 냈다. 그렇게 해서 세묘르카 로켓이 연료를 다 소모하고 쓸모가 없어지면, 그때 빈 껍데기만 남은 세묘르카 로켓 본체는 그냥 분리해서 버리고, 위에 얹어놓은 다른 로켓이 그때부터 불을 뿜으며 더 높이, 더 빠르게 날아가는 구조로 움직이는 로켓을 만들었다. 바로 이런 방법으로 소련은 우주로 사람을 보내는 보스토크 우주선을 성공시켰다.

사람이 우주에 다녀왔다는 것은 한 명의 영웅을 탄생시켜 세계에 자랑하기에 좋은 사업이었다. 게다가 무기를 만드는 기술이라는 시각에서 보면, 이제는 사람을 우주에 보낼 수 있을 만큼, 더 무거운 무게를 더 빠르고 높이 보낼 수 있는 로켓이 개발했으며, 사람을 다시 지상에 안전하게 데려올 수 있을 정도로 정확하게 로켓을 움직이는 기술도 갖고 있다는 이야기다. 그렇다면 더 강한 핵무기를 싣고 더 빠르고 정확하게 적을 공격할 수 있다는 뜻과 별로 다르지 않다.

소련 기술진은 같은 방식의 세묘르카 로켓 개조판을 계속해서 더 만들었다. 그중에서도 가장 유명한 제품이라면 역시 소유스Союз, Soyuz를 꼽을 수 있을 것이다. 소유스는 여러 차례 개량됐지만, 기본 구조는 보스토크처럼 세묘르카 로켓의 바탕 위에 더 빠르게 갈 수 있는 로켓을 하나 덧붙여 놓은 형태다. 소유스는 워낙 많이 만들어졌고, 또 워낙 많이 우주로 나갔기에 가장 믿음직한 로켓으로도 손꼽힌다.

2008년 한국의 이소연 박사가 우주정거장에서 과학 실험을 하는 임무를 수행하기 위해서 탔던 우주선도 바로 소유스 계통의 로켓이었다. 2020년대에도 소유스의 개량형이 여전히 사람을 우주에 보내는 데 활용되고 있다. 소유스 로켓이 발사된 숫자를 모두 합해보면 1,600번이 넘을 것으로 보인다. 우리나라의 초·중·고교에서 수업을 하는 날이 1년에 200일이 채 못 된다. 그러니까 소유스 로켓은 학생이 8년 동안 등하교를 하는 횟수보다도 많이 우주에 가보았다는 이야기다.

세묘르카 로켓은 중심의 주 로켓에 작은 보조 로켓 4개가 사방으로 붙어 있는 형태로 되어 있다. 그래서 다양한 로켓 엔진들 여러 개가 한꺼번에 움직이는 특이한 구조로도 유명하다. 그런데도 긴 시간 운영하면서 그렇게나 튼튼하게 잘 작동했고, 여러 차례 반복 생산하면서 로켓을 만드는 효율도 상당히 좋아져서 더욱 좋은 평가를 받고 있다. 소유스를 비롯한 세묘르카 계열 로켓이 발사되면, 어느 정도 높이에서 사방에 붙어 있던 보조 로켓들이 동시에 분리되어 사방으로 십자 모양을 그리면서 떨어진다. 지금도 러시아 로켓 발사 현장에서 자주 볼 수 있는 그 독특한 로켓 분리 모습은 세묘르카의 상징이자, 소련 우주 기술의 상징이기도 하다.

루나 계획

나는 세묘르카 로켓이 가장 멋진 성과를 뽐낸 순간은 루나 계획이었다고 생각한다. 스푸트니크 쇼크 이후, 미국 정부는 소련을 이길 수 있다는 것을 증명하기 위해 맹렬히 우주 기술에서 소련을 추격하고자 했다. 그러자 소련의 코롤료프는 미국을 멀찌감치 따돌리는 느낌을 줄 수 있는, 완전히 색다른 기록을 세우고 싶어 했다. 그리고 루나 계획은 그 목적에 매우 잘 어울리는 계획이었다.

1959년 9월, 소련 기술진은 세묘르카 로켓을 바탕으로 개조한 로켓에 무게 400kg 정도의 쇠로 된 공 모양의 장치를 태워서, 그것을 대단히 빠른 속도로 우주 바깥으로 날아가도록 발사했다. 그 장치는 사람이 타는 우주선은 아니었지만 공 모양 주변에는 삐죽삐죽한 안테나가 길게 돌아가며 달려 있어서 마치 깊은 심해를 헤엄치는 기이한 생물처럼 보이기도 했다. 이름은 루나2호였는데, 조준한 목표는 바로 달이었다.

루나2호에는 부드럽고 안전하게 착륙하는 기능은 없었다. 그렇기 때문에 달 위를 돌아다니거나 달 주변을 자세히 관찰하지는 못했다. 그렇지만 달에 도착하는 그 자체는 성공했다. 사람이 달을 쏘아 맞힌 것이다. 세계 최초였다. 달에 추락한 것뿐이라고 말할 수도 있었지만, 지금까지 역사상 그런 일에 성공한 사람은 아무도 없었다. 루나2호는 사람이라는 종족이 지상에 나타난 이후, 사람이 만든 물건이 달에 분명하게 도착한 최초의 순간이었다. 사람뿐만 아니라, 지구상의 어떤 동물이 만든 물체라도 달에 도착한 사건은 지구의 수십억 년 긴 역사 동안 아마 처음이었을 것이다.

어떤 나라나 단체를 상징하는 작은 깃발을 페넌트라고 한다. 야구 경기 중에 페넌트레이스라고 하는 경기가 있는 것도 우승을 상징하는 깃발을 차지하기 위해서 서로 겨루는 경기이기 때문에 그렇게 부르는 것이다. 루나2호에는 소련 사람들이 만든 금속으로 된 페넌트, 즉 소련을 상징하는 작은 표시가 실려 있었다. 소련의 페넌트는 여러 개가 조립되어 마치 축구공 같은 모양을 이루고 있었는데, 루나2호가 달에 도착하는 데 성공했으므로 자연히 소련이라는 이름을 새긴 페넌트도 달에 도착한 것이 되었다. 말하자면 달에 처음으로 깃발을 꽂은 것과 비슷한 일을 한 셈이다. 소련의 통치자 흐루쇼프 서기장은 나중에 미국 대통령 아이젠하워를 만났을 때, 기념품이라고 그 페넌트의 모조품을 주었다. 말이 기념품이지 소련의 기술을 과시하고 자랑하면서 아이젠하워 대통령을 완전히 부끄럽게 할 수 있는 물건이었다.

루나2호가 성공하고 불과 한 달 정도가 지나서 소련은 또다시 세묘르카 로켓의 개조판을 이용해서 이번에는 루나3호라는 무인 우주선을 지구 밖으로 보냈다. 루나3호는 둥그런 쇳덩어리 모양의 기계였다. 이 기계에는 페넌트를 싣고 달에 떨어지는 것 같은 화려한 쇼를 할 수 있는 기능은 없었다. 대신에 루나3호에는 사진기와 그 사진기로 찍은 사진을 전송할 수 있는 통신 장치가 들어 있었다.

자세한 사정을 몰랐던 사람은 아마 루나3호가 달 사진을 가까이서 자세히 찍으려고 보내는 우주선인가 싶었을 것이다. 그러나 루나3호는 달 가까이에 가는 대신에 달을 살짝 비껴갔다. 달을 지나치는 것처럼 움직이는 루나3호를 보고 "뭔가 잘못되어서 실패하는 건가?" "저러면 달 사진을 찍지도 못할 텐데"라고 사람들이 생각할까 싶을 때, 루나3호는 오히려 달을 지나쳐서 반대 방향에서 달을 촬영한다. 그렇게 해서 루나3호는 달의 뒷면을 촬영했다.

누구나 쉽게 볼 수 있는 달이지만, 또한 그 누구도 인류의

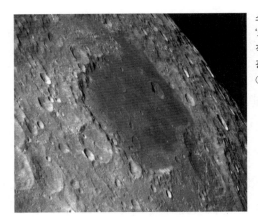

소련이 이름을 붙인
'모스크바의 바다'는 무려
직경 277km에 달하는
광대한 '달의 바다'다.
ⓒNASA

긴 역사 동안 단 한 번도 본 적이 없는 달의 뒷면을 소련의 우주선이 처음으로 보는 데 성공한 사건이었다. 안타깝게도 촬영한 사진의 화질은 대단히 나빴다. 그렇지만 여러 장의 사진을 끈질기게 함께 비교하면서 판독하면 달의 뒷면이 어떤 모습인지 파악하는 데 어느 정도의 도움이 될 수 있는 귀중한 자료였다. 이후 소련 학자들은 처음 본 달의 뒷면 지형에 '모스크바의 바다'와 같이 소련을 나타내는 이름을 많이 붙였다.

나라를 지키는 달 로켓

초기에는 소련의 루나 계획이 멋지게 연달아 성공했다. 하지만 이후에는 실패도 무척 많았다. 그렇기 때문에 달의 뒷면을 촬영한 바로 이 무렵이 소련 기술이 가장 주목받았던 무렵이었을 것이다. 반대로 미국 정치인들과 학자들은 이래서야 되겠나, 무슨 수를 써서라도 분위기를 바꿔야겠다 싶어 애가 탔을 것이다.

나는 로버트 맥나마라 전 미국 국무장관이 인터뷰를 하면서 1960년대 미국군은 달 뒷면에 소련군이 군사 기지를 만들지도 모른다고 걱정했다고 한 것을 본 적이 있다. 냉전이 한창 극에 달한 시기, 지구에서는 절대 안 보이는 달의 뒷면에 아무도 볼 수 없는 비밀 시설을 지으면 핵무기를 숨겨놓기 좋겠다는 상상을 군인들이 했더라는 이야기다. 그렇게 달 뒷면에 숨겨둔 핵무기는 결코 찾을 수도 없고 파괴할 수 없는 마지막 비밀 무기로 사용할 수 있을 테니까.

소련을 따라잡기 위해서 미국은 부랴부랴 다양한 로켓들을 우주로 보냈다. 미국 역시 아틀라스 로켓이나 델타 로켓 같은 ICBM을 개조한 로켓들을 자주 활용했다. 참고로 아틀라스 로켓과 델타 로켓의 개량판은 아직도 우주 개발에 활용되고 있다. 예를 들어, 한국 최초의 통신용 인공위성인 무궁화1호 역시 델타 로켓의 후계작인 델타II 로켓에 실려 우주로 나갔다.

그래서 우리는 달에 가야 한다. 아직까지도 사람을 해치는 무기와 전쟁을 걱정해야 하는 시대라는 사실은 서글픈 일이다. 하지만 어쩔 수 없이 무기가 필요하다면 고성능의 우주 로켓을 이용하는 무기처럼 뛰어난 것도 없다.

그런 만큼 강한 무기를 갖고자 하는 나라는 실제로 더 뛰어난 성능의 우주 로켓을 개발하기 위해 노력하고 있다. 조금 이상하기는 하지만 단순히 비교하면, 2020년대 초에 우주 관광 사업을 하는 회사들은 지상 100km를 살짝 넘는 높이에 도달하게 해준다면서 막대한 요금을 받지만 2017년 11월 발사된 북한의 화성15호 미사일은 간단히 지상 4,000km가 넘는 높이에 도달했다.

우주선 로켓과 군사 미사일 로켓은 개발 방향에 차이는 있더라도, 둘 다 같은 로켓 기술을 이용한다. 만약 달에 도달할 수 있는 로켓이나 달에 다녀올 수 있는 로켓을 만들 수 있다면, 그만큼 더 정확하고 튼튼하고 강력한 무기를 만들 수도 있다는 뜻이다. 평화를 유지하기 위해 핵무기에 반대해야 하는 한국 같은 나라라면, 핵무기 그 자체에 관심을 갖기보다는 일단 정밀하고 강력한 로켓을 먼저 개발하는 데 집중하는 방향이 옳을 거라고 생각해 본다. 그리고 기왕에 무기를 위해 새로운 로켓 기술을 개발해 나가야 한다면, 달을 목표로 다양한 기술을 쌓는 연습을 해나가는 것도 좋은 방법이 될 것이다.

그뿐만 아니라, 달 로켓 개발과 시험 과정에서 점점 더 정확하고 정밀하게 로켓을 움직이고 감시하는 기술을 개발해 나갈 수 있다면, 그런 기술은 적의 미사일을 탐지하고 격추하는 등, 적의 공격을 방어하는 데에도 요긴하게 쓰일 수 있을 것이다.

9

작은 발걸음,
위대한 도약

소련은 1950년대 말 우주 개발에서 확실히 앞서 나갔다. 사상 최초의 인공위성, 사상 최초로 우주를 비행한 사람, 사상 최초로 우주를 비행한 여성, 사상 최초로 달에 닿은 우주선, 사상 최초의 달 뒷면 촬영, 모든 기록을 소련이 쓸어 가는 것처럼 보였다. 코롤료프를 비롯한 소련 우주 개발팀은 이 모든 기록을 소련과 공산주의 체제의 훌륭함을 보여줄 수 있는 계기로 아주 잘 활용했다. 역시 공산주의 체제를 따르는 편이 사회를 더 잘 발전시킬 수 있는 좋은 방법이고, 소련이 이렇게 훌륭한 기술을 갖고 있으니 세계 여러 나라들은 소련의 동맹이 되는 편이 좋다고, 달을 향해 날아가는 우주선이 지구 전체에 대고 광고하는 셈이었다.

공산주의 세력을 적으로 보고 있던 미국 정부는 어떻게든 그런 분위기를 뒤집고 싶어 했다. 그러기 위해서는 한방에 완전히 판을 뒤집어 놓을 수 있는 성과가 필요했다. 바닷가에 낚시를 하러 가서 옆에 앉은 사람이 도미를 10마리 잡는 동안 나는 물고기를 한 마리도 못 잡았다면, 좋은 낚시꾼이라는 소리는 못 들을 것이다. 그런데 그러다가 갑자기 상어를 한 마리 잡는다면? 아무리 다른 낚시꾼이 도미를 많이 잡아도 그날 온통 화제가 되는 쪽은 상어를 잡은 쪽일 수밖에 없다. 그리고 그 당시 미국 대통령이었던 존 F. 케네디는 우주에서 상어를 잡는 방법이 무엇인지 알고 있었다.

"우리는 1960년대 안에 달에 가기로 했습니다. 그리고 다른 일들도 하기로 했습니다. 그게 쉽기 때문이 아니라, 그게 어렵기 때문입니다."

사람을 달에 보내서 달 위에서 걷게 하겠다는 이야기다. 1962년 9월 12일, 미국의 라이스대학에서 한 케네디 대통령의 연설에 나오는 이 대목은 우주, 로켓, 달 탐사에 관심이 있는 사람들에게 명언으로 널리 알려져 있다. 설령 케네디 대통령에 대해 높이 평가하지 않는 사람이라고 하더라도 이 명언이 우주 개발에 얼마나 많은 꿈을 불어넣어 주었는지는 부정하지 못할 것이다.

나는 이 말이 명언인 이유는 얼핏 모순되게 들리는 말이지만 진실을 담고 있기 때문이라고 생각한다. 어려운 일을 하는 것이기 때문에 그만큼 귀중한 일이라고 세상에 알릴 가치가 생기고, 또 어려운 일이기 때문에 그 일을 해내기 위해 노력하는 과정에서 예상하지 못했던 방법으로 기술과 사회를 발전시킬 수 있게 된다.

새턴5호와 아폴로11호

1960년대 안이라면 남은 시간은 그때로부터 불과 7년 정도였다. 미국 정부는 이 일을 성사시키기 위해 어처구니가 없을 정도로 많은 돈을 쓰기로 했다. 거의 돈이 무한히 솟아 나오나 싶을 정도로 돈을 넉넉히 썼다. 시간이 부족한 것이 문제이고, 기술이 부족한 것이 문제이고, 안전하게 해낼 방법을 찾는 것이 문제이지, 돈은 아무 문제가 아닌 시대였다.

한국어 관용구 중에 돈을 많이 쓰는 것을 가리켜 "돈을 퍼붓는다", "돈을 뿌린다", "돈을 처바른다"라는 말이 있다. 그런데 사람을 달에 보내기 위해 미국 정부가 아폴로 계획에 쓴 돈은 그런 정도의 언어로 말할 수 있는 범위조차 초월한다. 1969년 7월 17일 《동아일보》는 기사에서 아폴로 계획에 들어간 돈을 당시 한국 사람들이 많이 쓰던 500원짜리 지폐로 만들어 지구에서 달까지 가는 길에 뿌린다면, 지구에서 달을 두 번 왕복하고 또 한 번 편도로 더 갈 수 있는 분량이라고 썼다. 돈을 뿌리듯이 펑펑 쓴 정도가 아니라, 돈을 그냥 뿌리는 것의 다섯 배는 썼다는 이야기다. 이렇게나 돈을 많이 쓴 것은 우주선과 로켓을 금덩이로 만들었기 때문이 아니다. 각계각층에서 일하는 최고의 인재들에게, 하고 있던 다른 모든 일을 접고 인생을 우주 개발에 걸어달라고 할 수 있을 만한 금액을 연봉으로 제안해야 했기 때문이다.

그렇게 해서 결국 미국항공우주국 NASA는 새턴V, 당시 한국 언론에서 흔히 새턴5형, 새턴5호라고도 불렸던 괴물 같은 로켓을 개발했다.

괴물이라는 말은 전혀 과장이 아니다. 새턴5호가 개발되기 얼마 전인 1967년에 나온 한국 영화 〈대괴수 용가리〉를 보면 공룡을 닮은 거대한 괴물 용가리가 나온다. 이 영화에서 용가리는 그 크기가 당시 서울시청 건물의 두 배가 채 안 된다. 그러니 아마 용가리의 키도 50m 즈음이 아니었을까 싶다. 하지만 새턴5호의 높이는 110m가 넘어, 용가리의 두 배에 달한다. 무게는 무려 3,000t에 좀 못 미치는 정도인데, 이 정도면 티라노사우루스 같은 공룡 300~400마리 쯤을 합쳐 놓은 무게다. 영화를 만드는 사람들이 상상한 엄청난 괴물들보다도 새턴5호가 훨씬 더 심한 괴물이다. 가끔 따분한 TV 프로그램을 보면 과학자의 냉정한 판단과 문학가의 자유로운 상상력을 대조하는 식으로 이야기를 구성할 때가 있는데, 나는 오히려 예로부터 많은 시인들과 작가들이 과학의 이야기를 들으며 자신의 상상력을 더 넓혀왔다고 생각한다.

새턴5호는 소련의 세묘르카 로켓과 함께 우주 개발 역사에 길이 남을 걸작으로 꼽을 만한 로켓이다. 2020년대에 한국에서 만든 누리호 로켓은 1.5t 정도의 무게를 지구 상공 700km 높이에 시속 2만 7,000km의 속도로 날려주는 성능을 가지고 있다. 이 정도면 그래도 꽤 쓸 만한 로켓이다. 그런데 50년 앞서 개발된 새턴5호는 비슷한 높이로 100t 이상의 무게를 날려 보낼 수 있다. 누리호 로켓을 70번 연속으로 쏘아야 하는 것과 비슷한 일을 단 한 번에 해낼 수 있는 막강한 로켓이 새턴5호였다. 새턴5호 같은 로켓은 이전에도 없었으

인간의 손으로 만들었다고
믿기지 않을 정도의 괴물 로켓인
새턴5호. ⓒNASA

며, 그 후에도 없었다. 2020년대 중반 즈음이 되면 스페이스X와 NASA의 최신형 로켓 중에 새턴5호를 능가하는 로켓이 나올 수도 있을 것 같다는 전망이 있는 정도다.

그런데 세묘르카 로켓과 새턴5호를 비교해 보면 훌륭한 로켓이라는 점 말고도 다른 점이 많다. 우선 세묘르카 로켓은 세상에서 맨 처음 인공위성을 쏘아 올린 오래된 로켓이고 이후에는 저렴하게 자주 사용하기 위한 장비로 많이 사용되었다. 그에 비해 새턴5호는 역사상 가장 성능이 뛰어난 로켓으로, 우주 개발에 대한 투자가 절정에 이르던 시기에 등장해서 다른 로켓으로는 결코 흉내 낼 수 없는 가장 어려운 임무를 수행했다. 세묘르카 로켓이 수없이 개조되면서 21세기의 소유스 시리즈에도 활용되는 등 수십 년간 쓰인 것과 다르게, 새턴5호는 달 탐사 시대 이후로는 거의 사용되지 않아 잊혔다는 점도 차이다.

로켓을 개발한 인력에도 큰 차이가 있다. 세묘르카 로켓은 애초에 군사 무기인 ICBM으로 개발되었고, 로켓 개발 사업의 주요 책임자였던 코롤료프라는 인물은 비밀로 관리되고 있어서 외부에는 누구인지 알려지지 않았다. 심지어 당시에는 코롤료프라는 이름조차 알려져 있지 않아서, 그냥 "책임자", "기술진의 높은 사람" 등으로 언급되었을 뿐이다. 아마도 우주 개발 사업을 완벽한 홍보 기회로 활용하고 싶었던 소련 당국 사람들이 혹시 코롤료프에 대해 안 좋은 소문이 돈다든가 하는 이야기조차도 다 막아버리기 위해서 그렇게 모든 것을 숨기지 않았나 싶다.

그러나 미국의 새턴5호는 정반대였다. 미국에서도 우주 개발 목적과 군사 무기 목적을 겸해서 로켓을 개발하는 일은 많았지만, 최고의 로켓인 새턴5호는 처음부터 무기로 사용하는 것을 고려하지 않은 민간 개발품이었다. 우주 개발을 공군이나 육군 주도로 한 것이 아니라, 아예 NASA라고 하는 비군사 목적 기관이 맡았다는 것부터가 기억해 둘 만한 점이다.

새턴5호과 우주 로켓 개발의 고위층 핵심 인물로 베르너 폰 브라운 박사라는 사람이 활동 중이라는 점도 아주 잘 알려져 있었다. 폰 브라운 박사는 전쟁 중에 독일에서 V-2 로켓을 개발하고 생산하는 데 많은 역할을 했던 전문가였다. 그렇기 때문에 초창기 로켓 기술에 대해서 대단히 밝은 사람이었다. 외국 출신이고, 심지어 한때 미국의 원수였던 나치 독일에서 무기를 만드는 일을 하던 사람이니 꺼림칙해 보일 수도 있었을 텐데, 미국은 오히려 그런 사람이 중요한 일을 하고 있다는 사실을 자랑스레 공개했다.

그냥 공개한 정도가 아니다. 1960년대 말에서 1970년대 초, 폰 브라운 박사는 로켓 기술을 상징하는 유명 인사로 활발히 활동했다. 심지어 한국에서도 폰 브라운 박사는 잘 알려진 사람이었다. 나는 1960년대 말 한국의 사기 사건 기록을 찾아보던 중에, 자신이 뛰어난 로켓 기술자라고 과장하기 위해 폰 브라운 박사와 친분이 있다고 주장하던 사람이 있었다는 기사를 읽은 적이 있다. 한국 사기꾼도 1960년대에는 폰 브라운 박사의 이름을 알았다는 뜻이다.

언론의 취재 열기가 미국에서는 언제나 좀 심한 경향이 있고, 모든 것을 재미거리, 관심거리로 포장하는 할리우드가 있는 나라이기도 하니 어쩔 수 없는 일이었는지도 모르겠다. 그러나 결과를 놓고 보면 이렇게 모든 것을 공개하는 태도는 우주 개발과 홍보에서 굉장히 큰 도움이 되었다. 사소한 내용까지도 많은 이야깃거리들이 공개되어 있고 쉽게 정보를 구할 수 있다 보니, 결국 세계 여러 나라 언론들도 우주 개발에 대한 정보와 자료라면 미국 소식에 더 관심을 갖게 되었다. 나아가 로켓과 우주 개발 기술에 대해 갖는 생각도 무심코 미국 기준을 따라가는 경향도 생겼던 것 같다.

소련은 실패한 로켓이나 우주선은 시도 자체가 없었던 것처럼 철저히 그 기록을 숨기려고만 했다. 그러나 미국에서는 시험하던 로켓이 박살나는 모습도 고화질 컬러 영상으로 촬영해 사람들에게 공개했다. 예를 들어 미국의 뱅가드 로켓이 시험 중 파괴되는 장면은 로켓 시험 실패 장면의 대표라고 할 만큼 큰 폭발을 보여주는 장면으로 유명하다. 그래서 지금도 인터넷에서 쉽게 찾아볼 수 있다. 뱅가드 폭발 이후 소련의 흐루쇼프가 공식적으로 조문을 보내는 등, 미국의 로켓 개발진은 국내외에서 망신을 당했다. 하지만 이런 실패 장면조차도 고스란히 보여줌으로써, 세계 사람들은 로켓과 우주 개발의 모든 과정을 미국 기준에 따라 생각하게 되었다. 덕분에 미국은 우주 개발 당시에 소련에 비해 더 효과적인 홍보 사업을 진행할 수 있었다.

곁가지 이야기인데, 나는 다른 나라의 공공기관도 이렇게 정보를 보다 세세하고 과감하게 널리 공개할 필요가 있다고 생각한다. 그냥 기술적인 사항일 뿐이고, 사소한 일이다 싶은 내용도 생생한 상황과 함께 풍부한 자료가 공개되면 근사한 이야깃거리가 되는 일은 많다.

나아가 공공기관의 자료인 만큼, 우주 개발에 사용한 사진과 영상 자료를 저작권 없이 무제한 배포하는 정책을 취하는 것도 좋은 방법이라고 생각한다. 수백억, 수천억 원을 들여서 태극마크를 그린 로켓을 몇 차례 우주로 띄워 보냈지만, 세계 사람들이 로켓 사진이나 로켓에 대한 영상이 필요하면 대부분 그런 자료를 쓰지는 않는다. 정작 NASA는 온갖 다양한 사진을 저작권 없이 무제한으로 무상 공개하고 있다. 한국에서 출판하는 책이나 영상에서도 저작권 문제 때문에 한국 로켓이 아니라 NASA에서 공개한 미국 로켓 사진을 사용하는 경우는 허다하다.

그저 귀한 자료라고 끌어안고만 있다가, 로켓과 인공위성의 다양한 세부적인 모습이나 로켓을 발사하고 우주선을 운영하는 동안 확보한 많은 자료 등이 시간이 흐르면 아무도 기억하지도 못하고 잊히는 것보다야, 반대로 누구나 접할 수 있게 펼쳐놓는 것이 더 좋지 않을까? 보안상 꼭 비밀 유지가 필요한 자료를 제외하면, 그렇게 누구나 자유롭게 쓸 수 있도록 저작권 없이 공개하는 방향이 오히려 훨씬 더 값지게 자료를 활용하는 방법이라고 생각한다.

요즘은 하다못해 한국 SF 작가가 로켓이 어떻게 움직이고 어떤 세부 장치를 갖고 있는지 알기 위해 자료를 찾아보려고 해도, 쉽게 구할 수 있는 자료는 다 미국에서 나온 자료다. 과거에 비해서는 많은 자료가 공개되고 있긴 하지만 더 많은 자료, 더 풍부한 이야기가 저작권 없이 더 널리 풀려 나오면 훨씬 좋을 거라고 생각한다.

언제인가 한국의 우주선이 달을 살펴보고, 달에서 보는 아름다운 지구의 풍경을 촬영한다면, 그 자료를 누구나 제한 없이 쓸 수 있도록 공유할 수 있기를 바란다. 그렇게 되면 전 세계의 예술가들, 철학자들, 어린이들이 모두 한국 우주선의 눈으로 본 달 풍경을 보며 우주를 생각할 것이다.

한국에서 본 아폴로11호

새턴5호가 사람을 싣고 실제로 달 근처까지 가기 시작하자, 아폴로 계획에 대한 관심과 열기는 점차 달아올랐다. 당시 한국에서는 남북한의 분단으로 어느 나라보다 냉전이 심각한 문제였다. 그러므로 우주 개발 경쟁이 한편으로 자본주의와 공산주의의 대결인 이상, 그 결말은 한국인들에게 큰 관심사인 게 당연했다. 그게 아니라도, 1968년 연말부터 1969년 상반기에 걸쳐 아폴로8호, 아폴로9호, 아폴로10호가 차례로 성공을 거두면서 사람들 사이에는 아폴로에 대한 관심이 부쩍 늘어날 수밖에 없었다.

아폴로11호가 달 착륙에 성공한 1969년, 한국에서 가장 인기가 있었던 영화는 〈미워도 다시 한번〉이었다. 지금은 세월이 흘러 영화를 직접 보지는 못한 사람이 많겠지만, 그래도 "미워도 다시 한번"이라는 제목만은 친숙하게 기억하는 사람들이 꽤 많을 듯하다. 그 정도로 이 영화는 당시 큰 인기였다. 이 영화 말고 1969년 한국의 큰 화제라면 삼선개헌 문제도 빼놓을 수 없다. 당시 한국의 선거 제도에서 대통령은 누구든 두 번까지 할 수 있다고 되어 있었다. 삼선개헌이란 대통령을 세 번까지도 할 수 있도록 헌법을 바꾸려고 한다는 이야기다. 민주주의의 중요한 원칙이 달린 문제다 보니, 이렇게 제도를 바꾸려고 하는 여당과 저지하려는 야당 사이에 대결이 극심했다.

1969년 한국의 신문기사 내용에서 검색 건수로 언론의 관심을 비교해 보면, 《경향신문》, 《동아일보》, 《조선일보》 검색 건수 합계 기준으로 〈미워도 다시 한번〉의 주인공 문희를 언급한 기사의 건수는 60건이었다. 그에 비해 당시 삼선개헌 저지와 관련하여 가장 인기 있는 야당 정치인이었던 김대중을 언급한 기사의 건수는 480건이다. 이 정도면 확실히 두 주제 모두 언론의 많은 관심을 받았다는 사실을 알 수 있다. 세 신문을 합친 숫자이기는 하지만 1년이 365일인데 480건의 기사가 있다는 말은 삼선개헌 등의 정치 현안에 대해 하루가 멀다 하고 기사가 나올 정도로 한국 사람들의 관심이 많이 쏠려 있었다는 이야기다.

그러면 1969년 '아폴로'를 언급한 기사는 몇 건이나 됐을까? 무려 2,117건에 달한다. 지금은 아폴로11호를 한국과 별 상관없는 먼일처럼 생각하는 경우도 많은 것 같은데, 1969년에는 달 착륙이 한국에서도 대단히 많은 사람들의 눈길을 사로잡은 관심사였다. 천문학자이면서 방송에도 다수 출연했던 조경철 박사는 라디오 방송에 나가 당시 최고의 인기 아이돌 가수였던 펄시스터즈와 함께 달 착륙에 대해 묻고 답하며 농담 따먹기를 하는 쇼를 진행하기도 했고, 온갖 신문, 방송, 잡지 프로그램에서 달 착륙과 우주 개발의 미래에 대한 이야기를 소개했다. 아폴로에 대한 관심이 자잘하게 표현된 사례는 더욱 많아서 유명 제과 회사가 괜히 캐러멜에 "아폴로 캬라멜"이라는 이름을 붙여 내놓은 일도 있었다.

마침 달에 착륙하기로 예정되어 있던 두 대원이 예전에 한국에서 머문 적이 있는 사람들이기도 했다. 한국전쟁 참전

용사였기 때문이다. 버즈 올드린은 압록강 지역까지 전투기를 타고 날아가 적기를 격추한 실적으로 언론에서 조명받았고, 닐 암스트롱은 한국전쟁의 격전으로 손꼽히는 단장의 능선 전투가 한창일 무렵에 원산 지역을 정찰하는 임무를 수행했다. 암스트롱은 임무 중에 비행기 문제가 생겨 돌아오는 길에 포항 부근에서 비상탈출 하는 등, 죽을 고비를 넘기기도 했다. 1969년이면 휴전 후 16년밖에 지나지 않은 때였으니, 모르긴 해도 전쟁 중에 암스트롱이나 올드린을 실제로 만난 적이 있던 한국인도 있지 않았을까? 두 사람이 달 착륙 후 한국을 기념 방문했을 때에 우리 정부 쪽 사람들이 한국전쟁 참전용사라는 점에 대해 감사하는 말을 전하기도 했다.

한국이 냉전의 최전선이라는 점 때문인지, 미국 정부도 한국에서 아폴로11호를 홍보하는 일에 적극적으로 나섰다. 가장 대표적인 사업이 사람들이 대규모로 모여 아폴로11호 발사 방송을 보며 환호할 수 있도록 행사를 준비했던 일이다. 미국 대사관 주도로 미국 정부는 지금의 남산공원 근처인 서울의 남산 야외음악당에 가로세로 6m의 커다란 화면을 만들어 두고, 그 화면을 그 앞에 사람들이 모여서 구경할 수 있도록 했다. 그 행사 장면을 촬영한 사진이 지금도 신문기사 등에 남아 있는데, 커다란 화면 위에는 큰 플래카드를 붙여 "인간의 달 탐험"이라고 써놓았다.

커다란 광장에 수많은 사람들을 모으는 대형 행사였다 보니, 거기에 따라오는 기술적인 문제도 많았다. 미국에서 방송되는 화면을 생중계로 한국에 보내줄 수 있는 기술이 마땅찮았다는 문제가 가장 심각했다. 지금이야 초등학생이 자기 집고양이가 뛰어노는 장면을 휴대전화로 촬영해서 전 세계에 인터넷으로 보여줄 수 있는 시대지만, 1969년 한국에는 인공위성 전파를 잡을 수 있는 마땅한 장치 하나가 제대로 없었다. 그래도 결국에 미국은 어떻게든 한국인들에게 생방송을 보여줄 궁리를 해냈다. 일본까지 방송이 전달되면 그 방송을 일본에서 가까운 부산 지역에서 잡고, 부산에서 받은 방송을 서울의 방송국으로 보내서 전국에 다시 퍼뜨리는 방식을 택했다.

한국 시각으로 아폴로11호 우주선 발사는 7월 16일 밤

1969년 7월 16일 늦은 밤, 남산 야외음악당에 몰린 인파.
《The Korea Herald》 1969년 7월17일 자 보도.

10시 33분이었다. 과연 그 늦은 밤에 사람들이 남산 중턱까지 올라가서 한국인들이 미국 플로리다주에서 로켓을 발사하는 장면을 구경하려고 했을까? 많은 돈을 들여 생중계를 준비했는데 한국인들이 별 관심이 없어서 야외음악당이 텅텅 비는 것 아닐까? 흔히 별생각 없이 하는 말로, 한국인은 현실적이라서 달이나 별 같은 문제에는 별 관심이 없고, 순수 기초과학에도 관심이 없다고 하지 않는가? 더군다나 남의 나라 행사에 얼마나 관심을 보일까?

결과는 대성공이었다. 이날 TV 중계를 보기 위해 남산 야외음악당에는 5만 명의 인파가 몰렸다. 요즘은 간혹 큰 스포츠 경기가 있을 때 거리 응원이 벌어지면 몇만 명 정도의 인원이 모일 때가 있다. 그런데 1960년대에는 그런 문화도 없던 시절인데도 그 정도 인원이 모였다. 당시로서는 정치 집회 같은 행사를 제외하고 이 정도로 사람들이 많이 모인 행사가 언제 또 있었나 할 정도로 놀라운 인기였다. 저녁 무렵부터 끊임없이 아폴로11호에 대한 이야기가 계속 나오면서 거의 밤새 아폴로11호와 달 탐험에 관한 이야기에 모든 사람들이 들뜨는 축제 같은 분위기가 이어졌다.

1969년 한국에서 살았던 사람들은 대체로 7월의 그 며칠간을 기억한다. 나는 어머니께 아폴로11호 달착륙이 기억 나시느냐고 여쭈어 본 적이 있다. 어머니께서는 중학교 시절에 친구들과 함께 TV에서 본 것이 기억난다고 말씀해 주셨다.

그 시절 어머니께서 사시던 동네에 TV를 갖고 있는 집이 거의 없었는데, 마침 읍내 약국에 TV가 한 대 있었다고 한다. 약국의 약사는 이 정도 큰 행사라면 동네 사람들이 다 오다가다 모여서 볼 만한 행사라고 생각했는지, TV를 공개해 주었다. 그래서 동네 사람들은 약국 앞에서 달 착륙 TV 중계를 보았다고 한다.

아마 주위에 그때 그 시간을 보냈던 사람에게 기억이 나느냐고 물어보면 비슷한 이야기를 해줄 것이다. 그때 그 기억이 사람들 사이에서 다 잊히기 전에, 그때를 기억하고 있는 주위 사람들에게 달 착륙 때가 혹시 기억나냐고 다들 물어보고 기록해 두고, 서로서로 널리 공유하면 좋겠다.

아폴로11호 우주선이 사흘에 걸쳐 달을 향해 날아가는 동안 우주 탐사에 대한 열기는 점점 더 달아올랐다. 그때까지만 해도 TV는 상당한 사치품이었는데, 그 시기에 TV가 그렇게 많이 팔렸다고 한다. 아닌 게 아니라 TV가 있는 곳마다 사람들이 몰리기도 했다. 서울 중구의 신세계백화점 본점에서는 "신세계가 아폴로11호 달착륙 중계"라는 간판을 내걸고, 백화점의 TV로 지나다니는 사람들이 아폴로11호 이야기를 보도록 했는데 사람들이 너무 많이 몰려서 그 앞의 육교 위와 계단에도 빼곡하게 사람들이 몰릴 지경이었다. 감옥에서 출소한 사람이 집에 가기도 전에 일단 TV부터 보러 TV 파는 가게로 뛰어간다는 이야기가 있을 정도였다. 축제를 기념하여 정부는 하루를 임시 공휴일로 선포하기까지 했다.

마침내 7월 21일 아침 아폴로11호가 착륙하고 그날 낮, 닐 암스트롱이 처음 달 표면에 발을 디딜 때, 열기는 절정에 달했다. 이 시기 신문기사를 보면 그때 당시 남산 야외음악당에 생중계를 보려고 모인 사람은 10만 명에 달했다고 한다. 정치인들부터 시인들까지 각계각층 인사들이 언론 매체를 통해 사람이 달에 도착한 느낌을 뭐라고 요약할 수 있는지, 자신의 의견과 감상을 발표했다.

미국에서 달 착륙이 7월 20일이라고 하니 요즘 한국에서 달 착륙 기념행사를 하면 그날을 기념하는 경우가 많다. 그러나 사실 달 착륙 때문에 한국 사람들이 즐거워했던 것은 시차가 있기 때문에 한국 시각으로는 7월 21일에 해당한다. 그래서 나는 한국에서 달 착륙을 기념하는 행사를 한다면 오히려 7월 21일에 하는 것이 더 옳다고 생각한다.

아폴로11호 달 착륙이 당시 우리나라 신문에서 몇 면에 실렸을 것 같냐고 물어보면, 그때의 분위기를 모르는 사람들은 2면 쯤에 실렸을 것 같다거나 그래도 1면에 작은 기사로 났을 거라고 짐작하곤 한다. 그러나 각 신문사들은 1면 정도가 아니라, 호외를 뿌려서 아폴로11호의 달 착륙을 알렸다. 그때만큼 많은 사람들이 우주, 과학, 인류, 문명과 같은 문제에 대해 깊이 생각에 빠졌던 때가 있었을까? 나는 이 또한 우리가 달에 가야 하는 이유의 하나라고 생각한다.

달 착륙에서 돌아온 대원들은 이후 전 세계를 돌며 기념 행사를 가졌다. 한 나라를 방문하고 몇 시간 행사를 하고 바로 다음 나라로 이동하는 대단히 급박한 일정을 가졌는데, 한국에는 11월 3일에 찾아와 공항에서 시내까지 이동하는 화려한 카퍼레이드 행사를 하고 하루를 묵고 갔다. 그때 한국인들은 여느 외국인 손님을 대접하는 것처럼 암스트롱, 올드린, 콜린스 세 사람에게도 불고기를 먹였다는 이야기가 신문기사에 남아 있다. 올드린은 추위를 많이 탔는지, "서울 날씨는 달보다도 춥다"라고 말했다고 한다.

정부 고위층을 만난 행사에서 콜린스는 자신은 우주선을 조종해야 했기 때문에 달에 착륙하지는 못했고 우주선 안에 TV가 없어서 달에 착륙하는 장면은 생중계로 못 보았다고 설명했다. 그러자 우리 정부 쪽에서 "거기까지 가서 우리만큼도 못 봤구먼"이라고 농담하는 사람도 있었고, "서울에 인구가 너무 많아 걱정인데 달에 한국인이 사는 방법은 없을까" 하고 이야기했다는 기사도 보인다.

닉슨 대통령과 달

달 착륙 직후에 있었던 사건 중 의외로 요즘은 달 착륙과 별로 연결해서 말하지 않는 사건으로는 1969년 7월 25일의 닉슨 독트린 발표가 있다. 닉슨 독트린은 닉슨 미국 대통령이 미국 대외 정책의 변화에 대해 발표한 것으로, 괌에서 발표했다고 해서 괌 독트린이라고도 한다.

그런데 닉슨 대통령이 굳이 괌에서 이런 발표를 한 이유는 다름 아닌 아폴로11호 대원들이 탄 우주선이 태평양에 떨어졌기 때문이다. 닉슨 대통령은 아폴로11호 대원들이 도착하자마자 직접 만나기 위해 태평양의 괌 근처까지 갔다. 이 시기에는 혹시나 달에 알 수 없는 우주 바이러스나 외계 세균이 살 수도 있다고 해서 대원들이 도착한 후에도 며칠간 격리하도록 했다. 그래서 직접 대통령과 대원들이 악수를 하지 못하고, 유리창 너머로 얼굴을 보고 대화를 나누었다.

그리고 그 직후에 발표한 닉슨 독트린의 핵심은 앞으로 아시아 국가들의 국방은 아시아 국가들 스스로 많은 책임을 져야 한다는 내용이었다. 해석해 보자면, 더 이상 미국이 많은 나라들을 예전처럼 돕지 못하겠다는 말이기도 했다. 구체적으로는 한참 힘겹게 진행되고 있었던 베트남 전쟁에서 이제 서서히 발을 뺄 수도 있다는 뜻을 내비친 말이기도 했다. 1969년에는 한국도 남베트남과 미국의 동맹국으로 베트남 전쟁에 참여하고 있었다. 그 한 해 동안 한국 군인 전사자 숫자만 682명으로 기록되었을 정도로 전쟁 상황은 심각했다. 그런데 이런 이야기가 나왔으니, 한편으로는 앞으로의 아시아 정세에 큰 충격이 되는 말이었다.

닉슨 대통령이 "베트남 전쟁에서 발을 뺄 수도 있다"라는 말을 그렇게 과감하게 할 수 있었던 것도 어찌 보면 달 착륙의 성공 때문이지 않았을까? 이제 인류 최초로 달 착륙을 성공시켜서 다시 한번 미국이 최고의 강대국이고 가장 뛰어난 기술을 가진 나라라는 사실을 확실히 증명한 시점이었다. 그런 사실이 이제 힘겨워지는 전쟁 하나는 포기해도 된다고 판단하는 데 도움이 되었을 수 있다고 나는 짐작해 본다.

달 탐사가 보여주는 사회

달 착륙과 같은 커다란 기술의 성과는 그 나라, 그 사회에 대한 다른 나라 사람들의 판단과 시선을 바꾼다. 그저 쇼라고 쉽게 말할 수도 있지만, 나라 전체에 대한 커다란 광고 쇼로는 기술을 뽐낼 수 있는 우주 개발 사업만 한 것도 없다.

그래서 우리는 달에 가야 한다. 어떤 나라가 사기와 강도가 대단히 많이 일어나는 것으로 잘 알려져 있다면, 그 나라에서 생산된 상품이라고 하면 아무래도 미덥지 못한 느낌이나 우울한 느낌을 주기 쉽다. 어떤 나라가 폭압적인 정치 제도로 온통 모든 일이 뇌물을 통해 이루어지는 곳으로 알려져 있다면, 그 나라의 제품도 어째 대충 눈속임으로 설렁설렁 만들었을 거라는 생각을 줄 수 있다. 한 나라, 한 사회가 갖고 있는 인상은 그 나라 상품에 대한 평판을 낮출 수도 있고 높여 줄 수도 있다. 그 나라에서 주도하는 사업과 행사에 대한 기대를 낮추기도 하고 높여주기도 한다. 공동체에 대한 평가가 나빠지면 그 공동체에 소속된 모든 사람들이 손해를 보고, 공동체가 좋은 인상을 갖고 있으면, 구성원 모두가 어느 정도는 그 덕을 본다.

달을 탐사하고, 달을 더욱 먼 미래를 살펴보기 위한 공간으로 활용하는 사회는 그만큼 훌륭한 과학기술과 미래를 앞서 나가는 활력을 갖춘 사회로 돋보일 것이다. 또한 달 탐사는 그만한 성과를 낼 수 있는 인재가 있고, 그 인재들이 보람차게 일할 수 있는 조직을 갖춘 사회라는 점을 증명하는 기회가 된다. 나는 그 모든 일들이 온 세상에 꽃을 심고 벽화를 그리는 일 못지 않게 우리가 속한 사회를 꾸미는 일들이라고 생각한다. 나아가, 남에게 보여주기 위한 일뿐만 아니라, 우리 스스로도 더 큰 희망을 같이 품을 수 있는 기회가 된다고 믿는다.

10

그래서
아폴로가 정말
달에 갔다고?

1990년대에서 2000년대 초 무렵에 굉장히 인기 있었던 음모론으로 달 착륙 조작설이 있었다. 지금도 음모론 중에서는 대단히 널리 퍼져 있고, 달에 관한 여러 가지 이야기 중에서는 단연 가장 유명한 이야기이지 싶다. 아폴로11호는 사실 달에 가지 못했는데 미국 정부에서 달에 착륙한 것처럼 속였다는 것이다. 따라붙는 말 중에는 할리우드에서 영화 특수효과를 담당하는 팀이 달 착륙 영상을 가짜로 만들어 보여주었다는 말도 있다. 심지어 1960년대의 명작 SF 영화인 〈2001: 스페이스 오딧세이〉를 연출한 스탠리 큐브릭Stanley Kubrick이 달 착륙 영상을 연출했다고도 한다.

    나는 이런 이야기에 담겨 있는 소박한 믿음이 재미있다. "닉슨 대통령 시절의 미국 정부가 달 착륙처럼 훌륭한 일을 성공시켰을 것 같지는 않다. 하지만 그래도 미국 영화의 기술력은 어찌 되었든 세계 최고다!", 그런 말을 하는 것처럼 들린다.

달 착륙 조작설을 뒷받침하는 근거 중에는 홍보 사진에 나오는 달에 꽂아놓은 국기가 펄럭이는 것처럼 보인다는 점이 가장 유명하다. 나도 1990년대에 친구로부터 달 착륙 조작설을 처음 들었을 때, 이 말을 가장 먼저 들었다. 국기를 찍어놓은 사진이면 당연히 펄럭이는 모양 아닌가? 그게 뭐 어때서? 멋있게 찍은 사진 같은데? 왜 그 사진이 문제인지 모른다는 표정을 지으면, 음모론을 들려주는 사람은 의기양양하게 굉장한 비밀을 알려준다.

"달에는 공기가 없잖아. 공기가 없는데, 어떻게 국기가 펄럭일 수가 있지?"

깨달음. 충격. 반전. 놀라움. 맞는 이야기 같다. 국기가 펄럭이는 것은 바람이 불기 때문인데 바람은 공기의 움직임이다. 달에는 공기가 없기 때문에 바람이 불 수 없다. 다시 말해서 국기가 펄럭이는 장면은 나올 수 없다는 이야기는 그럴듯하게 들린다.

국기가 찍힌 장면이라면 으레 볼 수 있는 평범한 모습이고 그래서 아무런 의심 없이 지나칠 장면이다. 하지만 그 평범함 속에 굉장히 이상한 점이 숨겨져 있다. 이런 전개는 추리소설에서 명탐정이 사소한 점을 단서로 의외의 범인을 찾아내는 짜릿함과 비슷하다. 숨겨졌던 사실이 막판에 갑자기 드러나며 이야기가 반전되어 사람을 충격에 빠뜨리는 영화와도 닮았다. 반전을 알고 영화의 앞부분을 돌아보면, "그게 다 사실은 복선이었구나, 단서였구나" 하고 감탄하게 된다.

그렇게 생각해 보면 달 착륙 조작설에서 "국기가 어떻게 달에서 펄럭일 수 있느냐" 하는 점을 지적하는 대목은 사람들에게 많이 퍼져 인기를 얻을 자질을 아주 잘 갖추고 있다. 이 정도면 과연 음모론의 대장이라고 할 만하다. 달에는 공기가 없다는 사실과 공기가 없으면 바람이 불 수 없다는 정확한 사실을 담고 있으면서, 그 사실에 달 착륙 조작설이라는 음모를 살짝 덧붙여 놓았다. 무턱대고 아무렇게나 가짜 이야기만 하는 것이 아니라, 진짜 이야기 사이에 가짜 이야기를 살짝 섞어서 만든다. 이런 이야기는 더 받아들이기 쉽다. 더 믿음직해 보인다.

게다가 국기가 펄럭이지 못한다는 지적은 사람의 두뇌를 즐겁게 해준다는 장점까지 갖고 있다. 달에 꽂힌 국기가 펄럭인다는, 너무 당연해 보이는 사실에서 온 세상을 속인 엄청난 수수께끼를 추리해 내는 문제 풀이의 즐거움을 느끼게 해준다. 이야기를 듣다 보면 달에 공기가 없으니 바람이 없고 바람이 없으니 국기가 펄럭일 수 없다는 추리에 내가 동참하게 되면서, 마치 내가 스스로 그 추리를 해낸 듯한 느낌을 준다.

달에 공기가 없고 바람은 공기의 움직임이라는 내가 알고 있던 지식이 활용된다는 점이 뿌듯한 느낌을 주기도 한다. 이 음모론을 듣고 관심을 가질 때, 나는 달, 공기, 바람에 대한 지식이 있기 때문에 이런 이야기를 이해할 수 있는 똑똑한 사람이라고 느낀다. 이런 이야기는 사람을 빨아들인다. 평범한 사람들은 아무것도 모르고 지나치는데, 나는 똑똑하기 때문에 세상이 숨기고 있는 사실을 예리하게 파헤칠 수 있다는 뿌듯함을 주기 때문이다.

일단 한번 달 착륙 조작설에 맛을 들이고 내용을 살펴보면, 신기한 이야기들은 더 많이 준비되어 있다. 달에서 촬영된 사진들을 보면 그림자의 방향이 좀 이상해 보이는 것들이 있다. 음모론에서는 이것이 특수촬영 현장의 전기 조명 때문에 생긴 현상이라고 주장한다. 달에서 이륙하는 우주선에서 왜 불꽃이 뿜어져 나오는 모습이 보이지 않느냐는 지적도 있는데, 실제로 사진을 보면 우주선이 날아오르기는 하지만 불꽃은 잘 보이지 않는다. 그런가 하면, 1960년대의 성능 떨어지는 컴퓨터로 어떻게 달에 가는 길을 계산할 수 있었겠냐는 지적도 있다. 또, 1960년대 초에 달에 처음 갔는데, 그 후 몇십 년이 지나도록 왜 달에 가지 않고 있냐는, 음모론을 믿지 않더라도 귀담아들을 필요가 있는 문제 제기도 있다. 음모론에서는 애초에 달에 간 적이 없기 때문에 숨기기 위해서라고, 너무 쉽게 말하지만.

그러나 요즘은 달 착륙 조작설의 인기도 예전 같지는 않다. 이 음모론이 틀렸다는 증거들이 많이 알려졌기도 하고, 무엇보다 2010년을 전후로 중국, 인도, 일본, 이스라엘 등 다른 나라의 달 탐사선들이 달에 가기 시작했기 때문이다. 미국에서도 다시 달을 향해 탐사선들이 날아갔다. 이런 탐사선들이 1960년대말, 1970년대 초의 달 탐사 흔적이 달에 남아 있는 것을 다시 분명히 확인해 버렸다.

음모론은 음모론일 뿐이며, 사실은 사실대로 명확하다. 그림자의 방향이 이상한 것은 달 표면이 울룩불룩하기 때문이고, 달에서 이륙할 때 불꽃이 보이지 않는 것은 불꽃이 잘 안 보이는 특수 연료를 사용했기 때문이다. 달 착륙은 스탠리 큐브릭이 아니라, 수천 명의 노동자들과 과학기술인들이 고생해서 일하고 계산한 결과로 이룬 일이다. 1960년대 빈약한 성능을 가진 컴퓨터로도 달에 갈 수 있었던 것은 마법이나 속임수 때문이 아니라, 마거릿 해밀턴 같은 컴퓨터 전문가들, 소프트웨어 전문가들이 굉장히 열심히 일했기 때문이다.

돌아보면, 왜 달에 꽂아놓은 국기가 펄럭이는 모양이냐는 지적은 해볼 만했다고 생각한다. 아무렇게나 상상한 음모론으로 나가지만 않는다면, 꽤 재미난 답을 얻을 수 있는 문제이기 때문이다.

달에 꽂아놓은 국기가 펄럭이는 것처럼 보이는 이유는 그냥 바닥에 꽂아놓은 깃발이 흔들릴 때 사진을 찍었기 때문이다. 우리는 지구에서 찍은 국기 사진을 너무도 많이 보아 왔기 때문에, 사진에 펄럭이는 것 같은 국기가 있으면 당연히 바람에 펄럭이는 사진이라고 생각한다. 하지만 달에 있는 깃발은 바람에 펄럭이는 것이 아니라 그냥 깃대를 건드린 것 때문에 잠깐 흔들린 모양이 순간 사진에 잡힌 것뿐이다. 마침 그 펄럭이는 모양이 멋져 보였기 때문에 이 사진이 잘 알려지고 널리 퍼진 것이다. 사진이 아니라 동영상을 보면, 국기를 건드릴 때마다 잠깐씩 흔들리기는 하지만 확실히 깃발이 바람에 펄럭거리지는 않는 것이 보인다. 지구의 깃발과는 다른 모양으로 움직인다는 점도 알아 볼 수 있다.

그렇게 보면 국기가 펄럭인다고 달 착륙 조작설이 유행했던 것도 1990년대, 2000년대 였기 때문에 가능한 일이지 않나 싶다. 그때는 사람들이 지금보다 종이에 인쇄된 신문과 잡지를 훨씬 많이 보았고, 인터넷으로 글을 보더라도 정지된 사진을 보았을 뿐, 동영상을 자주 접할 수는 없었다. 사진에서 펄럭이는 것 같아 보이는 깃발이 있다면 무심코 바람에 펄럭이는 모습을 먼저 생각할 수밖에 없다. 우리는 지구에서 그런 깃발만 보아왔기 때문이다. 지구라는 곳에서밖에 살아본 적이 없는 우리의 인식을 이용한 음모론이었고, 또한 인터넷 기술이 부족해서 "정말 바람에 펄럭이는지 동영상을 한번 보자"라고 할 수 없던 시대에만 성공할 수 있었던 음모론이었다는 게 내 생각이다.

달에 외계인이 산다?

달에 관한 이상한 이야기 중에 또 한 가지 인기 있는 것은 달 근처에 외계인이 있다거나, 외계인의 흔적이 남아 있다는 주장이다.

이 주장도 나름대로 근거는 있다. 사람이 달을 탐사하는 일은 자주 있는 일이 아니다. 우주에서 벌어지는 온갖 세세한 상황에 대해서 처음 달에 가보는 우리가 모두 정확하게 알 수는 없다. 언뜻 보인 이상한 물체가 잘못 튀어나온 돌멩이였는지 하늘에서 떨어지고 있는 유성인지 아니면 우주선에 떨어져 나온 부품 조각인지, 그것도 아니면 정말 뭔가 신기하고 놀라운 물체인지 일일이 다 따져서 확인하기란 힘들다. 40만 km쯤 떨어진 먼 곳에서 어느 방향으로 볼 때 어떤 빛이 비치면 뭐가 어떻게 보일지 미리 알기 정말 어려울 때도 있다. 그렇다면 뭐가 뭔지 분명히 알 수 없는 이상한 형체를 잠깐씩 볼 수도 있고, 그게 촬영될 때도 생긴다.

여기에 UFO와 외계인 이야기가 더해지면, 이런 이상한 형체는 외계인이 탄 우주선이거나 외계인이 만든 물건이라는 추측으로 발전한다. 원래 외계인 이야기를 좋아하는 사람 눈에는 이런 추측은 그럴싸해 보인다. 달에 있는 충돌 구덩이 가운데에 있는 바위의 모양이 꼭 무슨 건물처럼 생겼다거나, 달에서 찍힌 사진에 기계 장치처럼 생긴 모양이 보인다는 주장이 바로 그런 부류다.

인터넷에서 "alien structure on the moon(달에 있는 외계인의 구조물)"로 검색해 보면 달표면을 상공에서 찍은 사진을 누군가 샅샅이 뒤지다가 발견한 이상하고 흐릿한 바위 모양이 많이 나온다. 그런 이야기를 믿는 사람들의 주장에 따르면 그런 물체는 외계인이 지금 머물고 있는 우주선이거나 혹은 수천 년, 어쩌면 수만 년 전에 찾아온 외계인들이 세워둔 건물의 흔적이다. 심지어 그런 물체 중에는 피라미드를 닮은 것도 있다고 한다. 모양이 특이해 보이기는 하지만 확실히 증명하기는 어렵다. 한국에서도 동네 뒷산에 올라가면 호랑이를 닮은 호랑이 바위나, 곰을 닮은 곰 바위 같은 것들이 한둘씩 있기 마련이다. 마찬가지로 외계인 이야기를 좋아하는 사람들은 달에서 우주선 닮은 바위를 찾아다니는 셈이다.

이런 사진들 중에는 내가 특별히 좋아하는 사진도 있다. 아는 사람들 사이에서는 유명한 사진인데, 당장 "mysterious moon man(신비의 달 사람)"으로 인터넷을 검색해 보면 어렵지 않게 사진을 찾을 수 있다. 높은 곳에서 찍은 이 사진에는 놀랍게도 거인을 닮은 회색 빛 형체가 사막과 같은 달 표면 위에 두 다리로 서 있는 것 같은 모습이 나와 있다.

아주 먼 곳에서 찍은 사진이라 분명한 형체가 드러나 있다고 할 수는 없다. 그러나 누가 "사람 같은 모양이지 않냐?"라고 하면 충분히 고개를 끄덕일 만한 모습이다. 그 곁에 있는 어두운 색은 그 사람이 달 표면에 드리운 긴 그림자처럼 보인다. 어떻게 보면, 누군가 달 표면을 걷고 있다가 사진이 찍혔다는 느낌도 든다.

냉정하게 보면, 사람인지 바위인지 뭔지도 알 수 없고 그냥 밝고 어두운 색이 겹쳐 있는 작은 얼룩덜룩한 모양일 뿐이다. 그러나 그 얼룩을 보면서 사람을 생각한다는 것이 재미있다. 그래서 눈길을 끈다. 사람 형체를 닮은 커다란 회색 외계인이 외롭게 혼자서 막막한 달을 걷고 있는 모습을 상상해 보면 마음속에 오래 남는다. 그 외계인은 무슨 사연 때문에 거기 남아 있는 것일까. 긴 그림자를 드리운 모습은 꼭 해가 지는 저녁에 혼자 떠나가는 모습 같아 보인다. 어디로 가고 있기에 홀로 그렇게 아무것도 없는 황량한 달을 걷고 있는 것일까?

훨씬 선명한 UFO 사진이라면 "아폴로16호 UFO 사진"이라고 불리는 것도 있다. 이 사진에는 중앙에 아주 또렷하게 이상한 동그란 형체가 보인다. 배경에는 달 표면이 펼쳐져 있다. 달 위를 둥근 비행접시 같은 것이 날아가는 모습을 내려다본 거라고 하면 충분히 그렇다 싶을 만한 장면이다. 비행접시 모양은 테두리가 밝고 중앙에 볼록 튀어나온 부분이 있는 것 같아서, 꽤 멋진 영화 속 비행접시답게 생겼다. 우연히 지나가는 유성이나 돌멩이와는 확연히 달라 보인다. 동그란 모양이 아주 깨끗해서 기술을 가진 누구인가가 일부러 저런 모양으로 만들지 않으면 우연히 돌이 부서지는 따위로 생길 수는 없는 모양이다.

정말로 달에 외계인이 와 있어서 비행접시를 타고 날아다니는 걸까? 그게 아니라면 수천 년 전에 외계인들이 달에 설치해 놓은 로봇과 기계 장치들이 있는 걸까? 그래서 아주 긴 시간에 달에 머물며 지내다가 달 탐사가 시작되어 자꾸 지구인들이 하나둘 나타나기 시작하니까 경계하기 위해 비행접시를 띄워 살펴보려는 모습이 드러난 걸까? 혹시 달에 있는 외계인이 대단히 강력한 무기를 가지고 있고, 그 위력을 보여 주면서 이 모든 사실을 비밀로 하라고 했기 때문에 달 탐사를 한 선진국들이 외계인이 이미 달에 와 있다는 사실을 숨기고 있는 것은 아닐까?

그러나 사진을 잘 살펴보면 이 비행접시의 정체가 무엇인지 제대로 알아낼 수 있다. 진실을 밝히기 위해서는 사진 속에 있는 비행접시 모양을 정밀히 분석해 보는 것이 아니라, 오히려 사진의 가장자리 부분을 봐야 한다.

사진의 가장자리를 보면 무엇인가 비친 모습이 보인다. 잘 살펴보면 이것이 달 쪽을 직접 카메라로 찍은 사진이 아니라, 사람이 타고 있는 우주선에서 유리창을 통과해 바깥을 보며 찍은 사진이라는 사실을 알 수 있다. 그렇기 때문에 우주선 내부의 모습이 유리창에 약간 비친 것이다. 어두울 때 밝은 집 안에서 바깥을 보려고 하면 창밖이 잘 보이지 않고 내 얼굴이 유리창에 비쳐 보일 때가 있는 것과 같은 원리다. 우

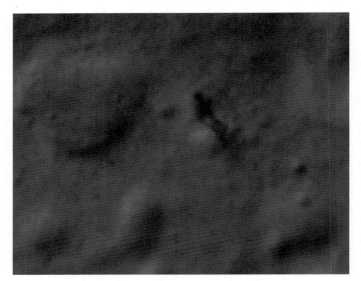

신비의 달 사람. ⓒNASA

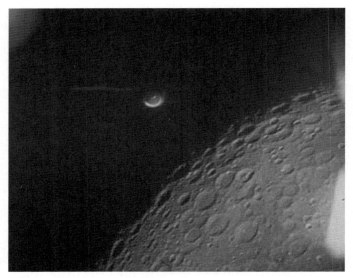

아폴로16호에서 찍힌 UFO의 사진. ⓒNASA

주 공간은 어둡고, 사람이 타고 있는 우주선 안은 밝을 테니, 당연히 우주선 안쪽이 어느 정도 유리창에 비치게 된다.

그렇게 생각하면 중앙에 보이는 비행접시 형체도 결국 우주선 안쪽의 어떤 물체가 비쳐 보이는 것일 가능성이 다분하다. 사람이 만든 도구 중에는 동그랗게 생긴 것이 많다. 사람이 기술로 만든 도구니 당연히 매끄럽게 가공되어 있다. NASA에서 이 사진을 분석한 내용을 보면, 우주선 내부 반대편에 설치해 놓은 연결관의 동그란 모습과 비행접시 같아 보이는 형체가 일치한다. 그러니까 사진에 나온 것은 외계인의 비행접시가 날아가는 모습이 아니라, 유리창 밖으로 달을 찍고 있을 때 마침 유리에 우주선 부품이 비쳐 보인 것뿐이다.

사실 이런 일은 지상에서 사진을 찍을 때도 종종 발생한다. 창밖에 펼쳐진 경치를 찍는데, 방 안에 동그란 전등을 켜 놓았다면 그 전등 빛이 유리창에 비친 것이 같이 겹쳐 사진에 나오는 수가 있다. 마침 전등이 좀 납작해서 비행접시 비슷하게 보이고 하늘 풍경이 사진에 같이 찍혀 겹쳐 보이면, 언뜻 하늘에 떠 있는 비행접시처럼 보일 수가 있다. 사진을 찍은 사람이 직후에 사진을 보면 그 형체가 방 안의 전등이 유리창에 비친 것이라는 점을 간단히 알 수 있지만, 몇 년이 지나 그때 상황을 전혀 모르는 다른 사람이 그 사진을 보면 왜 사진에 비행접시 같은 형체가 찍혀 있는지 이상하게 여길 수 있다.

먼 옛날 달에 누가 찾아왔다더라

하나하나 파헤쳐 보면 달에 대한 음모론은 별 근거가 없거
나 훨씬 더 믿을 만하고 가치 있는 다른 설명으로 대신할 수
있는 것들이 많다. 그런데도 달 음모론이 한동안 꽤나 인기가
있었던 데는 SF물의 영향도 없잖아 있다고 나는 생각한다.

SF 작가 아서 클라크가 1950년을 전후해서 쓴 단편 소설
을 보면 외계인이 아주 먼 옛날 지구를 찾아와서, 달에 여러
가지 자동 장치를 설치해 놓고 떠났다는 내용이 있다. 하필
달에 자동 장치를 설치해 놓은 이유는 지구에 사는 사람들이
나중에 기술이 발달해서 우주 공간을 건너 달에 와서 그 장치
를 발견할 정도가 될 때를 외계인들이 기다리고 있기 때문이
다. 이런 소설 속 외계인은 사람이 달에 올 정도의 기술 수준
에는 도달해야만 자기들과 대화가 통하고, 자신들의 세계를
알려줄 수 있다고 보고 있다.

이 비슷한 소설들은 이후에도 여럿 나왔다. 이런 소설에
서 사람이 달에 도착해 외계인의 흔적을 발견하고 장치를 건
드리는 순간, 우리 보다 몇천 배, 몇만 배 발전한 문화를 가진
외계인이 우리에게 찾아온다. 외계인은 사람들에게 드디어
이 정도 수준에 도달했다고 축하해 준다. 그리고 상상도 할
수 없을 만큼 발전한 놀라운 외계인의 세상에 대해 우리에게
알려주고, 우리도 그 세상과 그 정도의 깨달음에 도달할 수

있도록 이끌어 준다.

이런 식의 생각은 우리가 아는 세상을 넘어서는 어떤 놀라운 지식이 있으며, 그 지식을 갖고 있는 굉장한 무리가 사람들에게 깨우침을 얻게 해주고, 사람들을 새로운 세상으로 이끌어 줄 거라는 옛 철학자, 사상가들의 상상과도 멀지 않다. 한국에도 삼국시대, 고려시대 한국의 신선 전설 중 비슷한 이야기들이 있다. 산속 깊은 곳에 들어가서 지혜를 얻기 위해 애쓰다 보면 어느 날 신선을 만나게 되고, 그러면 득도해서 놀라운 깨달음을 얻어 하늘 바깥으로 날아갈 수 있게 된다는 식의 이야기들이다. 삼국시대에는 지리산에 들어가서 신선을 만나기 위한 노력에 관한 이야기가 있었다면, 현대에는 달에 가서 외계인을 만나기 위한 노력에 대한 이야기가 있다. 아주 뛰어난 누구인가를 만나 세상을 초월하고 싶다는 욕망을 표현했다는 점이 닮았다.

그저 이야기 구조가 닮았다는 것에 그치는 게 아니라, 어떤 사람들은 이런 초월자 이야기, 신화 등을 음모론의 재료로 직접 활용하기도 한다. 나는 최근에 인터넷에 떠도는 글들과 몇몇 책을 소개하는 글에서 이런 이야기들을 고대 수메르 지역과 인근 신화에서 영향을 받은 이야기들과 연결하는 글을 읽어본 적이 있다. 이런 이야기에서는 수천 년 전 이 지역 사람들이 믿던 고대 신화에는 먼 옛날 아눈나키^{Anunnaki}라는 신들이 있었고, 그 신들이 사람을 만들고 온갖 기적을 일으켰다고 한다. 음모론자들이 주장하는 것은, 사실 아눈나키들은 아주 뛰어난 기술을 가진 외계인이었고 외계인이 놀라운 과학기술로 한 일을 옛사람들은 기적이라고 생각했다는 것이다. 그리고 아눈나키들은 달에 중요한 시설을 만들어 놓았다거나, 아눈나키들과 비슷한 놀라운 자들이 지금도 달에 잠들어 있다는 식의 이야기도 있다.

달 지하에는 나치 독일이 숨어 있다

SF 중 이상한 음모론이 인기를 얻는 데 큰 공을 세운 소설로는 『펠루시다』 시리즈도 빼놓을 수 없다. 『타잔』의 작가로도 유명한 에드거 라이스 버로스Edgar Rice Burroughs가 20세기 초에 써서 인기를 끈 이 소설 시리즈에는 지구의 땅속으로 들어가면 커다란 빈 공간이 있다는 이야기가 나온다. 땅속에 새로운 세상이 있다는 이야기는 그전부터 세계 각지의 전설로 있던 이야기다. 그런데 『펠루시다』에서는 그 땅속 세계가 어떤 구조로 되어 있는지 재미나게 묘사하고, 그곳을 모험하는 이야기를 풀어가면서 땅속에 어떤 괴물이 사는지, 그 괴물들이 사는 세계에 땅 위 사람들이 들어가서 어떤 모험을 하는지를 잘 펼쳐놓았다.

이런 소재는 지구의 구석구석을 탐험하는 이야기가 유행

하던 시절에 인기가 있었다. 초기 SF 개척자 쥘 베른^{Jules Verne}도 『지구 속 여행』이라는 소설을 썼다. 이 소재를 좋아하는 사람들은 종종 지구에 나타나는 UFO나 비행접시가 사실 우주 바깥에서 온 외계인이 만든 것이 아니라, 땅속 세계에서 살고 있는 종족이 그들의 발달한 기술로 개발한 기계라는 이야기를 만들기도 했다.

그러나 지구에 대한 탐사가 충분히 진행되고 지질학의 발전으로 지구 내부의 모습에 대해서도 많은 사실을 알게 되면서, 이런 이야기는 그저 소설 속의 상상일 뿐이라는 점이 확실해졌다. 그래도 워낙 많은 사람들에게 퍼져 인기 있던 이야기다 보니 금세 사라지지는 않았다. 그러다 보니 땅속에 숨겨져 있는 신비로운 세상 이야기가 퍼져서, 달의 내부가 비어 있고 그곳에 우리가 모르는 무엇인가가 많다는 이야기가 생겨난 것 같다.

예전에는 달에 외계인의 비밀기지가 있다면 지구에서 보이지 않는 달의 뒷면에 있다는 정도가 많았다. 그런데 달 탐사 진행에 따라 달 뒷면도 점차 많이 밝혀지다 보니, 이제는 달의 땅속 공간에 외계인 비밀기지가 있다는 이야기가 더 주목을 받지 않았나 싶다. 이런 이야기 중에는 아예 화끈하게 달 자체가 거대한 공 모양으로 만든 기계 장치라는 설도 있다. 달은 커다란 공 모양의 아주 커다란 우주선이고 외계인들이 그 안에서 살고 있다. 긴 시간 잠들어 있을 수도 있다. 우리가 보고 있는 달은 사실 외계인들이 그 겉면에 돌과 모래로 씌워놓은 껍데기일 뿐이다.

이런 부류의 음모론 중에 가장 황당해 보이는 것은 나치 달 기지설이다. 나치 독일은 패망한 것 같지만 기회를 봐서 세계 정복을 하기 위해 마지막으로 남겨놓은 부대가 어디인가에 숨어 있다는 이야기는 예전부터 있었다. 소위 말해 최후의 부대the last battalion설이다. 원래는 북극이나 남아메리카 오지 같은 데에 세계 평화를 위협할 수 있는 무서운 무기를 갖춘 나치 잔당이 숨어 있다는 정도의 이야기였는데, 나중에는 지구 내부의 땅속 세계에 나치들이 숨어들었고 그곳에서 무기를 개발했으며, 그들의 뛰어난 기술로 바깥세상을 정찰하기 위해 띄우는 무기가 비행접시라는 식으로 그 내용은 커졌다. 마침 나치 독일이 하우네부Haunebu라고 하는 굉장히 새로운 비행기를 개발하려고 했다는 설이 있어, 이게 바로 비행접시라는 말도 많이 퍼져 있다.

여기에 달에 관한 음모론이 달라붙으면, 나치가 도망친 장소는 남아메리카 오지도 아니고 땅속 세계도 아니고 달로 변한다. 나치는 달에 가서 달 뒷면에 비밀기지를 건설하고 숨어들었다. 또는 달의 땅속 세상에 기지를 꾸미고 온갖 나쁜 짓을 하고 있다. 핀란드 영화 〈아이언 스카이〉는 이 음모론을 사실이라고 치고 이런저런 웃긴 이야기를 갖다 붙여 만든 내용이다. 나치 달 기지설에 따르면, 나치 독일은 훌륭한 로켓인 V-2를 대량 생산할 정도의 기술이 있었으므로, 좋은 로켓을 만들어 단체로 달에 가서 비밀기지를 만들었다고 한다.

그러나 이런 상상은 상상일 뿐이다. 만약 제2차 세계대전 때 나치 독일에 달까지 많은 사람을 보낼 수 있는 정도의 뛰어난 기술과 막대한 돈이 있었다면, 애초에 그들이 제2차 세계대전에서 패배하지도 않았을 것이다.

달 탐사가 다시 점차 활발해지면서 이제 달은 알 수 없는 망상의 공간이 아니라 구체적인 실험과 작업의 장소로 변화하고 있다. 달 탐사를 진행하는 나라에서는 대학에서 달에 대한 연구과제를 하기 위해 대학원생들이 일하고 있고, 달에 보내는 로켓과 우주선을 만들기 위해 여러 회사들이 제품을 만들고 있다. 이렇게 되면 달을 보는 시각은 괴상한 꿈이 아니라 현실의 문제가 된다.

이제 점차 달은 대학원생들이 졸업을 하기 위해서 논문을 쓰는 대상이 되어가고 있고, 회사원들이 업무 계획을 세우고 예산을 배정하는 대상이 되고 있다. 달은 더이상 비밀이 아니라 핵심성과지표(KPI)다.

그래서 우리는 달에 가야 한다. 달의 내부가 비어 있다는 이야기가 그나마 많이 퍼진 이유는 실제로 달에서 관찰되는 지진이 너무 세게 측정될 때가 있다거나 퍼져 나가는 속도가 예상과 다를 때가 있는 등, 달의 내부에 무엇인가 특이한 점이 있을 것 같아 보이는 관찰 결과가 몇 가지 나와 있기 때문이다. 또한 달에는 루나 스월lunar swirl, 즉 달 소용돌이라고 하여 갑자기 자력이 빙글빙글 도는 모양으로 나타나는 위치가 발견된 적도 있다. 신비한 이야기를 좋아하는 사람들이 이것을 보고 달 지하에 강력한 자력을 이용하는 외계인의 기계 장치가 있기 때문이라고 상상할 법도 하다.

그러나 이런 문제에 대해, 누군가는 생각나는 이런저런 이야기들을 별 근거도 없이 갖다 붙이고 있을 동안, 다른 누구는 달을 탐사하여 자력을 실제로 분석하고 새로운 실험을 진행해 그 비밀을 풀고 달과 지구에 대해 더 많은 지식을 얻어낼 것이다. 이제는 현실의 공간이 된 달에서 성과를 얻어내기 위해서, 철 지난 음모론에 매달려 있을 게 아니라 직접 달에 발을 디디고 연구해야 한다.

11

우주인을
달로 쏘아 올린
지구인들

우주선과 로켓은 하나하나 살펴보면 대단히 복잡한 장치다. 지구 상공 700km 높이에 인공위성을 발사하기 위해 만든 로켓인 한국의 누리호만 하더라도 37만 개나 되는 부품을 조립해서 만들었다. 지구에서 40만 km 떨어진 달에 사람이 착륙했다가 다시 날아서 돌아오기 위해서는 그보다 더 복잡한 장치를 사용해야 한다.

　아닌 게 아니라 처음으로 달을 향해 사람을 태우고 떠난 우주선들이 택한 방식은 대충만 살펴보아도 복잡하다. 우선 우주에 나가면 달에 착륙할 부분, 그러니까 달 착륙선을 꺼낸 뒤 우주선의 본체인 사령선에 반 바퀴 돌려서 거꾸로 붙인다. 그 상태로 달까지 간다. 달에 도착하면 달 착륙선을 분리해서 그것만 달에 내려놓는다. 달에서 활동을 끝내면 달 착륙선 중

윗부분만 분리되어 우주로 다시 나온다. 그리고 우주에서 다시 원래의 사령선과 결합해 사람이 건너오는데, 그러고 나면 달 착륙선을 버리고 사령선이 지구 근처까지 돌아온다. 지구에 마지막으로 도착하는 것은 거기서 다시 분리된 조그마한 끄트머리 부분이다.

이런 방식을 두고 달 주변에서 많은 분리, 합체가 이루어진다고 해서 그 시절에는 달 궤도 랑데부lunar orbit rendezvous 방식이라고 불렀다. 그냥 생각하기에는 강력한 우주선 한 대가 지구에서 달까지 단순하게 바로 날아갔다가 착륙하고 그대로 다시 달에서 날아올라 돌아오는 게 간단할 것 같다. 그렇지만 그만큼 무거운 무게를 통째로 왔다 갔다 하게 할 방법을 개발하지 못했다.

그래서 어쩔 수 없이 최대한 힘이 덜 들도록 작은 단위로 분리했다가 합체하는 복잡한 방식을 사용했다. 1970년대 이후 어린이 만화 영화에는 로봇이나 우주선이 변신하고 합체하는 장면이 아주 많이 등장한다. 나는 기계의 변신, 합체라는 생각이 세상에 유행한 뿌리에는 아폴로 우주선의 움직임이 화제가 되었기 때문이지 않겠나 추측해 본다.

복잡한 우주선이니 그 우주선을 이루고 있는 부품과 장비 또한 대단히 복잡했을 것이다. 그 많은 장비들을 사람이 일일이 따져가며 조종할 수는 없다. 따라서 많은 작업이 자동으로 이루어져야 한다. 또한 로켓이 날아가는 동안 심하게 흔들리는 바람에 방향이 약간 바뀐다든가, 알 수 없는 현상 때문에 원래 계획한 것에서 약간 위치가 바뀐다는 등의 변화는 충분히 생길 수 있는데, 그렇게 바뀐 상황에 대해서 빨리 로켓을 어떻게 조작해 바꾸어 줄지를 판단해야 한다. 이런 작업을 해내려면 컴퓨터를 설치해서 컴퓨터 프로그램이 지금 상황에서 어떻게 우주선을 조작하는 것이 맞는지 자동으로 계산하는 기능을 설치해 두어야 한다.

도대체 그런 프로그램은 누가 만들었을까?

아폴로 계획의 우주선 중에 처음으로 우주로 나간 아폴로 4호는 1967년에 발사되었다. 컴퓨터를 사용한다면 요즘은 윈도우Windows 같은 프로그램을 이용하는 것을 생각하기 마련인데, 최신형 윈도우에 비하면 단순한 프로그램이었던 윈도우1.0 시대로 거슬러 올라간다고 해도 아폴로 계획 당시에 사용했던 프로그램과는 많은 차이가 난다. 달 탐사가 처음 시도된 시대는 사람들이 컴퓨터를 일상적으로 사용하기 시작한 시대보다 얼추 20년 가까이 앞선 시대다. 이 시대는 대부분의 사람들이 컴퓨터 프로그램에 친숙하기는커녕, 컴퓨터라는 장치를 실제로 본 적도 없던 시대였다. 컴퓨터라는 말을 들으면 무슨 뜻인지 모르는 사람도 흔했다.

달에 날아간 우주선의 컴퓨터 프로그램을 개발한 사람들 중에서 중요한 공을 인정받는 인물로는 마거릿 해밀턴Margaret Hamilton이 자주 언급된다.

옛날 컴퓨터 프로그램에 대한 이야기가 인터넷에서 나오다 보면, 가끔 아폴로 우주선에 입력한 컴퓨터 프로그램의 내용을 종이에 써놓은 것을 쌓아놓은 옛날 사진이 돌 때가 있다. 아마 요즘은 본 사람이 꽤 많은 사진일 것이다. 그때 얼마나 복잡한 프로그램을 만들었는지 쌓아놓은 종이가 옆에 서 있는 사람 키만큼 되어 보인다. 그 사진에 나온 사람이 다름 아닌 마거릿 해밀턴으로, 그 프로그램을 만드는 데 직접 중요한 역할을 한 당사자다.

손으로 아폴로를 쏘아 올린 프로그래머

마거릿 해밀턴은 1936년 8월 17일 미국 인디애나주 파올리에서 태어났다. 아버지는 시인이었다고 하고, 할아버지는 학교의 교장 선생님이었다고 하는데, 그 때문인지 어떤지는 알 수 없는 노릇이지만 학구적인 데가 있는 사람으로 자라났던 것 같다. 어린 시절에 가족이 미시간으로 이사 갔기 때문에, 학창 시절도 미시간에서 보냈고 고등학교를 졸업한 후에는 미시간대학에 입학했다. 아버지의 취향을 그대로 이어받지는 않았는지, 대학에서 택한 전공은 시나 문학이 아니라 수학이었다.

해밀턴은 대학 시절까지만 해도 모든 일이 술술 풀리는

삶을 살지는 않았던 것 같다. 미시간대학을 그대로 순조롭게 졸업하지 않고 도중에 얼햄 칼리지Earlham College라는 인디애나주의 학교로 옮겨 갔다. 얼햄 칼리지는 특별히 수학이 강하다는 평판이 있던 학교도 아니었고, 그렇다고 미시간대학에 비해 규모가 큰 학교도 아니었다.

이때 해밀턴이 훗날 자신이 달로 날아가는 우주선을 조종할 프로그램을 만들 거라고 상상이라도 할 수 있었을까? 아마 달로 날아가는 우주선에 컴퓨터가 필요하고, 그 컴퓨터에서 작동되는 소프트웨어라는 것이 있어야 한다는 생각조차 해보지 못했을 것이다. 해밀턴이 대학에서 수학을 공부하기 시작한 해는 1955년인데, 이 시절은 컴퓨터라는 제품을 일반인들

제대로 된 컴퓨터도, 소프트웨어 공학도 존재하지 않던 시절, 탁월한 능력을 발휘해 '사람 손으로' 아폴로를 우주로 쏘아 올린 마거릿 해밀턴.

에게 널리 알린 스티브 잡스 같은 사람이 태어나기도 전이다.

학교를 졸업한 해밀턴은 수학을 제대로 좀 깊이 공부해 보고 싶다는 생각을 했던 것 같다. 그는 얼햄 칼리지를 다닐 때, 학생들에게 수학을 가르쳤던 플로런스 롱Florence Long이라는 여성 교수를 만났다. 해밀턴은 롱 교수의 영향으로 수학을 더 공부해서 수학을 가르치는 교수가 되고 싶다는 꿈을 꾸었다고 한다. 롱 교수는 학식도 학식이지만, 학생들을 대하는 친근한 태도와 수학을 가르치는 멋진 방법 때문에 많은 학생들에게 인기가 있었다고 한다. 그래서 해밀턴은 대학원에 진학해 수학을 공부하기 위해 이런저런 노력을 했던 것 같다.

그런데 그런 와중에 해밀턴은 MIT의 에드워드 노턴 로렌즈Edward Norton Lorenz라는 교수의 연구를 돕는 일에 참여하게 된다. 수학을 전공했고 수학을 더 공부하고 싶은 의지가 있는 사람이었으니, 아마 로렌즈 교수가 진행하는 과학 계산일을 돕는 조수나 인턴 같은 일을 한 것 아닌가 싶다. 그렇다고 해도 로렌즈 교수는 수학과 교수도 아니었기 때문에, 해밀턴은 처음 일을 맡을 때만 해도 그냥 용돈이나 학비를 좀 벌거나 경험을 쌓는다는 정도로 생각했을 거라고 나는 짐작해 본다. 그러나 그 경험이 해밀턴의 인생을 바꾸었고, 사람을 달에 보냈다.

로렌즈 교수는 기상학자로, 컴퓨터 전공자는 아니었다. 그러나 이때는 애초에 컴퓨터 전공자라고 하는 사람들이 아주 드물던 시기였다. 컴퓨터라는 기계가 별별 일을 할 수 있다는 이야기가 그저 미래의 공상처럼 여기저기서 돌아다니던 무렵이었다. 마침 이때 MIT에는 컴퓨터를 잘 활용하면 미래에는 인공지능을 만들 수도 있을 거라는 꿈에 심취된 몇몇 학자들이 있었다. 그 학자들은 프로젝트 맥(MAC)이라고 해서 컴퓨터를 이용해 놀라운 일에 도전하는 연구를 시도하고 있었다. 초창기 인공지능 연구의 거인으로 자주 언급되는 마빈 민스키Marvin Minsky 같은 학자가 프로젝트 맥에 참여한 대표적인 사람이었다.

그리고 로렌즈 교수 역시 프로젝트 맥에 참여하게 되었다. 컴퓨터가 그렇게 계산과 판단을 잘한다니, 그는 기상학자로서 온도, 습도, 풍향, 기압 같은 자료를 빠르게 분석해서 일기예보를 하는 데 컴퓨터를 활용할 수 있다는 구상에 이끌렸다. 지금이야 고성능 슈퍼 컴퓨터로 방대한 자료를 해석해서 일기예보를 하는 작업이 매일 이루어지는 일상이지만, 당시로서는 아주 새롭고 신기한 도전이었다. 전자부품을 조립해서 만든 쇳덩어리에게 내일 날씨를 묻는다니, 기계에게 미래의 일을 예언해 달라고 하는 것 같다고 생각하는 사람도 분명히 있었을 것이다.

마거릿 해밀턴은 이때 처음 본격적으로 컴퓨터를 접하게 되었다. 로렌즈 교수의 일기예보를 돕는 일을 하는데, 해밀턴이 수학을 잘하는 조수였으니 컴퓨터를 다루어 계산하는 작업을 어느 정도는 맡아 하게 되었을 것이다. 해밀턴은 꽤 일을 잘해냈고, 로렌즈 교수의 연구에 공을 세웠다. 그 덕택에 2년 정도가 지나자 해밀턴은 컴퓨터 다루는 일에 경험이 있는 사람으로 충분히 자리 잡을 수 있었다. 그 시대에는 그 정도의 경험을 갖춘 사람도 대단히 드물었기 때문에 곧 MIT의 다른 사람들이 컴퓨터를 이용해 진행하는 더 복잡한 일이 생기면 해밀턴은 일할 기회를 얻을 수 있었다.

그렇게 해서 해밀턴은 SAGE^{Semi-Automatic Ground Environment}와 관련된 사업에 참여하게 된다. SAGE는 미국 공군이 거대한 복합 컴퓨터를 바탕으로 운영하는 방공 시스템으로, 여기에서 사용하는 컴퓨터는 당시 최고 수준의 첨단 장비였다. 곳곳에 퍼져 있는 레이더가 하늘에서 무엇을 감지했는지, 어떤 자료가 파악되었는지를 입수하면 일목요연하게 처리해서 보여주고, 어떤 무기를 어떻게 준비해야 하는지 알려준다.

그 시절 해밀턴이 들어간 팀에서는 신입 직원이 들어오면 장난삼아 가장 알아먹기 어려운 프로그램을 하나 던져주면서 그 프로그램을 활용해서 일을 하라고 시켰다고 한다. 그러면 신입 직원은 그 어려운 수준에 놀라 헤매고 겁을 먹고 당황한다. 아마도 팀원들이 신입 직원 기를 죽이기 위해 그런 짓을 했던 듯하다. 해밀턴도 이를 피해 갈 수 없었다. 대개 컴퓨터 프로그램을 짜놓은 자료를 보면 그 프로그램을 만들 때 어떤 원리를 이용하고 어떤 구조로 구성해 놓았는지 설명해 놓기 마련이다. 즉, 주석이 달려 있다. 그런데 해밀턴이 처음 받아든 자료에는 모든 주석이 라틴어와 그리스어로 적혀 있었다고 한다. 일부러 괴롭히려고 하나도 알아먹지 못하게 써놓은 것이 분명했다.

그러나 해밀턴은 거기에 무너지지 않았다. 세상에 아직 컴퓨터 소프트웨어를 다룬다는 산업이 자리잡지 않았기에 마거릿 해밀턴 같은 사람이 얼마나 재능이 있는 사람인지 아무도 몰랐을 뿐이지, 해밀턴은 이미 훌륭한 재주와 치밀하게 갈고닦아 둔 경험을 같이 갖춘 실력자였다. 그는 그 복잡한 프로그램을 해석하여 주어진 일을 완전히 해냈고, 보란 듯이 결과를 라틴어와 그리스어로 표시해 두기까지 했다. 아마도 팀 사람들은 여간내기가 아닌 신입 직원이 들어왔다고 다들 깜짝 놀랐을 것이다. 해밀턴은 그 신입 기죽이기용 과제를 풀어낸 첫 번째 직원이 되었다.

1960년대 중반이 되자 해밀턴은 MIT 내부의 찰스 스타크 드레이퍼 연구소The Charles Stark Draper Laboratory에 합류하게 되었다. 이 연구소에서는 우주선을 관리하고 조종하는 컴퓨터 프로그램을 개발하고 있었다. 해밀턴은 이미 거의 10년에 가까운 세월 동안 여러 복잡한 컴퓨터 프로그램을 만드는 일에 참여한 경험이 있었다. 특히 미국 정부의 군사용 컴퓨터를 위해 특히 정밀하고 안전한 컴퓨터 프로그램을 만들어 본 경험도 있었다. 그러니 우주선을 위한 프로그램을 만드는 일에도 참여할 만한 실력을 갖추고 있었다.

컴퓨터 프로그램은 물론, 대부분의 기계는 항상 고장이 나고 오류를 일으킬 수 있다. 1960년대에는 컴퓨터 프로그램을 만들다가 실수를 하고 버그가 생기는 데 대처해 본 경험이 많지 않았을 테니, 복잡한 프로그램을 만들다가 무엇인가 오류에 당황하는 일이 더 잦았을 것이다.

그렇지만 중요한 소프트웨어일수록 약간의 오류마저 큰 문제가 될 수 있다. 적이 공격해 오고 있는 것 같은데, 핵미사일을 발사해야 하는지 말아야 하는지 판단 같은 것이 그 예시다. 컴퓨터 프로그램 오류가 생겨서 기러기 떼를 적의 폭격기로 착각하고 세계에 핵전쟁을 일으키라는 신호를 보내면 곤란하다. 한편으로, 적의 핵폭탄이 떨어지기 시작해서 컴퓨터가 조금씩 망가지고 있는 상황에서도 마지막까지 어떻게든 남은 성능을 최대한 이용해 반격할 방법을 계산해 명령을 내릴 수 있어야 한다는 것도 중요한 과제다. 달을 향해 날아가는 우주선도 그 비슷한 상황이다. 지구에서 수십만 km 떨어진 먼 곳에서 작은 쇳덩이 하나가 시속 몇만 km의 속도로 움직이고 있다. 작은 판단의 오류가 일어나면, 우주선은 우주의 텅 빈 구석에 처박히고 대원들은 목숨을 잃게 된다. 또한 우주선이 고장 나고 망가지고 있는 상황이라도 어떻게든 최대한 대원들을 살리기 위해 마지막까지 컴퓨터 프로그램은 믿음직하게 동작해 주어야 한다.

대학에서 과학 연구를 위해 하는 간단한 계산이나 컴퓨터 게임이라면, 좀 잘 안 되면 껐다 켜보든가 해볼 수도 있다. 하지만 우주선 컴퓨터는 껐다 켜는 사이에 몇 천 km는 엉뚱한 곳으로 날아가 버릴 수 있다. 가능한 오류가 적게 일어나고, 설령 만약 오류가 생긴다고 해도 그런 비상 상황에 대처할 수 있는 대단히 믿을 만한 프로그램을 개발해야만 한다.

해밀턴은 그 일을 해낼 수 있는 적임자였다. 그래서 아폴로 우주선에 장치된 컴퓨터에 설치된 프로그램을 개발하는 데 참여한 여러 사람들 중에, 마거릿 해밀턴은 결코 무시할 수 없을 만큼 중요한 책임을 맡게 되었다.

소프트웨어 공학의 탄생

달 탐사에서 특히 해밀턴의 공이 컸다고 인정받는 사안은 오류가 발생했을 때 벌어지는 긴급 상황에 대한 처리였다. 전설처럼 전해지는 이야기에 따르면, 해밀턴은 어린 딸이 노는 것을 보다가 그 문제에 대한 생각에 깊이 빠져들게 되었다고 한다.

해밀턴은 딸을 돌보면서도 일을 해야 할 때가 많았던 것 같다. 그렇다 보니 해밀턴의 딸은 어머니가 일하는 것을 보고 그것을 따라 하고 흉내 내고 싶어 했는지, 아폴로 우주선의 컴퓨터 모양을 장난감처럼 갖고 노는 때가 있었다고 한다. 해밀턴은 딸의 그런 모습을 보고, "다른 집 아이들은 인형이나 소꿉놀이 그릇을 갖고 논다는데 우리 애는 우주선 컴퓨터를 갖고 노네" 하는 생각을 했지 싶다.

그런데 문득 딸이 장난을 치다가 원래는 누를 생각이 없었던 컴퓨터의 단추를 실수로 누르는 장면을 보았다. 그 모습을 보고 그런 비슷한 일이 우주에서 실제로 벌어질 가능성도 있다는 생각에 사로잡혔다. 해밀턴은 예상할 수 없는 실수나 오류 때문에 컴퓨터 프로그램이 망가지게 되면 비상 상황에 대처하고 다시 복구할 수 있는 기능을 잘 개발해 두어야 한다는 결론을 내렸다.

처음에는 아폴로 우주선의 책임자들이 해밀턴의 의견을 무시했다고 한다. 고도로 훈련받은 최고의 실력자인 아폴로 우주선 대원들이 실수로 컴퓨터를 잘못 누른다든가 하는 일은 있을 수 없으며, 그런 사소한 가능성까지 생각하면 일이 너무 어려워진다고 생각했던 것 같다.

그러나 아폴로8호 우주선에서 우려했던 문제가 실제로 일어났다. 조작 오류로 컴퓨터 프로그램을 못 쓰게 되는 일이 발생했고, 급박하게 우주에서 다시 컴퓨터 프로그램에 넣을 자료를 새로 계산해서 손으로 입력해서 문제를 해결해야 했다. 다행히 이 모든 작업에 그다지 시간이 오래 걸리지는 않았기 때문에 아폴로8호 대원들은 무사히 지구로 돌아올 수 있었다. 만약 혹시나 계산이 어려운 부분을 잘못 건드렸다면 프로그램을 복구할 수 없었을 것이고 그러면 우주선이 엉뚱한 곳으로 날아갔을지도 모른다.

아폴로8호는 달에 착륙하지는 않았지만 처음으로 지구 근처를 떠나 달 근처까지 사람이 다녀와, 우주 개발 역사상 가장 과감한 도전을 성공시켰다고 평가받는다. 만약 컴퓨터 오류가 좀 더 심각했다면 그런 성과도 없었을 것이고 대신 사람의 목숨이 희생되었을 것이다.

이 사건 때문에 이후의 달 우주선에는 해밀턴이 구상했던 것처럼 오류 상황을 대비하는 프로그램이 차차 설치되었다. 그와 관련된 사연 중에 가장 유명한 것이 바로 처음으로 달 착륙한 아폴로11호의 컴퓨터 오류다.

아폴로11호의 착륙선이 달에 내려앉기 직전, 갑자기 컴퓨터에서 오류가 발생했다는 표시가 나오면서 경고음이 들리는 일이 있었다. 많은 사람들이 아폴로11호 임무에서 가장 아슬아슬하고 불안했던 한때로 기억하는 순간이다. 아폴로11호를 다룬 많은 다큐멘터리나 영화에서 항상 이 장면을 가장 극적으로 묘사한다. 오류가 발생했으니 모든 것을 취소하고 달 착륙도 포기하고 그냥 돌아오는 것이 맞을까? 그 먼길을 날아가서 달의 바닥을 눈앞에서 보고 있는데 내려가지 않고 그냥 와야 할까? 아니면 무시하고 과감하게 그냥 가야 하는 게 맞는가? 모두가 지상 통제실의 컴퓨터 담당자 얼굴을 쳐다 본다. 그의 입에 수많은 시선이 쏠린다.

그는 고민한다. 무시하고 가라고 할지, 포기하고 돌아오라고 할지, 판단을 내려야 한다. 다행히 이 문제를 해결할 수 있는 기능을 마거릿 해밀턴과 그 동료들이 미리 만들어 두었다. 나중에 이 사건은 무슨 이유에서인지 작동될 필요가 없었던 레이더가 작동되려고 했기 때문인 것으로 밝혀졌다. 아폴로11호의 컴퓨터는 용량이 크지 않아 착륙을 위한 계산과 레이더에 대한 계산을 동시에 처리할 수가 없었다. 그런데 쓸데없이 레이더 조종 명령이 컴퓨터로 계속 들어오자, 컴퓨터가 너무 많은 계산을 감당하지 못해 오류를 일으켰다. 잘못하면 그 때문에 컴퓨터를 쓸 수 없게 되고, 우주선을 조종하지 못하게 될 수 있었다.

그러나 해밀턴의 팀은 이런 오류가 발생했을 때, 컴퓨터가 통째로 마비되는 대신 가장 중요한 일에 집중하고 나머지 일은 무시하면서 다시 정상 작동하도록 하는 기능을 만들어 두었다. 달 착륙선을 조종했던 닐 암스트롱은 착륙을 강행했고, 해밀턴 팀이 설치해 둔 기능 덕택에 컴퓨터는 다행히 가장 중요한 착륙선 조종 계산만 수행했다. 다행히 큰 문제는 발생하지 않았고, 그 결과 닐 암스트롱은 마침내 작은 한 걸음이지만 큰 도약이었던 발자국을 찍을 수 있게 되었다. 해밀턴과 그 동료들이 만든 프로그램은 이후에도 여러 우주선이 하늘을 날아다니도록 해주었다.

나아가 해밀턴은 복잡하고 어려운 프로그램을 만들 때, 어떤 생각을 갖고 어떤 방식으로 프로그램을 만들어야 더 쉽게 안전하고 정확한 프로그램을 개발할 수 있는지, 그 원리와 방법을 찾는 데도 관심이 많았다. 지금은 키보드를 눌러 컴퓨터에 프로그램 내용을 집어넣고, 직접 앉은 자리에서 실행시키고 또 고쳐가면서 계속 화면으로 차근차근 지켜보며 컴퓨터 프로그램을 짜는 것이 보통이다. 그렇지만 해밀턴의 시대에는 종이에 프로그램 내용을 써서 건네주면, 그것을 컴퓨터에 따로 작업해서 넣어주는 사람이 구멍 뚫은 종이나 전선 따위를 이용해서 컴퓨터에 넣었다.

프로그램을 일일이 실행해 보면서 고치고 만들어 갈 수가 없어서, 종이에 손으로 써놓은 내용을 보면서 그 내용을 컴퓨터가 받아들였을 때 어떻게 작동할지 머릿속으로 상상하면서 프로그램을 만들고 오류가 발생할 가능성을 따져볼 수밖에 없었다. 그랬으니 해밀턴에게 복잡한 프로그램을 헷갈리지 않고 차근차근 잘 만들 수 있는 방법이 더욱 절실했을 것이다. 그래서 해밀턴은 차근차근 그렇게 프로그램 잘 만드는 방법을 구상했고 정리했다.

소프트웨어를 잘 만들고 잘 운영할 수 있는 방법을 찾는 학문을 소프트웨어 공학이라고 한다. 해밀턴은 세상 사람들이 컴퓨터라는 기계도 낯설어하던 시기에 소프트웨어 공학이라는 분야가 처음 생겨나는 데 중요한 영향을 끼친 사람으로 평가받는다. 자신의 뛰어난 재능으로 대단히 복잡한 프로그램을 오류 없이 만들어 내는 데 성공했을 뿐만 아니라, 다른 모든 후배 프로그래머들이 어떻게 그 비슷한 성공을 거둘 수 있을지, 그 방법을 만들어 내는 데에도 공을 세운 셈이다.

그 공으로 해밀턴은 2016년 대통령 자유 메달을 받았다. 이것은 민간인이 받을 수 있는 미국 훈장 중에서 가장 높은 훈장이다. 그때 해밀턴과 같이 훈장을 받은 다른 소프트웨어 관련 인물로는 빌 게이츠가 있다.

달 탐사를 준비하는 과정에서 얻는 수확

만약 달 탐사 계획이 없었다면 소프트웨어 공학의 탄생과 발전은 훨씬 늦어졌을 것이다. 뒤집어 보면, 달에 사람을 보내는 일 덕에 소프트웨어 공학이 발전하여 우리가 지금 사용하는 모든 컴퓨터 프로그램, 비디오 게임, 스마트폰 앱이 지금처럼 잘 만들어질 수 있는 바탕을 다졌다고 볼 수 있다. 달 탐사와 배달 앱이나 SNS 사이에는 이런 예상하기 쉽지 않은 관계가 있다.

달 탐사 같은 새롭고 놀라운 일을 하는 과정에서는 이런 식으로 그 전에는 상상하지 못했던 새로운 방법을 개발하게 되는 일이 자주 벌어진다. 소프트웨어 공학 말고도 달 탐사를 성공시키기 위한 노력에서 얻게 된 새로운 기술은 여럿 있다. 우주 개발 사업은 로켓에 필요한 높은 온도와 압력을 다루는 기술에서부터, 가볍고 튼튼한 재료를 만드는 기술, 레이더와 통신에 사용되는 기술을 발전시키는 좋은 기회가 되었다. 대원들이 우주에서 활동하면서 입었던 옷을 개발하는 기술을 이용해서 전 세계의 소방대원들이 더 성능이 좋은 방화복을 만들 수 있게 된 것도 자주 언급되는 성과다.

그래서 우리는 달에 가야 한다. 달에 가는 것은 많은 투자가 이루어지는 커다란 기술상의 도전이다. 이런 도전은 이전까지는 생각하지 못했던 새롭고 신선한 기술을 발전시킬 수 있는 좋은 계기가 된다.

기술을 별로 갖추지 못한 개발도상국은 이미 훌륭한 기술을 개발한 선진국이 과거에 한 일을 그대로 따라 하면서 발전해 나갈 수 있다. 그러나 기술 수준이 세계 정상에 올라 아무도 해낸 적이 없는 창의적인 일을 해야 하는 선진국은 그런 방법을 택할 수가 없다. 남을 배우고 따라 하려고 해도 배울 대상이 없기 때문이다. 그렇다고 앞으로 이런 기술이 발전할 것이라고 예상하거나, 이런 분야를 열심히 연구하면 성과가 좋을 것이라고 미리 계획을 세운다고 해결되는 일도 아니다. 그런 식으로 예상되고 계획할 수 있는 일만 해서는 창의적인 기술을 개발하기 어렵기 때문이다. 창의적인 일이란 새롭게 나타나는 일이지, 미리 짜놓은 일일 수 없다.

전쟁에서 적을 감시하는 레이더를 개발하던 중에 전자레인지가 개발되었고, 휴대용 음악 재생 기기나 휴대전화의 성능을 향상시키려고 전자 회사들이 노력하던 중에 전기 자동차의 핵심 부품인 리튬 이온 배터리가 탄생했다. 입자물리학 연구소에서 자료를 쉽게 보여주는 방법을 개발하다가 인터넷 웹사이트가 탄생했고, 컴퓨터 게임에서 3차원 영상을 빠르게 보여주는 부품을 만들기 위해 개발되었던 GPU는 현재 인공지능 연구의 핵심으로 활용되고 있다.

이렇게 예상하지 못했던 방식으로 새롭고 놀라운 기술 발전이 이루어지려면, 그만큼 새로운 생각이 빠르게, 많이 생겨나고 시도될 수 있는 계기가 있어야 한다. 제1차 세계대전이나 제2차 세계대전 같은 전쟁이 벌어졌을 때 온갖 새로운 기술이 빠르게 발전했던 것도 바로 그 때문이다.

세계대전 같은 짓보다야, 달 탐사가 훨씬 더 보람차고 훌륭한 계기라는 것에는 누구든 공감할 것이다. 달 탐사와 같은 아주 새로운 기술, 극히 어려운 도전에 많은 자금을 투입하여 진행해 나가는 과정에서는 그 전까지는 생각하지 못했던 여러 영역의 기술에 도전할 수 있는 기회가 같이 따라온다. 그리고 그런 기회 속에서 지금까지 상상하지 못했던 창의성이 드러나 예상 밖의 놀라운 성과를 얻을 수 있을 것이다. 그렇게 해서, 남이 만들어 놓은 길을 따라가며 발전하던 시대를 넘어서서, 이제껏 알지 못했던 길을 개척하며 성장해 나가는 시대로 갈 수 있다.

그뿐만 아니라 새로운 도전을 해가는 과정에서 더 일을 잘 하는 방법을 개발하고, 더 좋은 일을 할 수 있는 문화를 만들어 가는 것도 기술을 얻는 것 못지않게 중요한 일이다. 나는 이 역시 아주 중요한 이득이라고 생각한다.

마거릿 해밀턴을 다시 예로 들어보자. 해밀턴은 소프트웨어 공학의 발전에도 기여했지만, 동시에 여성이 편견과 차별 없이 과학기술 분야에 진출하여 그 재능을 발휘하면 사회 전체에 이득이 된다는 점을 똑똑히 증명하기도 했다. 바로 그런 변화를 달 탐사 같은 도전이 이끌어 낼 수 있다는 이야기다.

1960년대의 달 탐사에서 이와 같은 방식으로 세상에 영향을 미친 인물은 적지 않다. 예를 들어, 포피 노스컷Poppy Northcut은 최초로 임무 통제실 안에서 일했던 여성 직원이었다. 우주에 대한 영화를 보면 우주선 발사가 성공하거나 우주선이 위기에서 벗어나면 지상에 있는 통제실의 많은 직원들이 다 같이 환호하고 기뻐하는 장면이 자주 나온다. 아폴로11호 시절에는 그렇게 기뻐하는 사람들 중에 여성은 포피 노스컷 단 한 명뿐이었다. 노스컷은 달에서 우주선이 출발해서 돌아오는 과정에서 어떤 방향과 속도를 택해야 하는지 계산하는 일을 했다.

원래 노스컷은 텍사스대학에서 수학을 전공한 후 TRW라고 하는 항공 관련 회사의 직원이 된 사람이었다. 처음에 노스컷은 그 시절 컴퓨터레스computeress라는, 이런저런 계산을 도와주는 일을 주로 하는 조수 일을 맡았다. 이 말은 과거에 천문학 분야에서 계산 일을 맡아 하던 여성을 계산원, 즉 컴퓨터computer라고 부르던 문화가 변형된 것으로 보인다. 1960년대에도 시키는 대로 계산을 해주는 조수 역할은 항상 여성 직원들이 맡는 것으로 되어 있었다.

노스컷은 일을 하다 보니 계산을 깊이 이해하고 따지는 일을 차츰 더 잘하게 되었다. 나중에는 노스컷에게 일을 시키는 사람들보다도 더 계산에 대해 깊이 이해하고 풀이를 잘해냈다. 덕택에 노스컷은 정식 담당자로 급하게 승진하게 되었다. 그러나 여성을 그렇게 승진시킨 사례가 없어서 관리 직원들이 고생을 했다고도 하며, 일하는 동안에도 통제실에서 일하는 단 한 명의 여성인지라 온갖 시선을 받았다고 한다. 노스컷은 TRW 소속으로 달 탐사 임무에서 일하게 되는데, 그때 통제실에 설치된 카메라 중에 자신만 촬영하는 카메라가 따로 있었다고 회고하기도 했다.

그러나 결국 사람들은 노스컷을 훌륭한 과학자로 기억한다. 여러 방송과 신문기사가 노스컷이 일하는 모습과 그 성과를 보도했고, 노스컷도 달 탐사 임무가 진행되는 동안 좋은 실적을 쌓아나갔다.

어찌나 노스컷이 강한 인상을 남겼는지, 달에 있는 포피라는 별명이 붙은 크레이터가 노스컷의 이름을 따서 붙인 것이라고 생각하는 사람들도 그때는 꽤 많았다. 나중에 그런 식으로 붙인 이름이 아니라는 이야기가 나왔지만, BBC에서 아폴로 계획을 도맡아 취재했던 레지널드 터닐 같은 우주항공 전문 기자조차도 포피 크레이터의 이름은 노스컷을 따 붙인 것이라고 믿을 정도였다. 이런 모든 일 속에서 노스컷은 느낀 바가 많아 이후 변호사가 되었으며, 여성 권익 운동을 위해서도 활발히 일했다.

가장 어려운 도전을 해내기 위해, 사람들은 전과는 다른 방식으로 일하게 된다. 그리고 그렇게 새로운 방식으로 일을 하는 사람들이 세상을 앞으로 나아가게 하는 새로운 문화를 만들어 낸다. 달 탐사는 최고의 성과를 거두고, 누구도 상상하지 못했던 어려운 일을 성공시키기 위해 노력하는 일이며, 그 과정에서 사람들이 미래에는 어떻게 서로를 이해하는 것이 더 바람직하며, 어떻게 어울려 같이 도우면 더 좋은지 널리 알려주는 계기가 될 것이다.

12

밤하늘의
달을 따 온
사람들

저 하늘의 달이라도 따 온다는 표현이 있다. 주로 사랑의 맹세를 할 때 하는 말이다. 그런데 정말로 달을 따 온 사람이 있을까?

2013년 1월 이종익 박사가 이끄는 남극 장보고 기지의 남극운석탐사대는 우주에서 지구로 떨어진 돌, 즉 운석을 찾기 위한 탐사 여행에 나섰다. 자칫 잘못 생각하면, 왜 하필이면 1년 중 제일 추울 때인 1월에 춥기로 악명 높은 남극에서 탐사를 떠났을까 싶을지도 모르겠다. 그러나 사실은 반대다. 남극은 남반구이기 때문에 1월이 가장 따뜻한 여름철에 속한다. 한국에서는 여름철 6월 무렵이면 낮이 길어져서 늦은 시각이 되어도 해가 지지 않는데, 남극은 12월, 1월에 해가 길어지다 못해 아예 밤 없이 하루종일 낮만 계속되는 시기가 이어진다.

그러므로 추운 남극에서는 이 무렵에 길을 떠나는 것이 그나마 따뜻한 날씨에 주위를 살펴볼 수 있는 기회다.

남극운석탐사대라니 이름부터 굉장히 멋지다는 생각이 드는데, 남극은 운석을 찾기 좋은 지역으로 정평이 나 있는 지역이다. 남극이 특별히 운석을 많이 끌어들이거나 하는 것은 아니지만, 남극에서는 땅에 떨어진 운석이 눈에 잘 띄기 때문이다. 한반도처럼 사람 사는 땅이 많고 숲과 나무가 우거진 곳에서는 돌이 하나 떨어져 있다고 한들, 그것이 운석인지 그냥 예전부터 굴러다니던 돌멩이인지 알 수가 없다. 이런 곳에서 운석을 발견하려면 하늘에서 운석이 떨어지는 장면을 목격하든지 아니면 무슨 이유로 유심히 돌멩이 하나를 잘 살펴보아야 한다. 그에 비해 남극은 온통 눈과 얼음으로 덮여 있다. 그래서 하늘에서 돌이 하나 떨어지면 흰 배경에 검은색 또는 회색 점이 찍힌 것처럼 눈에 쉽게 띈다. 비슷한 이유로 사막에서도 운석이 잘 발견된다.

장보고 기지에서 남쪽으로 350km 떨어진 먼 곳까지 이동해 온 남극운석탐사대원들은 1월 3일, 이상한 돌 하나를 발견했다. 한눈에 봐도 지구상의 평범한 돌과 달라 보여, 운석일 수도 있겠다 싶어서 챙겼다고 한다.

색깔은 전체적으로 검은색이지만 약간 밝은 조각들이 군데군데 보이는 모양이었고, 크기는 가장 긴 쪽이 7cm 정도였으니 한 손 안에 들어왔다. 이 운석에는 DEW12007이라는 이름이 붙었다. DEW는 남극의 드윗산Mt. Dewitt에서 발견되었다는 뜻이고, 12는 2012년에 시작된 여름 시기에 발견되었다는 뜻이다. 7은 그 시기, 그 지역에서 일곱 번째로 보고된 운석이라는 의미인 것 같다. 당시 남극운석탐사대는 이탈리아 대원들과 공동 탐사를 하기로 했기 때문에, 이 돌의 절반은 이탈리아에 넘겼다.

이 돌에 대한 정밀 분석이 끝난 것은 10개월 정도가 지난 그해 11월이었다. 그런데 그 정체가 놀라웠다. 그 돌은 달에서 굴러들어 온 돌멩이였다. 이런 돌을 달 운석, 월운석이라고 한다. 달에 어떤 소행성 같은 것이 충돌하면서 폭발이 일어났고, 그 충격 때문에 달의 돌멩이가 하늘 높이 튀어 올랐다. 그리고 그중에서 아주 심하게 높이 튀어 오른 것이 달 바깥, 우주까지 튀어나왔다. 달은 그 무게가 지구의 80분의 1밖에 되지 않아 중력의 세기도 지구의 6분의 1밖에 되지 않는다. 그래서 같은 힘을 받으면 더 쉽게, 더 높이 튀어 오르고, 달에서 벗어나 우주로 나오기 쉽다.

튀어나온 돌멩이는 아마 한동안 우주를 날아다녔을 것이다. 그러다가 지구의 중력에 이끌려 남극 쪽으로 떨어졌다. 우주의 물체가 지구로 떨어질 때는 대개 매우 빠른 속도로 떨어진다. 그렇기 때문에 그 물체 옆을 스치고 지나가는 바람도 굉장히 빠르다. 자동차를 타고 달릴 때 창문을 열어놓으면 바람이 불어 시원한 정도이지만, 만약 우주의 물체가 지구에 떨어지는 시속 몇만 km, 몇십만 km에 달하는 속도가 되면 공기가 너무 강하게 스치고 지나가기 때문에 거기에서 강한 마찰열이 일어난다. 어지간한 물체는 그 열기를 견디지 못하고 그냥 불타오르며 흩어지고 만다. 이때 빛을 내며 떨어지는 모습을 지상에서 본 우리가 부르는 말이 바로 유성이다.

DEW12007은 그런 열기를 뚫고 용케 덜 부서지고 타지 않고 남은 부분이 남극의 얼음밭 위에 떨어진 것이다. 그리고 한동안 그렇게 얼음밭 위에 놓여 있다가 2013년 한 눈 밝은 한국 탐사대원에게 발견되어, 지금은 연구를 위해 멀리 한국으로 건너오게 되었다. 아마도 지금은 인천에 있는 극지연구소의 보관실에 보관되어 있지 않을까 싶은데, 한 손에 들어오는 돌멩이 반쪽일 뿐이지만, 이것이 현재 한국에 있는 달에서

2013년 남극운서탐사대가 DEW12007을 발견했을 당시의 현장 사진.
ⓒ극지연구소 이종익 책임연구원

온 물체 중에서 가장 큰 물체다.

즉, 2013년 남극운석탐사대는 달을 따 오는 데 성공한 사람들이다. 그리고 그렇게 따 온 달을 사랑하는 사람에게 사랑을 증명하기 위해 사용하는 게 아니라, 고이 직장의 본사에 보냈다는 이야기다.

그렇다면 아예 정말로 달에 사람이 가서 달의 일부를 캐내 온 것은 없을까? 양은 훨씬 작지만 그런 물질도 한국에 있다. 일반인에게 공개된 적이 있어서 내가 알고 있는 사례로는 두 기관에서 달에서 캐 온 돌을 갖고 있다.

먼저 대전의 국립중앙과학관에 가면 미국의 아폴로17호가 달에서 가져온 돌이 하나 전시되어 있다. 이렇게 달에 있던 돌을 가져온 것을 월석이라고 한다. 아폴로17호는 1972년 12월에 달에 다녀온 우주선이다. 이때를 마지막으로, 수십 년이 흐르는 긴 시간 동안 사람이 달에 간 일은 없다.

마지막이라고 생각해서인지, 아폴로17호는 돌아오는 길에 꽤 많은 돌을 캐 왔다. 그리고 그중 아주 조금을 미국의 동맹국 정부에 나누어 주었다. 한국은 아폴로17호가 돌아온 지 반년 정도가 지난 1973년 7월에 이 선물을 받았는데, 받은 지 얼마 지나지 않아 일반인들에게 월석을 공개했다. 지금 이 월석을 구경하러 과학관에 가서 보면, 손톱만큼 작아서 확대경이 설치되어 있을 정도다. 하지만 일반인이 언제든 구경할 수 있고, 오랫동안 한국인들이 눈앞에서 본 달의 일부라는 점에서 소중한 전시품이다.

다른 월석은 대통령기록관에 보관 중이다. 이것은 사상 최초로 사람이 달에 착륙하는 데 성공한 1969년 아폴로11호 때 가져온 월석이다. 이 월석은 더욱 작아서, 돌이라기보다는 그냥 아주 작은 자갈 몇 개 정도다.

당시 미국은 세계 여러 나라의 작은 국기를 아폴로11호에 싣고 달에 가져갔다가 괜히 다시 가져왔다. 그래서 그것을 "달나라에 당신네 국기가 갔다 왔다"라고 하면서 여러 나라에 선물로 주는 행사를 했다. 그러면서 괜히 국기만 주면 너무 심심하니까, 아주 약간의 월석을 함께 포장해서 주었다. "달이라도 따다 준다는 말이 있는데, 미국 정부는 당신네들을 위해 정말로 달을 따주었습니다. 그러니까 앞으로 우리 편을 좀 들어주면 좋겠습니다." 그런 의미였을 것이다. 이 물건은 대통령기록관에서 자주 공개하지는 않는 것 같다. 나는 2022년 초에 대통령기록관 전시실을 방문한 적이 있었지만, 이 월석을 보지는 못했다.

월석은 지구 바깥의 물체이기 때문에 놀랍고 신비로운 물질 취급을 받는다. 오랜 세월 사람이 생각하는 세상의 범위란 땅, 즉 지구뿐이었다. 달은 지구 바깥의 세상이고, 옛날식으로 말하자면 하늘 바깥, 천상의 세상에 속했다. 그렇게 생각하면 꼭 "달이라도 따주겠다"라는 표현이 없는 문화권이라고 하더라도, 달에서 캐 온 달의 일부를 신비롭게 바라보고 애지

중지하는 마음은 우리와 다르지 않을 것이다. 노래를 굉장히 잘하는 사람의 목소리를 일컬어 "천상의 목소리"라고 하는데, 월석이야말로 천상의 물질이다.

달을 훔친 도둑

1970년대, 1980년대에 동유럽 국가 루마니아를 지배하던 독재자로 차우셰스쿠라는 인물이 있었다. 그는 자신과 자기 부인의 생일을 국가 공휴일로 지정하고 자신을 칭송하는 책자를 만들어 대량 배포했으며, 거대한 공공기관 건물을 건설하면서 위엄을 내세우려고 하는 등, 온 국민이 자신을 떠받들게 하는 데에 관심이 많았다. 그러나 결국 그는 1989년에 자리에서 쫓겨나 처형당했다. 그리고 그 몰락의 과정은 영상으로 생생하게 담겨 세계에 널리 알려졌다. 한국에도 "독재자의 말로는 저런 꼴이다"라는 생각을 깊이 심어준 사건이었다.

그런데 차우셰스쿠도 루마니아라고 하는 꽤 큰 나라의 지배자였던 만큼, 미국 정부로부터 월석을 선물로 받았다. 아마도 그는 그 월석을 일종의 희귀한 보석처럼 생각해서 자신의 귀중품이나 기념품을 보관해 두는 곳에 두지 않았을까 싶다. 그가 갑작스럽게 몰락하면서 차우셰스쿠의 모든 재산이 압수되고 처분되었는데 그 와중에 그가 갖고 있던 월석은 어디론가 사라지고 말았다. 루마니아에도 전시 중인 월석이 있기는 하지만 이것은 아폴로11호 때 가져온 월석이다. 아폴로17호가 가져와서 선물한 월석은 그보다 크고 무거웠을텐데, 그 월석의 행방을 알 수 없다.

추측해 보자면, 많은 사람들이 혼란한 와중에 누가 월석을 빼돌려 누군가에게 비싼 값으로 팔아버린 것이 아닐까 싶다. 어쩌면 그 사람은 차우셰스쿠의 여러 보석, 기념품들과 함께 월석을 떨이로 넘겼을지도 모른다.

이런 식으로 월석을 팔면 얼마나 벌 수 있을까? 갖가지 귀중품을 거래하는 경매로 유명한 소더비 경매에서 2018년 11월에 크기가 2mm밖에 되지 않는 아주 작디작은 자갈 부스러기 월석 하나가 85만 5,000달러(한화 약 11억 원)에 낙찰된 일이 있었다. 이것이 월석의 시세라면, 손에 잡히는 정도의 묵직한 월석의 가격은 대단히 비쌀 것이다.

단, 2018년 소더비 경매의 월석은 특별히 가격이 높게 매겨질 만한 이유가 있었다. 이 월석은 아폴로 우주선이 가져온 것이 아니라, 소련의 루나 탐사선이 가져온 것이다. 소련은 한 번도 사람을 달에 착륙시키는 데 성공한 적이 없으므로, 루나 탐사선은 사람이 타지 않은 기계가 원격 조종, 자동 조종으로 달에 갔다가 돌을 캐서 지구로 돌아오는 형태로 운영되었다. 아폴로 우주선이 달에서 가져온 월석은 대략 300kg에서 400kg 사이로 비교적 많은 양이므로, 소련 탐사선이 가져온 월석은 더 희귀하기는 하다.

게다가 2018년 소더비 경매 월석에는 더 큰 가치가 있을 만한 다른 이유가 있다. 이 월석은 합법적으로 민간인이 소유하고 거래할 수 있는 극소수의 사례다. 월석의 본 주인은 니나 이바노브나 코롤료바였는데, 이 사람은 소련의 로켓 개발을 진두지휘했던 전설적인 로켓 과학자 세르게이 코롤료프의 부인이었다. 코롤료프는 세계 최초의 인공위성 발사에 성공해서 미국인들을 큰 충격에 빠뜨렸던 스푸트니크 계획의 주요 책임자였고, 세계 최초의 유인 우주비행, 세계 최초의 여성 유인 우주비행을 모두 줄줄이 성공시키기도 했다. 그가 세상을 떠나자 소련 정부에서는 그 공을 기려 달에서 지구로 가져온 월석의 일부를 부인에게 기념품으로 주었다.

이렇게 보면, 이 월석은 코롤료프의 영광을 상징하는 물질이자, 달을 따 와서 그 부인에게 준 소련 정부의 성의를 상징한다고도 볼 수 있다. 그러나 소련이 망하고 세상이 변하자, 결국 미국 뉴욕의 소더비 경매장에서 팔려버리고 말았다.

불법적으로 거래되거나 어디인가에 숨겨져 있는 월석은 이렇게 정식으로 거래되는 것보다 훨씬 더 많을 것으로 추측된다. 그리고 불법 거래되는 월석의 상당량은 가장 많은 월석을 달에서 가져온 아폴로 우주선에서 나온 것이다. 소련의 루나 우주선이 달에서 가져온 월석의 양은 많을 때도 수백 g밖에 되지 않았고, 아폴로 우주선의 시대에서 40년 이상 지난

시대인 2020년에 중국의 창어5호가 가져온 월석도 2kg밖에
되지 않는다. 이 정도만 하더라도 대단한 성과라고 할 수 있
지만, 그래도 아폴로 우주선이 가져온 월석의 100분의 1, 수
십분의 1 정도다.

그러므로 아폴로 우주선을 과거 미국의 화려한 업적이라
고 생각하는 사람들은 힘들게 구해 온 아폴로 우주선의 월석
이 아무렇게나 불법 거래되는 것을 굉장히 안타깝게 여기기
도 한다. 그래서 조지프 구스엔츠Joseph Gutheinz 같은 사람은 잃
어버린 월석을 추적하고 다시 되찾아 오기 위해 여러 가지 사
업을 벌이기도 했다. 구스엔츠는 변호사이면서 군대에서 정
보 임무를 수행하기도 했던 경력도 갖고 있다고 하는데, 아마
도 그런 경험을 살려서 월석 되찾기에 뛰어든 듯싶다. 그는
많은 돈을 들여 월석을 사려고 하는 사람인 척하면서 월석을
몰래 갖고 있는 사람들에게 접근하곤 했는데, 그렇게 해서 연
락을 받으면 정부 기관 쪽에 그 사실을 알렸다고 한다. 그는
이런 방법으로 여러 잃어버린 월석의 행방을 알아냈다.

미국 정부 기관은 그런 방식으로 월석을 훔친 사람을 체
포한 일도 있다. 체포된 월석 도둑들 중에서 사드 로버츠Thad
Roberts는 특별히 화제가 된 인물이다. 아마도 그는 달의 부스
러기를 훔치려고 한 도둑들 중 가장 잘 알려진 사람일 것이다.

2002년경, 그는 NASA의 기관 중 월석 보관 시설이 있던
곳 근처에서 인턴으로 일하고 있었다. 그는 과학 분야를 전공

하는 학생이었고 실력도 괜찮았던 모양으로, 인턴 업무는 잘 해낼 수 있었던 것 같다. 그런데 그는 직장에서 동료 인턴 한 사람과 눈이 맞았다. 로버츠는 당시 결혼한 상태였으니 바람이 났다고 할 수도 있겠다. 바람난 두 사람은 무슨 생각을 했는지, NASA에서 월석을 훔쳐내기로 했다. 나중에 로버츠는 "나는 사랑 때문에 월석을 훔쳤다"라고 말했다.

로버츠는 월석 보관 시설을 끈기 있게 유심히 관찰했다. 그렇게 해서 사람이 가장 없어서 들어가기 쉬운 때와 보관소에 들어가는 길을 알아냈다. 보관소는 월석의 손상을 막기 위해서 온도가 변하면 감지 장치가 경고를 하도록 되어 있었고, 공기 중의 산소에 월석이 손상되지 않도록 하기 위해 숨 쉴 산소도 부족한 곳이었다고 한다. 그래서 로버츠는 마치 영화에 나오는 도둑처럼, 체온을 차단할 수 있는 작업복을 입고 산소마스크를 쓴 채로 들어가서 산소가 다 떨어지기 전에 잽싸게 월석을 훔쳐 나온다는 계획을 세웠다. 그 계획은 성공했다. 월석을 훔친 로버츠는 숙소에 가서 침대에 월석을 깔고 그 위에 애인과 함께 누워보았다고 한다.

얼마 후 로버츠는 월석을 몰래 팔아치우려고 하다가, 당국의 수사에 걸려들어 체포되었다. 그는 100g이 넘는 월석을 훔쳤고, 다른 절도죄도 있는 것으로 밝혀졌다. 100g이 실제로 당시에 얼마의 시세로 팔 수 있는 양인지는 알 수 없지만, 그만한 양이면 소더비 경매에서 팔린 소련 월석과는 비할 바

없이 많은 양이다.

로버츠는 8년 동안 감옥살이를 했다. 감옥에 갇혀 있는 동안 달리 할 일이 없었던 그는 과학 공부에 심취하여 물리학과 우주에 대한 이론에 상당한 수준에 도달하게 되었다고 한다. 그래서 나중에는 우주의 법칙, 상대성이론, 양자론, 11차원 공간에 대해 소개하는 책을 썼고, 이후 학자의 길을 걷게 되었다는데, 나로서는 도대체 무슨 생각으로 사는 사람인지 알 수가 없다.

월석과 우주방사선

월석은 단지 희귀하다는 이유로 값진 게 아니다. 월석은 달과 지구의 성질에 대해 연구할 수 있는 가장 기초가 되는 자료다. 달에서 떨어진 운석을 지구에서 구하는 것도 불가능하지는 않지만, 역시 어디서 어떻게 구한 돌인지 정확하게 알면서, 원하는 만큼 월석을 마음껏 구해 오려면 달에 가서 직접 가져오는 편이 가장 좋다. 레지널드 터닐Reginald Turnill이 쓴 『달 탐험의 역사』에는 지구에서도 월운석을 찾아낼 수 있다는 사실이 확인되자, "괜히 멀리 달까지 갔다"라는 언급이 나온다. 그러나 애초에 달에서 지구로 떨어진 운석이 정말로 달에서 떨어진 것이 맞는지 확인할 수 있었던 것도 아폴로 우주선이 달에서 직접 가져온 월석과 그 성분을 비교 분석해 볼 수 있었기 때문이다.

월석을 이용한 실험을 다양하게 해볼 수 있다면 더 새로운 연구를 많이 해볼 수 있다. 나는 우주방사선cosmic ray에 대한 연구도 달과 월석을 통해서 해볼 수 있는 멋진 일이라고 생각한다.

〈2012〉라는 영화는 2012년에 세계가 멸망한다는 뜬소문을 소재로 삼은 영화다. 그 무렵에는 2010년 전후로 몇 가지 이유로 지구가 끝장날지도 모른다는 이야기가 꽤 널리 유행했다. 그때 돌던 뜬소문 중 독특한 이야기 하나가, 유럽입자물리연구소(CERN)에 설치된 입자가속기로 실험을 하다 보면 지구가 멸망할 수도 있다는 내용이었다.

스위스와 프랑스 국경지역의 CERN에는 거대한 입자가속기가 설치되어 있다. 이 입자가속기의 겉모습만 보면 지구멸망까지는 아니라도 무엇인가 굉장한 일을 해낼 수 있을 것처럼 거창하게 생기긴 했다. 건물이라고 해야 마땅할 정도의 거대한 장비인데, 건물치고도 굉장히 큰 건물이다. 동그란 고리모양으로 생긴 이 장비의 둘레는 27km에 달한다. 웬만한 서울의 구 지역 하나를 통째로 둘러쌀 수 있는 크기의 장비다.

학자들은 이런 거대한 장비에 막대한 전력을 걸어서 그 속에서 아주 작은 입자 하나를 굉장한 속도로 빠르게 움직이게 하는 실험을 한다. 그래서 이 장비를 가속기라고 부른다.

입자가속기에서 입자를 제대로 가속시키면 상상할 수 있는 가장 빠른 속도인 빛의 속도와 비교해야 할 정도의 속도로 입자를 날아가게 할 수 있다. 그리고 이런 엄청난 속도가 된 입자를 다른 물질과 충돌시킨다. 그러면 온갖 것이 튀어 오르고 부서지는 현상이 발생할 텐데, 그 모습과 그때 나타나는 특이한 현상을 관찰한다.

이런 방법으로 이 연구소에서는 우주의 모든 물질을 움직이는 가장 기초적인 힘의 특징과 그 오묘한 원리를 탐구해 나간다. 생각할 수 있는 가장 작은 입자인 쿼크 입자들이 특이하게 결합된 이상한 물질을 발견했다거나, 힉스 입자를 발견했다거나 하는 등의 연구 결과들이 바로 이런 연구를 통해서 발표되었다. 학자들은 이런 연구가 계속 진전되면, 이 우주가 어떻게 생겨났는지, 세상을 움직이는 힘과 물질의 밑바탕을 이루는 성질이 무엇인지 등등에 대해서 더 잘 알 수 있을 거라고 보고 있다.

그런데 2010년경에 이 실험 장치로 굉장한 실험을 하다 보면 결코 일으켜서는 안 되는 아주 특별한 현상을 일으킬 수 있고, 그러면 단숨에 지구가 폭발하거나 우주가 찢어져 나가는 사고가 생길 가능성이 있다는 소문이 퍼진 것이다. 당시 유행한 소문 중에는, 이 실험 장치에서 아주 크기가 작은 블랙홀이 생겨날 것이고, 그것이 지구와 주변을 다 빨아들여 버리거나 아니면 큰 폭발을 일으켜 지구를 부수어 버릴 거라는 말도 있었다.

CERN의 학자들은 그런 생각은 황당하다고 널리 홍보했다. 사실 이런 이야기는 거대한 가속기 실험을 할 때마다 종종 도는 소문이다. 블랙홀이 그런 식으로 대충 생겨서 큰 피해를 끼친다는 이론은 있지도 않거니와, 혹시 알 수 없는 무슨 이상한 현상이 생긴다고 해도 그 현상이 지구에 피해를 끼치지는 않는다는 것을 이미 경험으로 알고 있다고 학자들은 설명했다. 바로 여기에서 우주방사선이 등장한다.

우주방사선은 우주에서 지구로 떨어지는 방사능 같은 효과를 내는 것들을 말한다. 주로 전기를 띤 아주 작은 수소 성분의 입자 같은 것들이 많다. 그중에는 태양이 빛과 열을 내뿜는 가운데 튀어나온 물질들이 빠르게 우주를 날아서 지구에 떨어지는 것들도 있고, 우주 머나먼 곳 다른 별에서부터 날아와 지구에 도달해 떨어지는 입자도 있다. 블랙홀이나 다른 은하계 같은 상상하기 어려울 정도로 먼 곳에서부터 날아오는 입자도 있다. 그런 입자는 망망한 우주 공간을 몇백만 년, 몇천만 년 동안 날아와서 지구에 도달하고 그 직후 방사능 효과를 내면서 사라진다. 먼 옛날부터 지금 이 순간에 이르기까지 우주에서는 항상 계속 막대한 양의 이런 다양한 입자들이 지구로 떨어지고 있다.

우주방사선 중에는 지상에서 입자가속기로 속도를 높인 입자들보다 수백, 수천 배 빠르게 날아오는 입자들도 많다.

그러므로 만약에 입자가 굉장히 **빨리** 날아오는 것만으로 무슨 큰일이 벌어진다면, 이미 예전에 무슨 큰 사고가 벌써 지구에 일어나야 했다는 게 학자들의 판단이다. 즉, 항상 지구 곳곳에 떨어지는 우주방사선보다도 훨씬 더 느린 속도로 실험을 하는 지상의 실험 장치 정도로는 아무리 해도 무슨 위험한 일은 발생하지 않을 거라는 뜻이다.

나는 이 말이 설득력이 있다고 생각한다. 하지만 SF 작가 입장에서는 역으로, 아무 이유도 없이 우주 저편에서 그냥 날아온 입자 하나가 어느 날 지구에 떨어져서 특별하고 이상한 반응을 일으키는 바람에 갑자기 어느 순간 모든 것이 폭발하고 우주가 찢어져 버린다는 상상이 더 강렬하긴 하다는 생각도 잠시 해본다.

우주방사선은 전문적인 과학 연구의 주제이기도 하지만 가까운 현실의 문제와도 관련이 깊은 문제다. 사람이 일상생활을 하면서 받게 되는 우주방사선이 사람의 몸에 얼마나 해로울까 하는 연구는 암 연구의 기본이다. 특히 지구의 북극 지역 높은 하늘에서는 자칫하면 우주방사선을 좀 더 많이 받을 위험이 있다는 걱정이 제기되고 있는데, 이런 문제를 세밀히 연구하면, 비행기를 어느 수준 이상으로 너무 많이 타면 몸에 좋지 않다거나, 비행기에서 일하는 승무원이나 조종사들이 어느 정도 일을 하면 우주방사선을 피해 쉬어야 한다는 결론이 나올 수도 있다. 실제로 이런 문제는 항공사에서 예산을 들여 관리하고 있고, 과학자들이 애써 연구하고 있는 문제이기도 하다.

또 우주방사선은 지구의 물질과 충돌해서 지구 물질이 방사능을 띠게 하는 원인이 되기도 한다. 이런 현상 덕분에 어떤 물체가 얼마나 오랫동안 우주방사선 받은 물체인지 측정할 수 있다. 그러므로 우주방사선과 화학 물질이 일으키는 반응은, 별로 상관이 없어 보이는 고고학 연구나 역사 연구와도 관련이 깊다. 어느 날 아파트 공사현장에서 발견된 고대의 청동 검이 얼마나 오래된 유물인지 정확히 측정하려면, 먼 옛날부터 우주방사선이 어떻게 지구에 쏟아지고 있으며 어떤 현상을 일으키는지 하는 문제를 잘 알수록 좋다는 뜻이다.

그 외에도, 우주방사선이 갑자기 반도체 위에 떨어지면 반도체가 오작동을 일으킬 수 있으므로 그에 대한 대책을 세워야 한다는 점도 온갖 분야에서 컴퓨터를 사용하는 현대에는 무시할 수 없다.

지구에서 우주방사선에 대해 정밀한 연구를 하기에는 공기라는 방해물이 있다. 우주방사선의 상당량은 지구의 공기에 도달하는 순간 공기와 반응을 하면서 사라지거나 성질이 바뀌어 버린다. 그렇기 때문에 우리가 지상에서 측정하는 우주방사선은 그 양도 적고 우주에서 떨어진 형태 그대로도 아니다. 그러므로 우주방사선의 성질과 특징을 세밀하게 연구하기에는 지상에서의 연구만으로는 부족하다. 그래서 지금은 우주에 인공위성을 보내서 그 인공위성에 설치해 놓은 장치로 우주방사선을 연구하거나, 지구 근처의 우주 공간에 띄워 놓은 우주정거장에서 우주방사선을 연구하기도 한다.

달에는 공기가 없기 때문에 만약 우리가 달에 갈 수 있다면, 드넓은 달 땅덩이를 모두 순수한 우주방사선을 연구할 수 있는 공간으로 활용할 수 있다. 게다가 달에 널려 있는 월석들은 수억, 수십억 년 동안 그 자리에서 우주방사선을 고스란히 맞으며 노출되어 있었던 물체들이다. 이 역시 우주방사선을 연구할 수 있는 좋은 재료다. 다시 말해, 우리도 모르게 달은 수억 년 동안 돌에 우주방사선을 쪼이는 실험을 해놓았다. 우리는 달의 성의를 생각해서라도 달에 가서 그 우주방사선의 영향을 조사하고 분석해 보아야 한다.

그래서 우리는 달에 가야 한다. 우리는 달에서 월석을 연구하면서 달과 지구에 대해 많은 지식을 알 수 있을 것이고, 다양한 분야에 활용될 수 있는 우주방사선의 성질과 그 영향을 조사할 수 있다. 이런 연구가 쌓여나가면 지상에서 거대한 입자가속기 실험을 통해 우주의 근원이 되는 원리를 알아내는 것과 비슷하게, 지금껏 우리가 미처 알지 못했던 상상 밖의 놀라운 과학 원리와 그 응용 방법을 찾아내는 데 도움이 될 것이다.

2014년 7월 초, 박일홍 교수, 류동수 교수 등이 참여한 TA 국제연구그룹에서 연구한 바에 따르면, 터무니없을 정도로 빠른 속도를 가진 강력한 입자들이 대단히 머나먼 우주의 저편에서 지구로 떨어지는 사례가 종종 있다는데, 그중 상당수가 북두칠성 쪽에서 날아오고 있다고 한다. 이런 입자들의 크기가 극히 작기에 망정이지, 만약에 눈에 보이는 먼지 정도의 크기만 되더라도 한번에 지구를 부숴버릴지 모를 정도의 엄청난 속도로 날아오고 있다. 고려시대의 〈노무편老巫篇〉이라는 글을 보면, 그 시대에도 한국인들 사이에는 마침 북두칠성을 향해 무엇인가를 기도하는 풍습이 퍼져 있었다고 한다. 정말로 북두칠성에 무엇인가가 있기는 있는 것일까?

도대체 우주 저편에 무엇이 있고, 어떤 신비한 원리가 숨겨져 있길래 이렇게까지 막강한 힘을 가진 입자들이 날아오는 현상이 일어나는 것일까? 언젠가 그런 원리를 사람이 응용하여 지금은 상상하지 못하는 어떤 놀라운 일을 해낼 수 있는 기술을 개발할 때가 올까? 이런 문제의 답을 조금씩 추측해나가는 데에도 달과 월석을 연구하는 일은 필요하다.

13

지구에서 달까지,
달에서 알박기

위대한 작가 쥘 베른은 1865년 미국 남북전쟁 직후를 배경으로 하는 소설 한 편을 썼다. 그때는 마침 실제로 미국 남북전쟁이 끝난 지 얼마 되지 않았을 때 였다. 남북전쟁은 무척 많은 병력이 동원된 큰 전쟁이었기 때문에, 유럽에서도 큰 관심사였다. 그렇다 보니 프랑스의 쥘 베른도 그 유명한 전쟁과 관련이 있는 소설을 쓸 생각을 한 것 같다. 소설을 보면 베른은 미국 사람만의 특징 내지는 다른 나라와는 아주 다른 미국의 특이한 점으로, 총을 굉장히 좋아하는 문화를 꼽았다. 그래서 소설의 시작은 총을 사랑하는 미국 사람들이 그에 걸맞은 놀라운 일을 벌인다는 내용이다.

어지간한 작가였다면 솜씨 좋은 총잡이가 나오는 범죄물을 썼거나, 그게 아니면 총기 소지에 대한 자신의 의견을 피력하는 이야기를 만들어 소설을 썼을 것이다. 그러나 쥘 베른은 최고의 모험 소설 작가이자 SF라는 분야를 본격적으로 개척한 장본인이었다. 그는 총을 좋아하는 미국 사람들이 모여서 "이제 남북전쟁도 끝났는데 뭘 하지" 하고 궁리하다가, 지금까지 나온 적이 없는 세계 최강의 총과 대포를 만드는 데 도전한다는 화끈한 이야기로 글을 시작했다. 그 사람들은 그 거대한 총과 대포로 누구를 쐈을까? 바로 달이다. 쥘 베른의 소설은 서부의 카우보이 이야기 같은 것이 아니라, 사람을 달까지 날려 보내는 초대형 대포 이야기다. 대포 속에 튼튼한 쇠통을 집어넣고 그 쇠통 속에 사람이 들어가 달까지 날아가고, 달을 탐험하고 모험하는 이야기가 이어진다.

이 소설이 지금까지도 초창기 SF의 명작으로 평가받는 『지구에서 달까지』다. 따져보자면 달까지 포탄을 날릴 수 있는 대포에는 너무나 강한 힘이 걸리기 때문에 거기에 뭘 넣어서 안전하게 달에 도착하는 것은 거의 불가능하다. 그렇지만 당시로서는 기술을 발전시키면 지구 바깥의 우주도 탐험할 수 있다는 이야기를 멋지게 풀어 놓은 소설이라는 점이 훨씬 중요했다. 사람들은 과연 그런 모험이 언젠가는 가능한 일일까, 막연한 공상일까 상상하기 시작했다. 그리고 어떤 기술이 개발되면 그 비슷한 일을 할 수 있을 것인지, 그 기술을 개발하기 위해서는 또 어디에 투자가 이루어져야 하는지 상상하는 사람들이 나타났다.

소설이 인기를 끈 후, 그 소설에 대해 유심히 생각한 사람 중에는 러시아의 콘스탄틴 치올코프스키Константин Циолковский 라는 학교 선생님이 있었다. 그는 학업을 꾸준히 이어갈 형편이 되지 않아 지금의 검정고시와 같은 방법으로 자격을 얻은 뒤에 학교 선생님이 된 사람이었다. 그러나 그러면서도 그는 과학 분야의 다양한 이론들을 연구해 나갔다. 그는 비행기와 하늘을 나는 여러 기술에 대해 연구해 나갔고, 나중에 그 생각은 지구 바깥 우주에 대한 관심으로도 이어졌다. 나는 이런 생각을 하는 데 분명히 『지구에서 달까지』 같은 SF물이 큰 영향을 끼쳤을 거라고 생각한다. 20세기 초 치올코프스키가 쓴 글에는, 과학으로 하나하나 따져보았을 때 『지구에서 달까지』의 방법이 불가능한 점을 지적하는 대목이 있다고 한다. 그 같은 사람이 소설 속 내용을 세세히 따져보고, 소설 속 장면이 정말로 되는 일인지 안 되는 일인지 계산해 보았다는 말은, 사실 쥘 베른이 들려준 지구 바깥 달을 여행하는 꿈에 치올코프스키도 어느 정도는 매혹되었다는 뜻이라고 본다.

치올코프스키는 우주를 여행할 수 있는 방법 중에 실현 가능성이 있는 방법을 상상하여 발표했다. 그는 로켓을 이용해서 우주 바깥으로 나가는 방법, 로켓의 연료로 무엇을 쓰면 좋은가 하는 내용, 로켓이 다단 분리를 하면 효율이 좋아질 수 있다는 점, 우주로 나간 물체가 어떤 궤도로 지구 바깥을 움직여야 하는가 등을 연구했다. 그가 살던 시기에는 공상에 가까운 이야기였지만, 그의 발상과 계산 내용은 이후 로켓과 우주 개발에 도움이 될 수 있는 이야기였다. 그리고 치올코프스키의 계산 중 많은 수가 실제로 현실에서 이루어져 사람을 우주에 올려놓았다. 그래서 많은 사람들이 치올코프스키를 우주 로켓 초기 이론가 중 가장 대표적인 인물로 꼽는다.

치올코프스키가 발표한 내용 중에 '치올코프스키의 로켓 방정식'이라는 수식이 있다. 로켓과 연료의 관계를 계산하는 방법으로 활용할 수 있는 내용이다. 그런데 이 식을 활용해 실제 로켓의 움직임이 어때야 하는지를 차근차근 따져보면 우주로 나가는 것이 상상 외로 굉장히 어렵다는 결론이 나온다. 특히 작은 물체보다 무거운 물체를 우주로 보내는 것이 너무 어렵다.

단순히 생각하면 무거운 물체를 우주로 보내려면 그만큼 더 큰 로켓에 더 많은 연료를 실으면 되지 않을까 생각해 볼 수 있다. 그런데 골치 아픈 것이 연료를 로켓에 실으면 그 연료 무게만큼 전체가 더 무거워진다. 그 무게를 극복하기 위해 연료를 더 많이 실으면 그만큼 무게는 더 무거워진다. 그래서 무작정 연료를 많이 넣어 큰 로켓을 만든다고 쉽게 우주에 나갈 수가 없다. 이런 문제를 "로켓 방정식의 횡포tyranny of the rocket equation"라고 부르기도 한다. 지구에서 벗어나려고 더 열심히 발버둥을 치면 칠수록, 그만큼 무거운 것을 날아가지 못하고 떨어지게 하는 힘, 즉 중력이 더 세게 붙잡는다. 그래서 지구에서 무거운 무게를 우주로 보내기는 매우 어렵다.

누리호 로켓의 경우, 전체 무게 200t 중에서 연료와 산소의 무게가 183t 정도다. 90% 이상이 그냥 태워 없애버리는 물질의 무게다. 우주에 띄우는 무게는 전체의 1%가 채 안 되는 1.5t밖에 되지 않는다. 이렇게 보면, 로켓이라고 하는 것의 정체는 사실은 아주 거대한 연료통이다. 몇백, 몇천 t짜리 연료통에 불을 붙여 튕겨 나가게 하는 장치 위에다가 조그마한 깡통을 올려두고 그 깡통에 사람이 들어가서 우주의 원하는 장소에 무사히 도착하기를 기도하는 것이 현재의 로켓 발사다. 그나마 다행인 것이, 만약 지구의 중력이 조금만 더 강했다면 이런 식으로 우주에 나가는 것조차 불가능했을지도 모른다. 지구의 중력에는 아주 겨우 빠져나갈 수 있을 정도의 아주 좁은 틈이 있어서 그 틈을 비집고 겨우겨우 우리가 그 바깥으로 나갈 수 있게 되어 있다는 느낌이다.

이래서야 우주의 먼 곳으로 가기란 너무 어렵다. 지금까지 사람이 가장 멀리 가서 발을 디뎌본 곳이 달이지만, 사실 달은 지구에서 가장 가까운 곳에 불과하다. 지구에서 가까운 행성이라고 하는 화성조차도 달보다 100배를 가뿐히 넘는 먼 거리에 있다. 사람이 달에 가는 데 3일 정도가 걸렸으니까, 100배만 잡아도 300일 동안 가야 한다. 300일 동안 숨 쉬고 먹고살 짐을 다 싣고 간다면 그만큼 무게가 늘어나기 때문에 훨씬 더 큰 감당할 수 없을 정도의 큰 로켓이 있어야 한다. 화성까지 가는 데 걸리는 시간을 줄이기 위해 속력을 높이려면 연료를 더 많이 태워야 할텐데 그러려면 연료를 더 많이 싣기 위해 역시 훨씬 더 큰 로켓이 필요하다.

로켓 방정식이 말해주는 중력의 냉정한 힘을 극복하고, 다른 행성, 우주의 더 먼 곳에 쉽게 갈 수 있는 방법은 없을까? 황당한 방법을 아무렇게나 말해보라면 지구의 중력을 줄이는 방법을 생각해 볼 수 있다. SF 영화에 나오는 반중력장치 같은 신비의 물질이 있다면 무게 문제에 골치 아파할 필요가 없으니, 간단히 많은 연료를 갖고 우주에 나가 재빨리 화성이든 어디든 날아갈 수 있다. 그러나 그런 신비의 물질은 지금 우리에게는 없다. 중력을 줄여주는 물질이 뭔지, 그런 것을 어떻게 만들어야 할지도 모른다.

조금 현실적인 방법을 생각해 본다면, 중력이 약한 곳을 잘 찾아서 거기에서 출발해 본다는 방법이 있다. 그리고 그런 곳이 다행히 지구 근처에 있다. 그곳에 우리는 가본 적도 있다.

바로 달이다.

달 기지는 우주 공항

달의 중력은 지구의 6분의 1밖에 되지 않는다. 그래서 달에 간 탐사 대원들이 걸어 다니는 모습을 보면 이상한 모습으로 겅중거리며 뛰듯이 움직인다. 달에 간 사람들의 영상을 보면 가끔 휘청거리거나 자빠지는 모습도 자주 볼 수 있다. 세상에서 가장 정교한 우주선을 침착하게 조종해서 달에 착륙하는 데 성공한 사람들이 그냥 걸어가다가 발이 꼬여 자빠진다니 웃겨 보이기도 한다. 하지만 그럴 만한 것이, 달에서는 몸무게도 6분의 1밖에 되지 않기 때문에 별생각 없이 걸으면 발이 저절로 아주 살며시 바닥을 딛게 된다. 그래서 조금만 힘을 줘도 몸이 미끄러지기 쉽다.

로켓도 똑같은 상황을 겪는다. 하지만 로켓은 두 발로 걸어 다니는 것이 아니라 연료를 태워 박차고 오르기 때문에 무게가 약하게 걸린다는 점이 대단히 유리하다. 다시 말해, 달에서는 적은 연료로도 간단히 달 바깥으로 튀어나올 수 있다. 아폴로 달 착륙선이 달에서 우주로 날아오르는 장면을 보면 그 차이는 너무나 분명히 눈에 보인다. 지구에서 달을 향해 갈 때에는 산더미처럼 거대한 로켓을 타고 가야 한다. 실제로 서울 지하철 2호선 까치산역 근처에 있는 까치산 같은 낮은 산보다 새턴5호 로켓의 높이가 더 높다. 지구에서 우주로 갈 때는 그런 말도 안 되는 거대한 장치를 써야 한다. 그런데 달에서 지구로 돌아오기 위해 우주로 이륙할 때에는 무슨 동네 구멍가게 앞에 펴놓은 평상만 한 장치로 떠오른다.

그렇다면 만약 달에서 로켓을 만들 수 있으면, 훨씬 더 많은 연료로 훨씬 더 크고 빠른 로켓을 만들어도 쉽게 우주에

띄울 수 있다는 뜻이다. 그런 점에서 달은 더 먼 우주로 떠나기 위한 항구이고 관문이고 도약대다.

문제는 있다. 로켓 하나를 만들기 위해 필요한 그 많은 설비와 그 많은 사람들과 온갖 재료들을 달에 다 갖다 놓는 것은 너무 어려운 일이다. 지구에서도 로켓을 만드는 일은 쉽지 않다. 달에서 로켓을 만든다는 것이 말처럼 쉬운 일일 리가 없다. 그렇지만 로켓 전체를 다 달에서 만들지 않고 로켓에 들어가는 연료만 달에서 채워 넣는다면 어떨까? 만들기 어려운 껍데기와 기계 장치 부분은 지구에서 만들어서 달에 보내고, 로켓 무게의 대부분을 차지하는 연료를 달에서 채워 넣는 것이다. 지구에서 연료를 보내줄 필요 없이, 달에서 직접 연료를 구할 수만 있다면 이 계획은 근사하게 맞아 들어간다. 어차피 로켓 무게의 대부분을 차지하는 것은 연료니까, 별로 무겁지 않은 로켓의 껍데기만을 지구에서 달로 다른 로켓으로 실어서 배달해 주고, 그 껍데기에 달에서 구한 연료를 가득 채우면, 아주 많은 연료를 담은 거대한 로켓이 가뿐하게 달에서 쉽게 우주로 나와 먼 우주로 갈 수 있다.

다행히 달에는 로켓 연료로 쓸 만한 물질이 있다. 2009년에 인도의 달 탐사선 찬드라얀1호가 달에서 물의 흔적으로 보이는 자료를 확인한 적이 있다. 지구에 물이 이렇게 많은 것을 보면, 지구 바로 곁에 있는 달에도 물이 있을 만한 기회가 있었을 가능성은 충분하다. 물론 달은 지구보다 훨씬 혹독한 환경이니 세월이 흐르는 사이에 대부분의 물은 다 끓어서 우주 저편으로 날아갔을 것이다. 하지만 그늘진 곳, 구덩이 한편 영원히 햇빛이 들지 않는 곳, 달의 아주 추운 곳 등지에는 얼어붙은 물이 남아 있을 수 있을 것이다.

달에 태양전지를 설치하면 전기는 그렇게 어렵지 않게 얻을 수 있다. 여차하면 원자력을 이용하는 방법도 있다. 일단 전기를 구하면 그 전기로 얼어붙은 물을 녹인 뒤에, 그 물을 전기분해 해서 수소와 산소로 분리할 수 있다. 돈이 많이 들어서 그렇지, 지구에서도 이미 수소, 특히 그린 수소를 얻는다면서 많이 하고 있는 작업이다. 2022년 초에는 1조 원을 투자해서 전라남도에다 전기를 이용해 맹물에서 수소를 뽑아내는 시설을 짓겠다는 보도가 나온 적도 있다.

그 기술을 달에 가져가서, 달의 얼음에서 수소와 산소를 뽑아내면 그게 바로 우주선의 연료다. 산소는 누리호에도 가득 실었던 물질이고, 수소는 천리안2B를 비롯한 한국의 여러 인공위성을 발사해 준 유럽의 아리안5호 등의 현대 로켓에서도 연료로 흔히 쓰이는 물질이다. 새턴5호에서도 수소를 연료로 썼고, 심지어 20세기 초의 치올코프스키조차 수소가 연료로 적당하다는 이야기를 한 적이 있다. 충분히 좋은 태양전지로 달에서 전기만 많이 만들어 낼 수 있다면, 물에서 로켓 연료를 대량 생산한다는 계획은 해볼 만한 도전이다.

미래에 이 계획이 현실이 되면 우리는 달을 근거지로 해서 태양계 구석구석으로 날아가 볼 수 있다. 태양계의 먼 곳에는 재미난 곳들이 많다. 화성에 생명체가 있을지도 모른다는 이야기는 워낙 유명하고, 금성에는 짙은 구름이 휘몰아치는 가운데 뜨거운 열기 속에서 이상한 반응이 자꾸 일어나고 있어 혹시 미세한 생명체가 살 수도 있지 않겠냐는 의심이 가끔 나오는 곳이다. 토성에 딸린 위성 타이탄에는 지구와 비슷한 질소로 된 대기가 있고 메테인, 그러니까 도시가스, LNG 성분이 구름이 되고 비가 되고 강물이 되어 흐르는 일이 벌어진다. 말하자면 물 대신 석유가 비처럼 내리는 세상이다. 이런 곳에는 무엇이 있을지 아무도 모른다. 목성의 위성 유로파에는 그 지하에 바다가 있을 것으로 추정되고 있어서, SF 작가들은 그 속에 문어를 닮은 외계 생명체들이 헤엄치는 모습을 언제나 공상하고 있다.

그런 식으로 기술이 더 발전하면, 나중에는 더 빠르고 더 멀리 갈 수 있는 더 큰 우주선을 만들어 우리가 만든 기계를 태양계 바깥, 다른 머나먼 별들의 세상으로 보내는 완전히 새로운 도전을 할 수 있게 될 것이다. 나는 달에서 충분한 자원을 얻을 수 있다면, 그런 먼 여정도 우주로 가볍게 뛰어나갈 수 있는 달에서 시작하는 편이 효과적일 거라고 본다.

달 기지 만들기

이런 계획을 위해서는 달에 여러 가지 작업을 할 수 있는 시설을 짓고 공장도 만들어야 한다. 다양한 작업을 할 수 있는 인공지능 로봇 기술이 빠르게 발전한다면 로봇을 보내서 여러 가지 일을 할 수도 있을 것이고, 필요하다면 사람이 달에 건너가서 직접 머물며 살 수 있는 장소도 만들어 볼 수 있다. 달 기지를 짓는 것은 우주에서 더 많은 일을 하기 위한 맨 처음 준비 작업으로 꼭 필요한 일이다.

옛날 SF물을 보면, 달에 커다란 유리와 강철로 된 무슨 커다란 식물원이나 온실 비슷하게 생긴 공간을 만들고 그 안에 사람들이 살고 건물도 지어놓은 모습이 자주 나온다. 나도 어릴 때 SF의 한 장면을 그림으로 그리면서 놀 때는 유리 돔 같은 곳을 크게 달에 만들어 놓고 그 안에서 사는 사람들의 모습을 그렸다.

그러나 그런 식의 달 기지를 당장 만들기는 쉽지 않다. 일단 그런 훌륭한 특수 유리나 금속이 달에 갖추어져 있지 않기 때문이다. 나중에 달에 더 많은 장비가 설치되고 기술이 더 발달하면 달의 어느 구석에서 특수 유리 재료와 강철을 뽑아내는 것도 가능한 날이 오겠지만, 당장은 아무래도 어렵다. 그러니 최소한의 재료로 일단 어떻게든 버틸 수 있는 공간을 조금씩 만들어 나가야 한다.

그렇다고 그냥 간단한 천막이나 가벼운 비닐하우스 같은 것을 만들어 놓을 수는 없다. 달에는 강한 우주방사선이 그대로 쏟아지고, 우주에서 작은 모래알만 한 운석들이 수시로 떨어진다. 달의 이런 특징은 우주방사선 연구나 운석 연구를 하는 데에는 큰 도움이 되지만, 사람이 사는 데에는 위험한 문제다. 푹 쉬고 싶어서 천막 안에서 누워 자고 있는데, 갑자기 천막 구멍이 뚫리면서 몇백만 km 밖에서 날아온 조그마한 돌조각이 총알처럼 머리 옆에 박히는 일이 벌어지면 곤란하다.

그러니 한동안은 우주에서 떨어지는 위협을 피하기 위해서 구덩이를 파고 그 안에 들어가 살아야 할 수도 있다. 아예 달에 있는 동굴을 찾아 그 안에 들어가 사는 것도 방법이고, 그게 아니면 달의 흙을 잘 구워서 벽돌 비슷한 재료를 만든 다음에, 그것으로 사람이 살고 작업할 장소 주변을 두툼하게 덮어두는 것도 방법이다. 작은 문과 창문이 하나 나 있고, 주위는 온통 두텁게 달의 흙으로 만든 재료로 덮어놓은 집이 초창기 달 기지가 될 것이다. 그 모습은 잘해야 "두껍아 두껍아 헌 집 줄게 새집 다오" 할 때 말하는 두꺼비집처럼 생겼을 것이고, 보기에 따라서는 무슨 무덤 같아 보일 수도 있다. 그렇지만 일단은 그 정도가 최선이다.

몸을 피할 곳이 만들어지면 먹고살 방법을 개발해야 한다. 얼음을 발견하면 그 얼음을 녹여서 마시고 거기에서 수소와 산소를 만들어 사람이 호흡하는 공기로 쓰거나 난방용, 화학 반응용 재료로 쓸 수 있다. 지구의 모래는 규소 원자와 산소 원자가 주성분인데, 그 점은 달도 차이가 없으므로 이론상으로는 많은 전기와 좋은 화학 실험 방법만 개발해 내면 달의 모래에서 산소를 뽑아낼 수 있다. 그러면 숨 쉴 공기는 좀 더 쉽게 얻을 수 있다.

그리고 나면, 산소와 물을 이용해서 식량을 만들 방법을 찾아야 한다. 달에는 비료가 없기 때문에 농사를 지어 식물을 기르는 것이 생각처럼 쉽지는 않을 것이다. 그러나 모든 것을 재활용하는 방법과 여러 생물이 생태계를 이루어 같이 살게 하는 방법을 여럿 찾아내서 조화롭게 활용한다면, 그래도 꽤 오래 효과적으로 버틸 방법을 찾아볼 수는 있다고 생각한다. 예를 들어 몸을 씻은 더러운 물을 그냥 버리는 것이 아니라,

달 탐사 초기의 달 기지는 SF적이라기보다는 오히려 원시적인 형태의 주거에 가까운 모습이지 않을까?

그런 물속의 더러운 것을 먹고 살 수 있는 작은 생물을 기르는 데 활용하고, 그런 작은 생물이 어느 정도 자라면 그 작은 생물을 먹고 사는 물고기를 기르는 데 활용하면, 결국은 더러운 물이 물고기라는 식량으로 되돌아오는 셈이다.

이 모든 기술을 최대한 활용하면, 결국 여러 사람이 달에 머물며 더 많은 시설을 개발해 설치하거나 우주의 더 먼 곳을 갈 준비를 하는 기지를 조금씩 키워나갈 수 있다. 그렇게 되면, 처음으로 지구가 아닌 다른 곳에서 삶의 터전을 꾸리고 장기간 살아가는 사람들이 생기는 시대가 찾아올지도 모른다.

달 기지를 위한 기술

그래서 우리는 달에 가야 한다. 달에 기지를 짓는 것은 지금까지 우리에게 없었던 새로운 세상을 발견하는 일이다. 마침 달 전체의 넓이는 아메리카 대륙의 넓이와 비슷하다. 콜럼버스는 이미 많은 사람들이 살고 있던 아메리카 대륙에 도착하고 나서, "신세계를 발견했다"라는 식으로 이야기했는데, 달이야말로 진정한 신세계라고 할 수 있는 곳이다. 비록 달에 아메리카 대륙과 같은 기름진 땅과 아름다운 숲은 없지만, 대신 우주로 나아갈 수 있는 기회가 있다.

달 기지에 대한 연구는 계획을 세우기에 따라서는 작은

규모로 진행해도 어느 정도 보람 있는 결과를 얻을 수 있다. 나는 이 점이 무척 재미있다. 우주 기술에 대한 연구는 로켓과 우주선을 만드는 사업을 가장 먼저 떠올리기 때문에 아무래도 굉장히 돈이 많이 드는 큰 사업을 우선으로 생각하게 되기 쉽다. 그렇게 생각하면, 달에 사람이 머물며 사는 아득한 미래의 일에 대해 연구하는 데는 더 막대한 돈이 들지 않을까 하는 걱정이 들 수도 있다. 그러나 그렇지가 않다. 달 기지라는 굉장한 목표를 위한 사업이라고 하지만, 거기에 필요한 세세한 기술에 대해 연구하는 사업 중에는 오히려 예산이 적게 들어가는 작은 사업도 꽤나 많다.

세계의 많은 학자들은 달과 같은 환경에서 어떤 식물을 어떤 방법으로 기를지를 지구에 만들어 놓은 실험실에서 연구하고 있다. 달의 성분과 같은 땅을 만들어 놓고, 달에 있을 법한 물질만 사용하면서 최대한 식물을 잘 키우는 기술을 이리 찾아보는 것이 이런 학자들의 일이다. 이런 연구를 할 때는 달에 가는 로켓을 만들어서 직접 달에 가서 실험하는 것이 아니다. 그저 실험실에 달과 같이 꾸며놓은 플라스틱 통과 냉장고를 가지고 일을 해나간다. 대단한 예산이 들지는 않는다.

비슷하게 한국건설기술연구원은 2010년대부터 달의 흙으로 어떻게 하면 튼튼한 건물을 지을 수 있는지 연구해 오고 있다. 이곳에서는 달의 흙과 비슷한 성분을 가진 흙을 갖다 놓고, 그것을 재료로 거기에 전자파를 가하거나 열을 가해

굽는 등의 방법을 써서 어떻게든 굳히거나 벽돌을 만드는 방법을 연구한다. 달 기지 짓는 연구라고 하지만 로켓을 발사해 우주로 가는 일이 아니라, 보통은 고양시 일산에 있는 실험실에서 흙을 주무르고 반죽하는 것이 주로 하는 일이다. 엄청난 예산이 드는 연구라고 볼 수는 없다. 그렇지만 좋은 결과가 나오면, 나중에 달에 간 사람들이 바로 그 방법을 실제 달 기지를 짓는 데 활용할 수 있다.

실제로 달 기지를 건설하는 데까지 가지 않는다고 해도 이런 연구가 헛수고가 되는 것도 아니다. 달 기지에서 전기를 얻기 위해 튼튼하고 가벼운 태양광 발전 방법을 개발하면, 그 방법을 지구에서도 이산화탄소 배출 없이 전기를 만드는 데 사용할 수 있다. 달에서 오랜 시간 버티기 위해서 더러운 물을 정화하는 기술을 개발하면 지구에서도 그 기술로 물을 맑게 만들 수 있다. 달에서 생긴 쓰레기를 갉아 먹고 대신 유용한 비료나 연료를 만들어 낼 수 있는 세균을 개발한다면, 그 세균은 지구에서 쓰레기를 처리하는 데 사용할 수 있다. 폐수를 이용해 식물이나 동물을 잘 키울 수 있는 기술이 개발되면 지구의 농장에서도 그 기술은 사용할 수 있다. 화성으로, 목성으로, 토성으로 갈 우주선에 연료를 채워 넣기 위해 물에서 수소를 뽑아내는 값싸고 좋은 기술을 개발하면, 바로 그 기술로 지구에서도 쉽게 수소를 만들어 수소 자동차를 움직이게 하고 수소 비행기와 수소 배를 움직일 수도 있다. 이처럼, 달

기지 건설을 위해 준비할 수 있는 기술들은 대체로 지구에서
도 유용하게 쓸 수 있는 것들이 많다. 그런 점에서도 달 기지
에 대해 연구하는 보람이 있을 거라고 생각한다.

달 기지 사업의 가치

최근에는 달에서 희토류나 백금 등등 지구에서 비싼 값에
거래되는 물질을 채굴하거나, 심지어 달에 있는 헬륨3^{Helium3}
라는 물질을 채굴하면 큰 가치가 있을 거라는 이야기도 자주
나오고 있다. 이런 이야기는 금광이나 은광을 캐기 위해서 개
척되지 않은 황무지에 사람들이 몰려간 시대의 소문과 비슷
하게 들린다. 그래서 그 이유 때문에 이제 달에 사람들이 몰
려가야 할 때가 온다는 주장도 자주 본다.

그저 내 짐작일 뿐이지만, 나는 달에서 희토류를 채굴하
는 일이나 헬륨3를 채굴하는 일이 가까운 미래에 큰 수익 사
업이 될 것 같지는 않다. 달의 흙, 돌 성분은 지구와 크게 차
이가 나지 않는다. 그렇기 때문에 설령 달에서 희토류 광맥이
발견된다고 해도 지구에서는 절대 구할 수 없는 물질이 덩어
리로 널려 있다는 식은 아닐 것 같다. 그렇다면 사람이 발붙
이고 숨 쉬기도 힘든 달에서 희토류를 캐고, 가공해서, 머나
먼 지구까지 다시 로켓에 실어 보낸다는 것이 당장 그렇게까

지 수지 맞는 장사는 아닐 것 같다.

헬륨3는 태양에서부터 떨어져나와 쌓이는 물질이기 때문에, 태양에서 떨어지는 물질이 다른 방해를 받지 않고 긴 세월 차곡차곡 쌓이는 달에 많다는 이야기는 말이 된다. 그래서 확실히 지구보다는 달에서 구하기 쉬운 물질일 가능성은 있다. 그러나 헬륨3의 용도가 핵융합 발전의 원료라는 점이 문제라고 나는 생각한다. 일단 핵융합으로 전기를 만든다는 기술이 언제쯤 개발될지, 어떨지도 모르는 일이다. 설령 20년, 30년 후에 핵융합 발전소가 운영을 개시한다고 하더라도 과연 머나먼 달에서 겨우겨우 캐 온 헬륨3를 사용하는 것이 수지가 맞을지는 무척 예측하기 어렵다.

나는 지금 시점에서는 달에서 캐는 광물의 가치보다야, 달에서 새로운 지식을 많이 알아낼 수 있을 거라는 점, 그리고 여러 새로운 과학 실험을 할 수 있다는 점이 오히려 더 높은 가치를 갖는 목적이라고 본다. 예를 들어, 2020년 무렵에 NASA에서는 달의 뒷면에 커다란 전파망원경을 만들면, 우주를 돌아다니는 전파를 관찰하기 좋다는 의견을 내놓은 적이 있다. 달의 뒷면은 결코 지구를 바라보지 않으므로, 이 지역에서는 지구에서 사람들이 사용하는 잡다한 통신 전파, 방송 전파의 방해가 없다. 이런 곳에 아주 민감한 전파 관찰 장치를 설치해 놓는다면, 지금까지 우리가 전혀 알지 못했던 우주 저편의 미약한 알 수 없는 전파를 잡아내고 상상하지 못했던 신기한 사실을 알게 될 수도 있다.

달 기지에 대한 또 다른 재미난 문제는, 달 기지를 먼저 설치해서 운영하는 쪽이 하여튼 달에서 이루어지는 여러 활동에 대해 기준을 세우게 될 수밖에 없을 것이라는 점이다. 좀 과장하면 달의 법은 달에 먼저 간 사람들이 자기들에게 유리한 쪽으로 만들게 될 것이다.

지금은 달에는 네 땅 내 땅이 없다. 그런데 만약 어떤 나라에서 달 기지를 만들고 점차 넓혀가는데, 마침 옛날 다른 나라에서 꽂아놓은 그 다른 나라 깃발이 걸리적거린다면 어떻게 해야 할까? 마음대로 치워도 되는 걸까? 돈을 얼마쯤 주고 치워야 하는 걸까? 달에서는 얼음이 중요한 자원인데 두 나라의 업자들이 서로 달의 얼음을 많이 쓰겠다고 다툰다면 어떻게 해야 할까? 그냥 더 힘이 센 장비를 가진 쪽이 더 얼음을 많이 녹여서 쓰면 되는 걸까? 달이 중요한 곳이 되면 이런 문제에 대한 기준은 차차 만들어져야 한다. 그래서 미국은 이미 달에서 하는 사업에 대한 규정을 발표해 두었고, 유럽에서 우주 기술에서 앞서가려는 나라인 룩셈부르크 역시 달에서 하는 사업에 대한 규정을 재빨리 발표한 적이 있다.

말하자면, 달에 기지를 건설하는 사업은 어떻게 보면 우주의 알박기라고 할 수도 있다. 한국 사람들에게 어떻게 들릴지 모르겠지만, 사실 달 기지 건설은 일종의 부동산 문제라고 해도 틀린 말은 아니다.

14

이제 다누리가
달에 간다

다누리는 한국 최초의 달 탐사 목적 우주선이다. 이 우주선에 가장 잘 어울리는 속담이 있다면 나는 "급할수록 돌아가라"라고 생각한다.

　세계의 여러 선진국들에 비해 달 탐사가 한참 늦은 한국이 당장 빨리 달에 가고 싶다면 아무래도 급하게 빨리 가는 길을 택하고 싶을 것이다. 그렇게 치면 지구에서 달까지 갈 수 있는 가장 빠른 방법은 지구에서 바로 달을 향해 직선으로 날아가는 길을 택하는 것이다. 이런 길에 가장 가까운 방법을 직접 전이direct transfer 궤도라고 한다.

　직접 전이 궤도는 짧고 간단하다. 그렇다고 대포로 대포알을 쏘듯이 곧바로 달을 향해 날아가면 안 된다. 달은 항상 지구를 빙빙 돌며 움직이고 있기 때문에, 달을 향해 곧장 가려고 하면 원래 가려고 했던 방향과 살짝 어긋나기 십상이다. 게다가 지구도 스스로 제자리에서 돌고 있기 때문에 지구에서 출발해 그냥 똑바로 위라고 하는 방향으로 움직이면 시간에 따라 날아가는 방향이 바뀔 수도 있다. 그 외에도 엄청나게 빠르게 움직이는 로켓을 미세하게 조절하거나 혹시 무슨 문제가 생겼을 때 바로잡으려면 어느 정도의 여유는 필요하다.

그래서 직접 전이 궤도로 날아간다고 하더라도 일단 지구 바깥으로 나가서 인공위성처럼 지구를 반 바퀴 또는 한두 바퀴쯤 돌고, 그다음에 속도를 더 내서 달을 향해 떠나간다든가 하는 것이 좋은 방법이다. 공기가 없는 우주에서 일정한 속력으로 지구를 빙빙 도는 것은 그냥 인공위성이 지구 주위를 한 바퀴 도는 것과 마찬가지다. 딱히 힘든 일도 아니고, 연료가 많이 들지도 않는다. 필요하다면 한참 지구를 빙빙 돌면서 모든 것이 준비되고 달로 날아갈 가장 좋은 순간을 기다렸다가 그다음에 달로 떠나도 된다. 대체로 가장 좋은 조건을 택하면 보통 우주선으로 대략 3일이면 지구에서 달까지 갈 수 있다.

이 정도면 짧은 시간이다. 만약에 우주선에 사람이 타고 있다면, 시간이 짧게 걸린다는 점은 굉장히 큰 장점이다. 사람은 우주선 안에서 계속 공기, 물, 음식을 사용해야 한다. 사람이 우주선에 타고 있는 시간만큼 공기, 물, 음식을 우주선에 실어두어야 한다는 뜻이다. 그렇다면 그만큼 우주선의 무게가 늘어날 것이고, 곧 그만큼 막대한 연료를 써서 거대한 로켓을 날려 보내야 한다는 뜻이다. 그렇기에 사람이 타고 있는 우주선이라면 금방 최대한 빨리 가는 길을 택하는 것이 결국은 무게를 줄이고, 연료를 절약하는 길이다.

그러나 직접 전이 궤도로 가면 달 근처에 우주선이 도달했을 때 우주선을 세우기 위해 그만큼 연료를 소모해야 한다. 이것이 지구와 우주의 차이다. 지구에서는 따로 힘을 주지 않으면 움직이던 물체가 대체로 얼마 후에 그냥 멈추는 것이 상식이다. 계속 달리는 게 어렵지, 달리다가 멈추는 게 어렵지는 않다. 그러나 우주에서는 그 상식이 통하지 않는다. 우주에서는 가다가 갑자기 멈출 방법이 마땅치 않다. 지구에서 달리는 자동차라면 브레이크를 밟을 때 타이어가 돌지 않게 되고, 그때 타이어가 길 위에 마찰을 일으키면서 차가 멈출 것이다. 그러나 우주에는 타이어가 마찰을 일으킬 땅이 없다. 공기조차 없기 때문에 낙하산을 펴서 속도를 줄일 수도 없다. 결국 달 근처에 오면 반대 방향으로 연료를 태워 불꽃을 내뿜으며 우주선을 세우는 수밖에 없다.

이것은 굉장히 아까운 낭비다. 달에 가기 위해 그렇게 많은 연료를 써서 빠른 속력을 냈는데, 정작 달 근처에 오면 그 속력을 줄이기 위해 연료를 또 써야 한다. 심지어 빨리 간다고 속력을 높일수록 세우기는 더 힘들어진다. 우주선을 멈출 때 사용할 연료까지 담아서 출발하면, 그 연료 무게만큼 로켓 무게는 더 무거워진다. 이 때문에 직접 전이 궤도를 이용해 달로 직행하는 방식은 연료가 많이 들고 큰 로켓이 필요하다. 연료를 많이 실을 수 있는 좋은 우주선과 큰 로켓이 없다면 택할 수 없는 방식이다.

그래서 다음으로 택하는 법이 위상 루프 전이phasing loop transfer 방식이다. 이 방법은 무인 탐사 우주선의 명작이라고 할 수 있는 인도의 달 탐사선 찬드라얀1호가 택한 방식이기도 하다. 또, 이스라엘 회사가 달 탐사를 시도할 때도 이와 비슷한 방법을 사용했다.

몇몇 인공위성들은 지구를 돌면서 조금씩 도는 위치와 속도를 조절할 수 있다. 사실 어지간한 위성은 오래 사용하면 속도가 약간씩 떨어지면서 지구에 추락하려고 하기 때문에, 오래 사용하려고 만든 위성이라면 이와 유사한 기능은 항상 갖고 있어야 한다. 또한 지구에서 상당히 멀리 떨어진 위치에서 지구를 도는 정지위성 등의 인공위성은 이런 기능을 반드시 갖고 있어야만 제 역할을 할 수 있다. 로켓이 인공위성을 싣고 지상 몇백 km 위치 정도의 가까운 곳을 돌 수 있도록 던져주면, 그때부터는 인공위성 자체에 달린 연료를 이용해서 더 먼 위치로 슬슬 움직여 가야 한다. 정지위성으로 분류되는 인공위성은 지상에서 약 3만 6,000km 떨어진 위치까지 제힘으로 도달해야 한다.

지구를 한 바퀴 돌고, 또 한 바퀴 돌고, 계속 반복해서 도는 동안, 인공위성은 작은 로켓을 가동해서 도는 모양을 바꾼다. 그렇게 해서 인공위성은 지구에서 점점 멀어져 간다. 이런 방식으로 제 위치를 찾아가는 인공위성은 이미 세상에 많다. 한국에서 만들어 2020년 발사된 천리안2B라는 인공위성은 공기 오염, 미세먼지 감시용 장비인데, 이것도 이런 식으로 움직여서 우주의 먼 곳까지 가서 자리를 잡은 채 지구를 돌고 있다. 바로 그런 방식으로 슬금슬금 달까지 가보자는 것이 위상 루프 전이 방식이다. 3만 6,000km면 대략 지구에서 달까지 거리의 10분의 1에 조금 못 미친다. 지구에서 달까지 가는 길이 열 발자국이라면 천리안2B 위성은 한 발자국 정도는 다가간 셈이다.

처음에는 지구 주변 가까운 곳을 돌고 있다가, 살짝 더 먼 거리에서 지구를 돌고, 다시 살짝 더 먼 거리에서 지구를 도는 식으로 조절하면, 지구에서는 점점 더 멀어지는 대신 달과는 점점 가까워진다. 그러다가 잘하면 지구에서 약 40만 km 떨어진 아주 커다란 타원을 그리면서 돌게 할 수도 있고 아예 달에 부딪히는 모양을 만들 수도 있다. 그런데 달에 정말 부딪히지는 않고 아주 살짝 비켜 나가도록 교묘하게 움직이면 달을 스쳐 지나가다가 달이 끌어당기는 중력에 인공위성이 슬쩍 붙들리게 만들 수 있다. 이렇게 하면, 달 근처에서 속력을 줄이려고 불을 많이 뿜지 않아도 저절로 달에 인공위성이 끌려 들어가게 된다.

우주에서 갑자기 속력을 높이거나 늦추는 게 어렵지, 지구를 반복해서 빙빙 돈다고 해서 연료가 크게 더 소모되는 것은 아니다. 그러므로 이 방식을 택하면 적은 연료로도 달 근처에 도착할 수 있다. 실제로 인도의 찬드라얀1호는 멋지게 달에 도착하는 데 성공했다.

이 방식의 단점은 지구를 계속 빙빙 돌면서 조금씩 거리를 띄워가는 방식이므로 시간이 오래 걸린다는 점이다. 적어도 수십 일 정도는 잡아야 하고, 한 달 이상을 생각해 봐야 할 수도 있다.

그러나 사람이 타지 않은 우주선이라면 그 정도는 별문제가 아니다. 우주선에 실어놓은 컴퓨터와 로봇은 한 달이든 두 달이든 먹지도 숨을 쉬지도 않고 얼마든지 기다릴 수 있다. 무엇보다도 우주에서 인공위성을 조절해서 조금씩 위치를 바꾸어 움직이는 것은 다른 인공위성을 개발하는 과정에서 한국 기술진이 이미 성공해 본 적이 있다. 천리안2B 인공위성이 3만 6,000km까지 간 방식으로 좀 더 부지런히 움직이면 40만 km라도 갈 수 있다. 그렇게 달까지 간다고 치고 장비를 만들면, 그게 바로 달 탐사선이 된다.

그래서 애초에 한국 달 탐사선은 바로 이 방식을 택하려고 했다. 지구를 3바퀴 반 도는 동안 점점 거리를 벌리고 그후에 슬쩍 달 주위로 떨어지는 방식을 택한다고 해서, 당시 기술진들은 3.5 궤도라는 말을 종종 썼던 것 같다. 2019년 무렵까지만 해도 한국 기술진들 중 다수는 이 방식이 가장 쉽고 가장 편하게 작은 우주선을 달에 보내는 방법이라고 보았고 그에 맞춰 준비 중이었던 것 같다.

그런데 상황이 바뀌었다. 작은 우주선이 아니라 생각보다 더 큰 우주선을 보내야 할 이유가 생겼기 때문이다.

급할수록 돌아가는 다누리

한국 정부는 달 탐사선에 무슨 일을 할 장치를 설치하면 좋을지, 여러 기관으로부터 제안을 받았다. 달까지 갈 우주선에 탈 탐사대원을 모집한 셈이다. 탐사대원으로 사람이 아니라 기계, 컴퓨터, 로봇을 모집한 것이라고 보면 된다. 이렇게 우주선에 싣고 실험, 관찰을 하며 임무를 수행하기 위해 탐사선에 실어놓은 기계 장치를 탑재체라고 한다. 즉, 탑재체는 다누리의 로봇 탐사대원이다.

국내의 여러 기관에서 자기 기관에서 필요한 임무를 수행하기 위한 탑재체를 싣고 싶다고 했고, 해외에서도 우주선에 태워달라고 한 곳이 있었다. 그런데 그중 한 곳의 제안이 대단히 매혹적이었다.

미국 애리조나주립대학 팀은 섀도캠shadow cam이라는 기계를 만들겠다고 했고 그것을 다누리에 태워달라고 제안했다. 이 기계는 달의 크레이터에 생기는 그림자 지역, 즉 그늘 지역의 잘 보이지 않는 곳에 무엇이 있는지 살펴보기 위한 장치다. 학자들은 섀도캠을 이용하면 어디에 물이 얼어붙어 있는지 확인할 수 있을 거라고 기대하고 있다.

우주에서 물은 가장 소중한 자원이다. 아무리 헬륨3나 희토류가 중요하다고 해도 그런 자원은 돈을 벌기 위한 자원에 불과하지만, 물은 생존을 위한 물질이다. 물을 수소와 산소로 분리하면 우주선의 연료로도 쓸 수 있으니 더욱 귀중하다. 물이 있는 곳을 정확히 볼 수 있다면, 그 이상의 귀한 발견은 없다. 희귀한 동물을 찾으러 정글로 떠난 탐사대원으로 쳤을 때, 달에서 헬륨3를 발견하는 것이 호랑이나 표범을 발견한 정도라면 물을 발견하는 것은 살아 있는 공룡을 찾아내는 것 정도의 발견이다.

여기에 더해 섀도캠을 탐사선에 싣는다면 미국 정부, NASA가 협조를 해주겠다는 제안이 들어왔다. 이것도 굉장히 큰 장점이었다. 40만 km의 황량한 우주를 헤치고 가서 달에 도착해야 하는 막막한 상황에서, "우리는 직접 달에 가서 걷고 뛰어다녀 보았다"라는 사람들이 도와줄 거라는 이야기만큼 달콤하게 들리는 말도 없다.

하지만 일이 쉽게 풀리지는 않았다. 이번에도 로켓 방정식의 횡포가 우리 발목을 잡았다. 섀도캠은 무거운 장비다. 이 장비를 실으면 전체 무게가 무거워진다. 그러면 그만큼 달까지 가기가 훨씬 더 어려워진다. 원래 계획에 한국 달 탐사선의 전체 무게는 550kg이었는데, 섀도캠을 실으면 700kg에 가까운 무게가 된다. 이래서는 너무 무거워서 3.5 궤도를 택할 수가 없다. 그 때문에 개발팀 내부에서는 안타깝지만 섀도캠을 포기하고 그냥 원래 계획대로 달에 가자는 의견도 있었던 것 같다.

결국 고생 끝에 택한 방법은 BLT 궤도라고도 하고, WSB^{weak stability boundary} 궤도라고도 하는 특이한 방법이다. BLT는 ballistic lunar transfer, 직역하면 탄도 달 전이라는 말의 약자다. 베이컨^{bacon}, 양상추^{lettuce}, 토마토^{tomato}가 들어간 샌드위치를 약자로 BLT라고 하기도 하는데, 나는 아마 그 때문에 재미로 이런 이름을 쓰는 거라는 추측도 해본다.

하지만 BLT 샌드위치가 얼핏 생각해 봐도 맛있을 것 같은 느낌이 드는 것에 비하면, BLT 궤도는 어지간해선 도무지 상상도 할 수 없는 특이한 방식이다. BLT 궤도로 우주선이 달에 갈 때에는 목적지인 달을 향해 날아가지도 않고 출발점인 지구 주위를 열심히 돌지도 않는다. 대신에 아무 상관 없어 보이는 태양 쪽을 향해 우주선을 날려 보낸다. 땅에서 하늘을 향해 높이 공을 던지듯이, 태양 쪽으로 아주 세게 우주선을 내던진다. 그러면 결국은 다시 지구를 향해 떨어질 텐데, 너무나도 멀리 우주선을 던졌기 때문에 그냥 하늘을 향해 공을 던지는 것에 비해서 그 우주선이 떨어지는 데는 아주 긴 시간이 걸린다. 적어도 몇 달 동안은 떨어진다고 봐도 된다. 그 긴

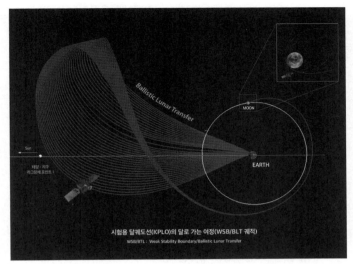

시험용 달궤도선(KPLO)의 달로 가는 여정(WSB/BLT 궤적)
WSB/BTL : Weak Stability Boundary/Ballistic Lunar Transfer

다누리가 달로 향하게 될 여정. ⓒ한국천문연구원

다누리를 '멀리 돌아가게' 만든 미국의 장비 섀도캠은
달의 그늘진 지역을 탐사할 수 있는 장비다. ⓒNASA

시간 동안 달은 계속 지구 주위를 돌고 있다.

그렇기 때문에 우리가 교묘하게 시간과 방향을 잘 계산해서 우주선을 던졌다면 그 우주선이 떨어질 때, 마침 그 떨어지는 방향과 속도가 맞을 때 그 자리에 달이 오도록 때를 맞출 수 있을 것이다. 그렇게 해서, 전혀 다른 방향으로 우주선을 보내는 것 같지만 결국은 달에 우주선이 도착한다. 이 과정에서 태양이 우주선을 중력으로 당기는 힘을 활용할 수 있는 방향을 택할 수 있기 때문에, 잘만 하면 그 힘을 이용해 더 많은 연료를 아낄 수 있다.

이 방법은 복잡하고 어려운 방식이며 다른 우주선들이 자주 택하지 않는 방식이다. 지구에서 달까지 거리가 40만 km가 채 안 되는데, 이렇게 하면 달과는 아무 상관 없어 보이는 방향으로 150만 km 가까이 가야 한다. 그렇게 먼 길을 가야 하므로 달에 도착할 때까지 시간도 최소 넉 달 이상 걸릴 것으로 보고 있다.

그렇지만 모든 조건을 따져서 계산해 보면 이 방법이 가장 연료 무게를 줄일 수 있는 방법이다. 게다가 달보다 훨씬 더 먼 우주 공간을 날아가는 우주선과 통신을 하고 조종을 하는 방법을 익힐 기회이기도 하다. 그러므로 아직 기술이 부족하고 큰 우주선을 쓸 수 없는 상황에서 보람찬 성과를 당장 내려면, 이 길을 택하는 것은 해볼 만한 도전이다. 결국 달 탐사가 시급한 한국의 달 탐사선은 가장 빠른 지름길보다 무려

110만 km 이상을 돌아가는 길을 택한 셈이다. 아마도 한국 역사에서 '급할수록 돌아간' 일 중 가장 멀리 돌아간 사례가 되지 않을까?

만약 다누리의 섀도캠이 물을 찾아내는 데 성공한다면, 미국에서 준비하고 있는 아르테미스 계획에 따라 사람을 달에 다시 보내거나 달 기지를 건설할 때, 바로 다누리가 찾아낸 장소로 가게 될 것이다. 그래서 종종 언론에서 한국의 다누리가 미국에서 사람이 달에 갈 때 그 장소를 미리 봐주는 역할을 한다고들 이야기하는 것이다.

이런 일이 외교적으로도 큰 의미가 있을 거라는 기대도 있다. 사람이 달에 가는 일은 여전히 굉장히 큰 국가 행사다. 한국 달 탐사선이 찾아놓은 길을 따라 미국에서 달 탐사 대원이 간다는 이야기는 잘만 활용한다면 두 나라 대통령들끼리 만나 몇십 번 악수를 하는 것 이상으로 두 나라 사이의 동맹과 협력이 굳건하다는 느낌을 줄 수 있다. 그러니 다들 관심을 가질 수밖에 없지 않나 싶다.

다누리의 눈, 코, 나침반

다누리 탐사선에는 섀도캠 말고도 4대의 기계 장치가 더 실려 있다. 즉, 다누리는 총 5대의 탐사대원을 싣고 달에 날아가는 셈이다. 그중 한국의 대학에서 만든 기계는 KMAG이라는 이름이 붙은 자기장 탐사 장비다. 이 장비는 달이 갖고 있는 자기장, 즉 자력을 측정하는 장비다. 지구는 자력을 갖고 있기 때문에 나침반을 들고 있으면 항상 N극은 북쪽으로, S극은 남쪽으로 잡아당긴다. 그래서 우리는 나침반을 보고 방향을 알 수 있다. 달은 어떤 이유인지 지구와 같이 선명한 자력은 없다. 그 대신 자력이 미약하지만 이상하게 변하는 달 소용돌이 등의 독특한 자기장을 보이는 곳들이 있다. 이런 일이 왜 일어나는지, 지구와 달은 어떻게 다른지, 그렇다면 지구는 어떻게 생겨났고 지구의 내부에 우리가 모르는 무엇이 있을 가능성도 있는지, 그런 문제를 따지는 데 KMAG은 좋은 자료를 만들어 줄 것이다.

신라 사람들 중 풍수지리를 따지는 이들은 나침반을 들고 전국 각지를 돌아다니며 어디가 명당자리인지 찾아다녔다. KMAG은 0.2나노테슬라, 그러니까 나침반이 느끼는 지구의 자력보다 10만 배 정도 더 정밀한 민감도로 달 곳곳을 돌며 자력을 측정한다. 그리고 명당자리를 찾는 것이 아니라 달의 성질과 구조에 대한 정확한 지식을 얻기 위한 자료를 준다.

그럴 가능성은 거의 없지만, 만약 달 소용돌이의 이상한 자력이 누군가의 상상처럼 달에 숨겨둔 외계인의 비밀 기계 장치 때문에 생겨난 것이라면, 이 장치가 숨겨진 외계인의 비밀기지는 KMAG을 만들고 연구하는 대학원생의 손에 맨 처음 발견될 것이다. 달 탐사선에는 단순히 KMAG이라는 이름의 자동 기계만 실려 있는 것이 아니라, 대학원생의 땀과 고생과 청춘과 졸업을 향한 꿈이 같이 타고 있다.

다누리에 실려 있는 기계 중에 또 하나 재미있는 것이 있다면 PolCam이라는 이름이 붙은 한국천문연구원에서 개발한 장비다. 이름의 pol이라는 말은 polarization, 즉 편광을 말한다. 선글라스 중 편광선글라스라는 것을 쓰면 햇빛이 있을 때 세상이 더 잘 보인다는 광고가 있는데, 이런 광고에서는 특히 물이나 유리에 반사되는 것이 사라져서 낚시꾼이 편광선글라스를 쓰면 물속에 있는 물고기가 잘 보인다는 이야기가 널리 퍼져 있다. 바로 그런 편광선글라스의 원리를 이용해서 달빛의 성분을 골라내서 조사할 수 있는 장비가 PolCam이다. 공식 명칭은 광시야편광카메라다. 말하자면, 탐사선 다누리에는 달을 내려다보는 눈이 있는데, 그 눈이 아주 좋은 선글라스를 쓰고 있다고 볼 수 있다. 이런 장비를 달까지 보내는 일은 세계의 다른 연구진에서는 시도해 보지 않은 탐사 방법이다.

한국천문연구원에서는 이 장비로 살펴보면 울퉁불퉁한 자갈밭으로 되어 있는 지역에서 보이는 빛과 고운 모래알로 되어 있는 지역에서 보이는 빛이 살짝 달라 보일 것으로 기대하고 있다. 그렇다면 달의 성분과 달의 모양에 대해서 좀 더 상세한 자료를 알 수 있을 것이다. 예전에 달에 간 사람들이 달의 땅을 만져보고 밟아보면서 들었던 느낌이 무엇이었는지, 이 장비를 이용해서 가늠해 볼 수도 있을 것이다. 달의 땅 모양과 성분에 대한 다른 자료와 비교해 보면, 어디가 사람이 돌아다니고 기계를 내려놓기 좋은 땅인지 알 수도 있고, 달의 땅이 긴 세월 어떤 일을 겪으며 생겨났는지 추측해 볼 수도 있을 것이다. 그러면 달과 지구에 지난 수십억 년 동안 일어난 일을 돌아보는 데 도움이 되는 정보를 얻을 수 있을지도 모른다.

KMAG이 다누리의 나침반이고 PolCam이 다누리의 눈이라면, KRGS라는 장비는 다누리의 코라고 할 수 있다. 사람 코처럼 코 안에 물질이 들어오면 거기서 무슨 냄새가 나는지 직접 알아내는 장비는 아니다. 그렇지만 멀리서 달에 무슨 물질이 있는지 추측할 수 있는 자료를 알아낼 수 있다는 점에서 KGRS는 코 비슷한 역할을 한다. 예를 들어, KGRS는 헬륨3의 단서를 측정할 수 있다. 다누리는 달 상공 100km 위를 빙빙 돌며 달을 관찰하게 되므로, KGRS는 100km 떨어진 곳에서 달 표면의 헬륨3 낌새를 느끼는 장비라고도 할 수 있겠다.

KGRS가 헬륨3 전용 감지기는 아니다. 헬륨3와 희토류 물질이 돈이 된다고 하니 그런 물질을 찾아내는 데 KGRS를 쓸 수 있다는 이야기가 많이 나올 뿐이다. KGRS는 정확히 말하면 감마선이라는 방사선을 감지하는 역할을 한다. 세상의 여러 물질 중에 감마선을 뿜어내는 방사능 물질이 약간이라도 있다면 KGRS는 그것을 느낀다. 상상일 뿐이지만, 만약 어떤 나라가 옛날 몰래 달에서 핵실험을 했다면 KGRS는 그 흔적을 찾아낼 수 있을지도 모른다. 현실적으로 보면, 달에 무슨 물질이 있느냐에 따라 조금씩 달라지는 감마선을 감지해 그 성분을 추측한다. 달에는 우주에서 방사선이 쏟아지므로 그 방사선을 맞아 잠깐 방사능 물질처럼 변한 물질이 뿜어내는 감마선도 있을 것이다. KGRS가 수집한 자료를 찬찬히 분석하면, 달의 어느 지역에 무슨 물질이 많은 것 같다는 보물지도를 만들 수 있을지도 모른다.

이 장비는 한국지질자원연구원에서 만들었는데, 만약 달에 금덩이나 은덩이가 묻혀 있다면 한국지질자원연구원이 그 이름값에 어울리게 달에서 노다지를 찾아내는 데도 도움이 될 만한 장비다. 실제로는 달에서 금보다도 더 소중한 자원일 수 있는 산소나 물의 흔적을 찾는 용도로 활약할 거라고 생각한다.

달 탐사와 미래

이 외에도 다누리에는 선명하고 정확한 달의 모습을 촬영하는 고해상도카메라가 달려 있고, 달에서부터 지구까지 인터넷을 사용하듯이 간편하게 자료를 업로드할 수 있어서 우주 인터넷이라고 부르는 통신 실험 장비도 달려 있다.

이 모든 기계가 보내오는 소식을 정확히 받아들이기 위해 경기도 여주에는 지름 35m의 거대한 접시 모양 안테나를 설치해 두었다. 깊고 머나먼 우주와 통신하기 위한 지상의 무선 기지라는 뜻으로 심우주지상국深宇宙地上局이라고 부르는 시설의 장비다. 한국에서 만든 배 중에서 역사상 가장 먼 곳으로 여행을 떠나는 다누리가 길을 잃고 외롭게 헤매지 않도록, 지구와 달 사이 거리의 4배에 가까운 150만 km까지 멀리 떨어지는 시점에서도 이 장비로 통신을 유지한다.

2021년 김주현 박사가 발표한 글을 보면 당국에서는 우리나라에서 만든 과학 장비들로 관측한 자료를 KPDS라는 시스템을 통해 최대한 많은 사람들이 상세히 살펴볼 수 있도록 공개할 예정이라고 한다. 그러면 누구든 집에서 인터넷으로 달 탐사의 결과를 있는 그대로 다 같이 살펴볼 수 있게 된다. 그 자료 중에는 누가 봐도 아름다운 달 사진도 있을 것이고, 대부분의 사람들이 보기에는 무슨 말인지도 알 수 없는 기나긴 숫자 덩어리일 뿐인 자료도 있을 것이다. 어느 것이든 그 내용을 보고 감탄하고 감격하고 미래를 향한 꿈을 품을 사람들이 언제인가 미래에 등장할 것이다.

그런 열린 기회를 통해서, 미래에 더 많은 일이 가능하다는 생각을 우리 다음 세대의 젊은이들, 어린이들이 마음속 깊이 품게 될 것이다. 그렇게 등장한 새로운 사람들의 지혜로부터 지금까지 우리가 생각하지 못했던 생각이 나와 세상을 더욱 좋은 곳으로 바꿀 것이다. 이렇게 더 넓은 미래를 열어주는 일은 지금 우리가 할 수 있는 아주 멋진 일이다.

그래서 우리는 달에 가야 한다.

참고문헌

달은 어디에서 왔을까

홍사석, 『그리스의 신과 영웅들』, 혜안, 2002.
이이, 권오돈 등 번역, 『천도책』, 《율곡선생전서》 제14권, 한국고전종합DB판, 1500년대.

Akram, Waheed, and Maria Schönbächler. *"Zirconium isotope constraints on the composition of Theia and current Moon-forming theories."* Earth and Planetary Science Letters 449 (2016): 302-310.
Canup, Robin M., and Erik Asphaug. *"Origin of the Moon in a giant impact near the end of the Earth's formation."* Nature 412, no. 6848 (2001): 708-712.
Ćuk, Matija, and Sarah T. Stewart. *"Making the Moon from a fast-spinning Earth: A giant impact followed by resonant despinning."* science 338, no. 6110 (2012): 1047-1052.
Meier, Matthias MM, Andreas Reufer, and Rainer Wieler. *"On the origin and composition of Theia: Constraints from new models of the Giant Impact."* Icarus 242 (2014): 316-328.
Nielsen, Sune G., David V. Bekaert, and Maureen Auro. *"Isotopic evidence for the formation of the Moon in a canonical giant impact."* Nature communications 12, no. 1 (2021): 1-7.
Voosen, Paul. *"Remains of Moon-forming impact may lie deep in Earth."* Science Vol 371, Issue 6536 (2021): 1295-1296.
Yuan, Qian, Mingming Li, Steven J. Desch, and Byeongkwan Ko. *"Giant Impact Origin for the Large Low Shear Velocity Provinces."* In AGU Fall Meeting Abstracts, vol. 2020, pp. DI005-0008. 2020.

공룡 멸종의 비밀, 달에서 찾는다

리사 랜들, 김명남 번역, 『암흑 물질과 공룡』, 사이언스북스, 2016.
스콧 샘슨, 김명주 번역, 『공룡 오디세이』, 뿌리와이파리, 2011.

앤드루 H. 놀, 김명주 번역, 『생명 최초의 30억 년』, 뿌리와이파리, 2007.
앤드루 H. 놀, 이한음 번역, 『지구의 짧은 역사』, 다산사이언스, 2021.
박지원·이가원 번역, 『열하일기』, 한국고전종합DB판, 1700년대.
최광선·이상원·이영애, 「합천군 초계·적중 지역의 환상 지형과 분지: 운석 충돌 결과
인가?」, 『2001 대한지질학회 학술대회』, p.35..
조홍섭, 〈5만년 전 200m 운석이 '뚝'…합천 초계분지 형성 비밀이 밝혀졌다〉, 《한겨레
신문》 2020년 12월 14일 자.

Bendle, Mervyn F. "The apocalyptic imagination and popular culture." The
Journal of Religion and Popular Culture 11, no. 1 (2005): 1-1.
Benton, Michael J. "Scientific methodologies in collision: the history of the
study of the extinction of the dinosaurs." Evolutionary Biology 24, no. 37
(1990): 371-400.
Bright, Steve. "Nostradamus: A Challenge to Biblical Prophecy?." Christian
Research Journal 25.
Brusatte, Stephen L., Richard J. Butler, Paul M. Barrett, Matthew T. Carrano,
David C. Evans, Graeme T. Lloyd, Philip D. Mannion et al. "The extinction of
the dinosaurs." Biological Reviews 90, no. 2 (2015): 628-642.
Chiarenza, Alfio Alessandro, Alexander Farnsworth, Philip D. Mannion, Daniel J.
Lunt, Paul J. Valdes, Joanna V. Morgan, and Peter A. Allison. "Asteroid impact,
not volcanism, caused the end-Cretaceous dinosaur extinction." Proceedings of
the National Academy of Sciences 117, no. 29 (2020): 17084-17093.
Daubar, Ingrid J., C. Atwood-Stone, S. Byrne, A. S. McEwen, and P. S. Russell.
"The morphology of small fresh craters on Mars and the Moon." Journal of
Geophysical Research: Planets 119, no. 12 (2014): 2620-2639.
Gong, Shengxia, Mark A. Wieczorek, Francis Nimmo, Walter S. Kiefer, James W.
Head, Chengli Huang, David E. Smith, and Maria T. Zuber. "Thicknesses of
mare basalts on the Moon from gravity and topography." Journal of
Geophysical Research: Planets 121, no. 5 (2016): 854-870.
Kramer, Eric David, and Michael Rowan. "Revisiting the dark matter—Comet
shower connection." Physics of the Dark Universe 35 (2022): 100960.
Mohr, Paul. "John Birmingham on "A Crater in the Moon"." Irish Astronomical
Journal 24 (1997).
Morota, Tomokatsu, and Muneyoshi Furumoto. "Asymmetrical distribution of
rayed craters on the Moon." Earth and Planetary Science Letters 206, no. 3-4

(2003): 315-323.

Morota, Tomokatsu, Junichi Haruyama, Makiko Ohtake, Tsuneo Matsunaga, Chikatoshi Honda, Yasuhiro Yokota, Jun Kimura et al. *"Timing and characteristics of the latest mare eruption on the Moon."* Earth and Planetary Science Letters 302, no. 3-4 (2011): 255-266.

Patterson, Colin, and Andrew B. Smith. *"Is the periodicity of extinctions a taxonomic artefact?."* Nature 330, no. 6145 (1987): 248-251.

Patterson, Colin, and Andrew B. Smith. *"Periodicity in extinction: the role of systematics."* Ecology 70, no. 4 (1989): 802-811.

Raup, D.M., 1994. The role of extinction in evolution. Proceedings of the National Academy of Sciences, 91(15), pp.6758-6763.

Swyngedouw, Erik. *"Apocalypse forever?."* Theory, culture & society 27, no. 2-3 (2010): 213-232.

Thesniya, P. M., V. J. Rajesh, and Jessica Flahaut. *"Ages and chemistry of mare basaltic units in the Grimaldi basin on the nearside of the Moon: Implications for the volcanic history of the basin."* Meteoritics & Planetary Science 55, no. 11 (2020): 2375-2403.

Turner, Michael S. *"Cosmology: A story of cosmic proportions."* Nature 526, no. 7571 (2015): 40-41.

Williams, Jean-Pierre, Asmin V. Pathare, and Oded Aharonson. *"The production of small primary craters on Mars and the Moon."* Icarus 235 (2014): 23-36.

왜 늑대인간은 보름달을 보면 변신할까

곽재식, 『괴물 과학 안내서』, 우리학교, 2020.
국사편찬위원회, 『조선왕조실록』, 국사편찬위원회 조선왕조실록 정보화사업 웹사이트.
유용하, 〈[달콤한 사이언스]보름달이 뜨는 밤, 정말 범죄가 늘어날까〉, 《서울신문》 2019년 11월 1일 자.

BECK, MELINDA. *"Before America Had Witch Trials, Europe Had Werewolf Trials."* HISTORY, 15/OCT/2021 (2021).

Blécourt, Willem de. *"The Werewolf, the Witch, and the Warlock: Aspects of Gender in the Early Modern Period."* In Witchcraft and masculinities in early modern Europe, pp. 191-213. Palgrave Macmillan, London, 2009.

CBC. "Dust likely culprit in moon mirror problems." CBC, 12/MAR/2010 (2010).

Dickey, Jean O., P. L. Bender, J. E. Faller, X. X. Newhall, R. L. Ricklefs, J. G. Ries, P. J. Shelus et al. "Lunar laser ranging: a continuing legacy of the Apollo program." Science 265, no. 5171 (1994): 482-490.

Fugate, R. Q., P. R. Leatherman, and K. E. Wilson. "CEMERLL: The Propagation of an Atmosphere-Compensated Laser Beam to the Apollo 15 Lunar Array." (1997).

Jabr, Ferris. "How Moonlight Sets Nature's Rhythms." SMITHSONIAN MAGAZINE, 21/JUN/2017 (2017).

Kittle, A. M., J. K. Bukombe, A. R. E. Sinclair, S. A. R. Mduma, and J. M. Fryxell. "Where and when does the danger lie? Assessing how location, season and time of day affect the sequential stages of predation by lions in western Serengeti National Park." Journal of Zoology 316, no. 4 (2022): 229-239.

Murphy Jr, T. W., E. G. Adelberger, J. B. R. Battat, C. D. Hoyle, R. J. McMillan, E. L. Michelsen, R. L. Samad, C. W. Stubbs, and H. E. Swanson. "Long-term degradation of optical devices on the Moon." Icarus 208, no. 1 (2010): 31-35.

Murphy, T. W., E. G. Adelberger, J. B. R. Battat, C. D. Hoyle, N. H. Johnson, R. J. McMillan, C. W. Stubbs, and H. E. Swanson. "APOLLO: millimeter lunar laser ranging." Classical and Quantum Gravity 29, no. 18 (2012): 184005.

Onozuka, Daisuke, Kunihiro Nishimura, and Akihito Hagihara. "Full moon and traffic accident-related emergency ambulance transport: A nationwide case-crossover study." Science of the total environment 644 (2018): 801-805.

Quintela, Marco V. García, and A. César Gonzalez-Garcia. "Archaeological footprints of the "Celtic calendar"?." Journal of Skyscape Archaeology 3, no. 1 (2017): 49-78.

Redelmeier, Donald A., and Eldar Shafir. "The Lunacy of Motorcycle Mortality." CHANCE 31, no. 4 (2018): 37-44.

Russell, Henry Norris. "On the albedo of the planets and their satellites." Proceedings of the National Academy of Sciences 2, no. 2 (1916): 74-77.

Shkuratov, Yurij, Larissa Starukhina, Harald Hoffmann, and Gabriele Arnold. "A model of spectral albedo of particulate surfaces: Implications for optical properties of the Moon." Icarus 137, no. 2 (1999): 235-246.

The Editors of Encyclopaedia Britannica. "Druid - Celtic culture." Encyclopaedia Britannica.

Tortolani, Erica. *"Troubling Portrayals: Benjamin Christensen's Häxan (1922), Documentary Form, and the Question of Histor (iography)."* Journal of Historical Fictions 3, no. 1 (2020): 24-41.

달이 사람의 운명을 결정한다?

김부식, 이병도 번역, 『삼국사기』, 을유문화사, 1996.
무비, 『무비 스님의 발심수행장 강의』, 조계종출판사, 2015.
박창범, 『한국의 전통 과학, 천문학』, 이화여자대학교출판문화원, 2007.
에른스트 페터 피셔, 이승희 번역, 『과학은 미래로 흐른다』, 다산사이언스, 2022.
우스다 잔운, 『완역 암흑의 조선』, 박문사, 2016.
전용훈, 『한국 천문학사』, 들녘, 2017.
칼 세이건, 홍승수 번역, 『코스모스』, 사이언스북스, 2006.
곽영직, 「인간의 우주」, 『과학사상 19』: 140-145, 1996.
국사편찬위원회, 『조선왕조실록』, 국사편찬위원회 조선왕조실록 정보화사업 웹사이트.
김수태, 「사비시대 백제의 도교」, 『한국고대사탐구 32』: 223-254, 2019.
김일권, 「조선후기 세시기에 나타난 역법학적 시간 인식과 도교 민속 연구」, 『역사민속학 29』: 145-184, 2019.
류범선 · 정승석, 「Rāhu 와 Ketu 에 대한 불교와 중국의 인식」, 『인도철학 63』: 49-89, 2021.
박성래, 「과학의 사회적 역할」, 『The Science & Technology 13, no. 5』: 39-43, 1980.
서영대, 「한국 고대의 제천의례」, 『한국사 시민강좌 45』: 1-24, 2009.
손태도, 「정초 집돌이농악과 지방 관아 나례희의 관련 양상」, 『한국음악사사보 49』: 239-284, 2012.
안주영, 「일제강점기 국가 역법과 이데올로기적 시간체계-국가축제일과 국가기념일을 중심으로」, 『한국민속학 72』: 37-84, 2020.
장인성, 「한국 고대 도교의 특징」, 『백제문화 52』: 71-90, 2015.
채미하, 「삼한의 '祭天'과 동예 舞天의 포용성」, 『백제문화 62』: 49-67, 2020.

Carpenter, Thomas H., Ronald L. Holle, and Jose J. Fernandez-Partagas. *"Observed relationships between lunar tidal cycles and formation of hurricanes and tropical storms."* Monthly Weather Review 100, no. 6 (1972): 451-460.
Llyas, Mohammad. *"Lunar crescent visibility criterion and Islamic calendar."*

Quarterly Journal of the Royal Astronomical Society 35 (1994): 425.

Sidorenkov, N. S. "Synchronization of terrestrial processes with frequencies of the Earth-Moon-Sun system." Odessa astronomical publications 28 (2) (2015): 295-298.

밀물과 썰물은 왜 일어날까

국사편찬위원회, 『조선왕조실록』, 국사편찬위원회 조선왕조실록 정보화사업 웹사이트.

권대익, 「달력의 발달이 시간을 창조했다」, 『The Science & Technology 1』: 85-88, 2004.

김경렬, 「COLUMN 지구이야기 (48)-시간의 의미를 찾아서 I-달력 (4) 그레고리력이 싫어요!」, 『The Science & Technology』: 78-83, 2011.

김동빈, 「칠정산외편의 일식과 일출입 계산의 전산화」, 『The Bulletin of The Korean Astronomical Society 34, no. 1』: 48-48, 2009.

변도성 · 이민웅 · 이호정, 「명량해전 당일 울돌목 조류 · 조석 재현을 통한 해전 전개 재해석」, 『한국군사과학기술학회지 14, no. 2』: 189-197, 2011.

신성재, 「명량해전 연구의 성과와 전망」, 『한국사연구 170』: 429-458, 2015.

이광률, 「감조하천」, 『한국민족문화대백과사전』, 2011.

이문규, 「천문의기 기술의 동아시아 전파: 세종 때의 천문의기 제작을 중심으로」, 『동북아 문화연구 47』: 77-94, 2016.

장유, 이상현 번역, 「동해에 밀물과 썰물이 없는 것에 대한 논의」, 『계곡만필 권1』, 1635.

최병호, 「우리나라 감조하천에서의 수위관측」, 『물과 미래: 한국수자원학회지 18, no. 2』: 106-112, 1985.

KRISS, 「우리 힘으로 만든 1·2·3세대 원자시계」, 『KRISS 5·6월호』, 2015.

김경윤, 〈미니 Y2K'…윤초 때문에 인터넷 곳곳 오류〉, 《한국경제신문》 2012년 7월 3일 자.

김지영, 〈표준연 '광시계' 세계 표준시간 만든다…세계 5번째〉, 《헬로디디》 2021년 11월 10일 자.

서동준, 〈국내 연구진의 손길로 1초의 기준 재정의한다〉, 《동아사이언스》 2021년 11월 10일 자.

Klemetti, Erik. *"What's so special about our Moon, anyway?."* ASTRONOMY, 17/JUN/2019 (2019).

Mendonça, Vanessa, Carolina Madeira, Marta Dias, Fanny Vermandele, Philippe Archambault, Awantha Dissanayake, João Canning-Clode, Augusto AV Flores, Ana Silva, and Catarina Vinagre. *"What's in a tide pool? Just as much food web network complexity as in large open ecosystems."* PloS one 13, no. 7 (2018): e0200066.

달의 왕국 신라

김부식, 이병도 번역, 『삼국사기』, 을유문화사, 1996.

일연, 김희만 등 번역, 『삼국유사』, 국사편찬위원회 한국사데이터베이스.

강대일 · 이병주 · 이희정, 「세척제에 의한 상아류 유물의 안정성 평가 연구」, 『보존과학회지 vol. 28, No. 3』, 2012.

강병희, 「과학이 담긴 국보(5) - 경주 동궁과 월지(옛 임해전지와 안압지, 사적 18호)」, 『공업화학전망 vol. 19, No. 5』: 50-54, 2016.

김동하, 「[문화의 현장] 민족 정기 되살린 경복궁 홍례문 낙성식-구중궁궐 어디쯤에 우리 임금님 계실까?」, 『월간 샘터 32, no. 12』: 44-46, 2001.

김병곤, 「신라 東宮의 역할과 영역: 임해전 및 안압지와의 상관성을 중심으로」, 『한국고대사탐구 20』: 75-107, 2015.

김영준, 「신라 일월제(日月祭)의 양상과 변화」, 『한국학연구 52』: 345-371, 2019.

나행주, 「고대한일관계사연구의 회고와 전망」, 『한일관계사연구 62』: 3-98, 2018.

노성환, 「일본 현지설화를 통해서 본 연오랑과 세오녀의 정착지」, 『일어일문학 56』: 309-330, 2012.

서영대, 「추석의 연원에 관한 연구사 검토」, 『한국사학사 84』: 7-56, 2021.

신종원, 「추석 명절의 정체성-신라를 중심으로」, 『한국사학보 84』: 57-94, 2021.

유육례, 「[연오랑 세오녀] 설화의 구조와 상징성 연구」, 『인문사회21 vol. 11, no. 6』: 1797-1806, 2020.

윤성재, 「신라 가배(嘉排)와 여성 축제」, 『역사와현실 87』: 333-358, 2013.

이재환, 「신라 동궁 출토 14면체 酒令 주사위의 명문 해석과 그 의미」, 『동서인문학 54』: 7-39, 2018.

이학동, 「북경성 · 자금성(紫禁城)의 형성원리: 역사·지리·경제·정치의 통시적 관점에서 고찰」, 『주거환경 9, no. 2』: 267-301, 2011.

임재해. *"신라시대 설과 대보름 풍속의 재인식."* 민속연구 40 (2020): 35-77.

전수연. *"[삼국유사][연오랑세오녀]의 '도기야'."* 열상고전연구 63 (2018): 195-226.

주보돈. *"[삼국유사][射琴匣] 條의 이해."* 신라문화제학술발표논문집 40 (2019):

59-98.

INDIA TODAY. *"Chandrayaan-2 peeks at distant Sun, helps unravel solar mystery."* INDIA TODAY, 23/JUN/2021 (2021).

Vadawale, Santosh V., Biswajit Mondal, N. P. S. Mithun, Aveek Sarkar, P. Janardhan, Bhuwan Joshi, Anil Bhardwaj et al. *"Observations of the quiet sun during the deepest solar minimum of the past century with Chandrayaan-2 XSM: elemental abundances in the quiescent corona."* The Astrophysical Journal Letters 912, no. 1 (2021): L12.

Vadawale, Santosh V., N. P. S. Mithun, Biswajit Mondal, Aveek Sarkar, P. Janardhan, Bhuwan Joshi, Anil Bhardwaj et al. *"Observations of the quiet sun during the deepest solar minimum of the past century with Chandrayaan-2 XSM: sub-A-class microflares outside active regions."* The Astrophysical Journal Letters 912, no. 1 (2021): L13.

Yirka, Bob. *"Japanese firm proposes LUNA RING to send solar energy from moon to Earth."* PHYS.ORG, 29/NOV/2013 (2013).

조선이 꾼 달나라 여행의 꿈

로버트 제이콥슨, 손용수 번역, 『우주에 도착한 투자자들』, 유노북스, 2022.

유득공, 정승모 번역, 『조선대세시기 III: 경도잡지, 열양세시기, 동국세시기』, 국립민속박물관, 2007.

이이, 권오돈 등 번역, 『천도책』, 《율곡선생전서》 제14권, 한국고전종합DB판, 1500년대경.

페터 슈나이더, 한윤진 번역, 『우주를 향한 골드러시』, 쌤앤파커스, 2021.

손흥철, 「栗谷의 太極論 研究」, 『율곡학연구 36』: 37-76, 2018.

이동하, 「조선시대 양반 여성의 삶에 대한 소설적 형상화-「이사종의 아내」, 「하얀 새」, 『불꽃의 자유혼 허난설헌』의 경우」, 『한국현대문학연구 13』: 101-126, 2003.

이철희, 「[난설헌시집] 수록 산문 2 편의 저자 및 저작 시기에 대한 검토」, 『동양한문학연구 58』: 345-398, 2021.

이해철, 「천도책」, 『한국민족문화대백과사전』, 1995.

정빈나, 「율곡(栗谷)의 천인관계론에서 나타난 인간의 위상에 관한 고찰」, 『유교사상연구 66』: 93-116, 2016.

추제협., 이이의 책문을 통해 본 경세론의 변화와 리통기국의 논리." 율곡학연구 42 (2020): 39-67.

한치윤, 정선용 번역, 「허매씨(許妹氏) [명원(名媛)]」, 『해동역사 제70권』 한국고전종합 DB판.

김봉수, 〈전략기술 확보 쾌거"…돈 주고도 못사는 핵심 기술 내재화 [누리호 성공]〉, 《아시아경제》 2022년 6월 22일 자.

안종운, 〈추구 1. 천고일월명〉, 《한자신문》 2018년 8월 18일 자.

Dewily, Ratih Dara Ayu, and Tomy Michael. *"Space Tourism Activities Overview of International Law."* Journal of International Trade, Logistics and Law 7, no. 1 (2021): 8-12.

YAZICI, Ayşe Meriç, and Satyam TİWARİ. *"Space tourism: An initiative pushing limits."* Journal of Tourism Leisure and Hospitality 3, no. 1 (2021): 38-46.

소련, 달의 뒷면을 쏘다

레지널드 터닐, 이상원 번역, 『달 탐험의 역사』, 도서출판성우, 2005.

팀 퍼니스, 채연석 (번역). *"우주선의 역사."* 아라크네, 20/AUG/2007 (2007).

데이비드 베이커, 엄성수 (번역). *"로켓의 과학적 원리와 구조."* 하이픈, 20/OCT/2021 (2021).

김성중, 「무궁화위성」, 『위성통신과 우주산업 vol. 13, no. 1』: 46-53, 2006.

김홍모, 「무궁화위성사업 추진현황」, 『위성통신과 우주산업 vol. 2, no. 2』: 131-135, 1994

김진호, 〈[사이언스 지식IN] 北 신형 ICBM 화성 15형, 워싱턴까지 타격한다고요?〉, 《동아사이언스》, 2017년 11월 29일 자.

BUDIANSKY, STEPHEN. *"THE SCIENTIST WHO SURVIVED THE GULAG TO LAUNCH SPUTNIK."* HISTORYNET, 12/APR/2010 (2010).

CAULFIELD, KEITH. *"Most Weeks on Billboard 200 By Title."* BILLBOARD, 12/NOV/2015 (2015).

Ćuk, Matija, Douglas P. Hamilton, Simon J. Lock, and Sarah T. Stewart. *"Tidal evolution of the Moon from a high-obliquity, high-angular-momentum Earth."* Nature 539, no. 7629 (2016): 402-406.

Drew, James. *"Lockheed preparing for GBSD: Boeing, General Dynamics Won't Challenge Air Force ICBM Contracts."* Inside the Air Force 26, no. 9 (2015): 1-7.

Krasinsky, G. A. *"Dynamical history of the Earth–Moon system."* Celestial

Mechanics and Dynamical Astronomy 84, no. 1 (2002): 27-55.

Lashendock, Jack H. *"A Race to the Stars and Beyond: How the Soviet Union's Success in the Space Race Helped Serve as a Projection of Communist Power."* The Gettysburg Historical Journal 18, no. 1 (2019): 5.

Launius, Roger D. *"Atlas: The Ultimate Weapon."* Air & Space Power Journal 21, no. 4 (2007): 124-126.

Lin, Tony C. *"Development of US air force intercontinental ballistic missile weapon systems."* Journal of Spacecraft and Rockets 40, no. 4 (2003): 491-509.

McKie, Robin. *"Sergei Korolev: the rocket genius behind Yuri Gagarin."* THE GUARDIAN, 13/MAR/2011 (2011).

Morris, Errol et al. *"The Fog of War: Eleven Lessons from the Life of Robert S. McNamara."* RadicalMedia / SenArt Films (2003).

ORBITAL TODAY. *"The Main Roscosmos 《Workhorse》: Soyuz Rocket Launch History."* ORBITAL TODAY, 13/MAY/2022 (2022).

작은 발걸음, 위대한 도약

레지널드 터널, 이상원 번역, 『달 탐험의 역사』, 도서출판성우, 2005.

성신여대 산학협력단(성신여대 정치외교학과 교수 등), 〈외교 대미 외교 안보국방과 미국 닉슨 대통령의 괌독트린 선언 닉슨 대통령의 괌독트린 선언〉, 국가기록원, 외교, 2006.

경향신문 편집부, 〈巨步를 남기고…"달아…다시 오마"〉, 《경향신문》 1969년 7월 22일 자 3면.

경향신문 편집부, 〈세月人에 열광의 歡迎〉, 《경향신문》 1969년 11월 3일 자 7면.

김동진, 〈누리호 2차 발사 성공…배경은 12년 인고의 세월〉, 《IT동아》 2022년 6월 21일 자.

동아일보 편집부, 〈달과 돈〉, 《동아일보》 1969년 7월 17일 자 5면.

동아일보 편집부, 〈세宇宙飛行士 워커힐서 하룻밤〉, 《동아일보》 1969년 11월 4일 자 7면.

매일경제 편집부, 〈感激과 흥분의 도가니…〉, 《매일경제》 1969년 7월 17일 자 7면.

조선일보 편집부, 〈「아폴로11」달旅行 실황방송은 이렇게〉, 《조선일보》 1969년 7월 13일 자 5면.

조선일보 편집부, 〈5万 서울시민들…南山에 몰려 밤비속에 "달구경"〉, 《조선일보》 1969년 7월 17일 자 7면.

조선일보 편집부, 〈南山 음악당에 超大型 TV〉, 《조선일보》 1969년 7월 15일 자 8면.

조선일보 편집부, 〈세月人과 즐거운宇宙問答〉, 《조선일보》 1969년 11월 4일 자 2면.

BARBREE, JAY. *"FOR NEIL ARMSTRONG, IT WAS A MUDDY BOOT IN KOREA BEFORE A STEP ON THE MOON."* HISTORYNET, 20/JUL/2017 (2017).

DiLisi, Gregory A., Alison Chaney, and Greg Brown. *"The legacies of Apollo 11."* The Physics Teacher 57, no. 5 (2019): 282-286.

Farlow, James O., Matt B. Smith, and John M. Robinson. *"Body mass, bone "strength indicator," and cursorial potential of Tyrannosaurus rex."* Journal of Vertebrate Paleontology, Volume 15, Issue 4(1995): 713-725.

Freeman, Marsha. *"Arthur Rudolph and The Rocket that Took us to the Moon."* In 54th International Astronautical Congress of the International Astronautical Federation, the International Academy of Astronautics, and the International Institute of Space Law, pp. IAA-2. 2003.

Garner, Tom. *"Discover Buzz Aldrin's Korean War origins."* History of War, 26/JUL/2019 (2019).

Rocket Park. *"Saturn V."* NASA Homepage, NASA Home>Center>Johnson Home>Rocket Park.

그래서 아폴로가 정말 달에 갔다고?

Achenbach, Joel. *"50 years after Apollo, conspiracy theorists are still howling at the 'moon hoax'."* THE WASHINGTON POST, 24/MAY/2019 (2019).

Garrick-Bethell, Ian, James W. Head III, and Carle M. Pieters. *"Spectral properties, magnetic fields, and dust transport at lunar swirls."* Icarus 212, no. 2 (2011): 480-492.

Hemingway, Douglas J., and Sonia M. Tikoo. *"Lunar swirl morphology constrains the geometry, magnetization, and origins of lunar magnetic anomalies."* Journal of Geophysical Research: Planets 123, no. 8 (2018): 2223-2241.

Massey, Nina. *"Who is this 'man' on the moon? 'Strange figure' spotted among satellite's craters."* MIRROR, 13/AUG/2014 (2014).

NASA. "UFO No Longer Unidentified." NASA, 19/APR/2004 (2004).

우주인을 달로 쏘아 올린 지구인들

김경미, 〈기업 300개, 부품 37만 개…순수 국내 기술로 앞당긴 우주시대〉, 《중앙일보》 2022년 6월 22일 자.

Apollo Guidance Computer History Project. *"Margaret Hamilton."* First conference/Second conference, 27/JUL/2001, 14/SEP/2001 (2001).

Barrow, Rob, Keith Frampton, Margaret Hamilton, and Bruce Crossman. *"How Do Experienced Architects Use Architecture Development Methods?."* ACIS 2004 Proceedings (2004): 58.

Benson, Eric. *"NASA Pioneer Poppy Northcutt Reflects on Her Role in the Apollo Program."* TEXASMONTHLY, 8/JUL/2019 (2019).

BLAKEMORE, BYERIN. *"Inside Apollo mission control, from the eyes of the first woman on the job."* NATIONAL GEOGRAPHIC, 19/JUL/2019 (2019).

CBC. *"Poppy Northcutt: The return-to-Earth specialist who helped bring Apollo 11 back."* CBC, 19/JUL/2019 (2019).

Corbyn, Zoë. *"Interview Margaret Hamilton: 'They worried that the men might rebel. They didn't'."* THE GUARDIAN, 13/JUL/2019 (2019).

George, Alice. *"WOMEN WHO SHAPED HISTORY Margaret Hamilton Led the NASA Software Team That Landed Astronauts on the Moon."* A Smithsonian magazine special report, 14/MAR/2019 (2019).

Granath, Bob. *"Apollo 4 was First-Ever Launch from NASA's Kennedy Space Center."* NASA, 9/NOV/2017 (2017).

Griffin, Jill. *"How Poppy Northcutt Helped Put A Man On The Moon."* FORBES, 17/JUL/2019 (2019).

Hamilton, Margaret H. *"What the Errors Tell Us."* IEEE Software 35, no. 5 (2018): 32-37.

Hamilton, Margaret H., and William R. Hackler. *"Universal systems language: lessons learned from Apollo."* Computer 41, no. 12 (2008): 34-43.

Haynes, Korey. *"Poppy Northcutt: The only woman in the Apollo control room."* ASTRONOMY, 31/MAY/2019 (2019).

MONOCLE. *"THE BIG INTERVIEW Poppy Northcutt."* MONOCLE, 24/JUN/2022 (2022).

NASA Facts. *"Benefits from Apollo: Giant Leaps in Technology."* NASA Facts, National Aeronautics and Space Administration Lyndon B. Johnson Space

Center FS-2004-07-002-JSC (2004).

NASA. *"The Rendezvous That Was Almost Missed: Lunar Orbit Rendezvous and the Apollo Program."* NASA, Fact Sheets, NF175, DEC/1992 (1992).

NEUMAN, SCOTT. *"Meet John Houbolt: He Figured Out How To Go To The Moon, But Few Were Listening."* NPR, 18/JUL/2019 (2019).

Northcutt, Frances. *"NASA Johnson Space Center Oral History Project - Frances M. "Poppy" Northcutt Oral History Interviews."* NASA Johnson Space Center Oral History Project, 14/NOV/2018 (2018).

Sokol, Joshua. *"These Hidden Women Helped Invent Chaos Theory."* WIRED, 26/MAY/2019 (2019).

The Editors of Encyclopaedia Britannica. *"Margaret Hamilton: American computer scientist."* BRITANNICA.

Werner, Debra. *"Women reflect on Apollo."* AEROSPACE AMERICA 57, no. 7 (2019): 28-31.

밤하늘의 달을 따 온 사람들

이규보, 장기근 등 번역, 『동국이상국집』, 한국고전종합DB판.

황정아·이재진·조경석, 「북극 항로 우주방사선 안전기준 및 관리정책」, 『항공진흥 1』: 73-90, 2010.

강민구, 〈우주서 날아오는 극한에너지 입자 기원 찾는다〉, 《헬로디디》 2019년 1월 3일 자.

박경호, 〈남극서 한국 첫 '달 운석' 발견…세계적으로 희귀〉, 《KBS NEWS》, 2013년 11월 15일 자.

박지현, 〈극지연, 남극에서 우리나라 최초로 달 운석 발견〉, 《파이낸셜 뉴스》, 2013년 11월 14일 자.

해양수산부, 〈남극에서 우리나라 최초로 달 운석 발견〉, 대한민국 정책브리핑, 2013년 11월 13일 자.

Abbasi, R. U., M. Abe, T. Abu-Zayyad, M. Allen, R. Anderson, R. Azuma, E. Barcikowski et al. *"Study of Ultra-High Energy Cosmic Ray composition using Telescope Array's Middle Drum detector and surface array in hybrid mode."* Astroparticle Physics 64 (2015): 49-62.

Abu-Zayyad, Tareq, R. Aida, M. Allen, R. Anderson, R. Azuma, E. Barcikowski, J.

W. Belz et al. *"Correlations of the arrival directions of ultra-high energy cosmic rays with extragalactic objects as observed by the Telescope Array experiment."* The Astrophysical Journal 777, no. 2 (2013): 88.

Abu-Zayyad, Tareq, R. Aida, M. Allen, R. Anderson, R. Azuma, E. Barcikowski, J. W. Belz et al. *"Search for anisotropy of ultrahigh energy cosmic rays with the telescope array experiment."* The Astrophysical Journal 757, no. 1 (2012): 26.

Campbell, MacGregor. *"Lost treasures: President Nixon's moon rocks."* New Scientist 213, no. 2850 (2012): 43.

Collareta, Alberto, Massimo D'Orazio, Maurizio Gemelli, A. Pack, and Luigi Folco. *"The new lunar meteorite DEW 12007."* In 77th Annual Meeting of the Meteoritical Society, vol. 77, no. 1800, p. 5104. 2014.

Collareta, Alberto, Massimo D'Orazio, Maurizio Gemelli, Andreas Pack, and Luigi Folco. *"High crustal diversity preserved in the lunar meteorite Mount DeWitt 12007 (Victoria Land, Antarctica)."* Meteoritics & Planetary Science 51, no. 2 (2016): 351-371.

Davidson, Michael W. *"Moon rocks under the microscope."* MICROSCOPY AND ANALYSIS (1993): 5-5.

Eugster, O. *"Cosmic-ray exposure ages of meteorites and lunar rocks and their significance."* Geochemistry 63, no. 1 (2003): 3-30.

Füri, Evelyn, Laurent Zimmermann, Etienne Deloule, and Reto Trappitsch. *"Cosmic ray effects on the isotope composition of hydrogen and noble gases in lunar samples: Insights from Apollo 12018."* Earth and Planetary Science Letters 550 (2020): 116550.

Han, Jeong, Sung-Tack Kwon, Ki Wook Lee, Taehoon Kim, Mi Jung Lee, Changkun Park, and Jong Ik Lee. *"Petrography, geochemistry, and age of a granophyre clast in the lunar meteorite DEW 12007."* (2015).

Hwang, Junga, and Daeyun Shin. *"Pre-study for Polar Routes Space Radiation Forecast Model Development."* Journal of Satellite, Information and Communications 8, no. 1 (2013): 23-30.

Lundquist, Jon Paul. *"Evidence of intermediate-scale energy spectrum anisotropy in the northern hemisphere from telescope array."* In International Cosmic Ray Conference, no. 301. Univerza v Novi Gorici, 2018.

Newcott, Bill. *"The Moon Rock Hunter Is Coming for You."* THE SATURDAY EVENING POST, 16/MAY/2019 (2019).

Nishiizumi, K., J. R. Arnold, C. P. Kohl, M. W. Caffee, J. Masarik, and R. C.

Reedy. *"Solar cosmic ray records in lunar rock 64455."* Geochimica et
Cosmochimica Acta 73, no. 7 (2009): 2163-2176.

Nishiizumi, K., M. W. Caffee, and A. J. T. Jull. *"Exposure History of Mount
DeWitt 12007 and Proposed Launch-Paired Northwest Africa 4884, 7611, and
8277 Lunar Meteorites."* In 79th Annual Meeting of the Meteoritical Society,
vol. 79, no. 1921, p. 6514. 2016.

NPR. *"Retired NASA Agent Aims To Account For All 50 Moon Rocks."* NPR, 22/
SEP/2018 (2018).

Richard, Isaiah. *"Moon Rock Thief? Get to Know Thad Roberts, a Convicted
Space Fan who Wanted to be an Astronaut."* TECH TIMES, 17/DEC/2021
(2021).

Roberts, Siobhan. *"Sex on the Moon: The Amazing Story Behind the Most
Audacious Heist in History."* Biography 34, no. 4 (2011): 893-894.

Zvirzdin, Jamie. *"I Fell Under the Spell of NASA's Most Notorious Thief."* THE
ATLANTIC, 15/FEB/2019 (2019).

지구에서 달까지, 달에서 알박기

레지널드 터닐, 이상원 번역, 『달 탐험의 역사』, 도서출판성우, 2005.
쥘 베른, 김석희 번역, 『지구에서 달까지』, 열림원, 2017.
서명배, 「달에서 현지재료를 활용한 극한 우주건설 기술」, 『건축 vol. 60, no. 5』:
56-60, 2016.
한국정신문화연구원, 「강서구(서울특별시)(江西區(一特別市))」, 『한국민족문화대백과
사전』.
남정민, 〈효성, 전남에 그린수소 설비 1조 투자〉, 《한국경제신문》 2022년 1월 24일 자.
서동준, 〈[누리호 2차 발사]발사와 관련된 세 가지 과학기술 상식〉, 《동아사이언스》
2022년 6월 21일 자.

Austin, Alex, Adam Nelessen, Bill Strauss, Joshua Ravich, Marcus Lobbia, Ethiraj
Venkatapathy, Paul Wercinski et al. *"SmallSat aerocapture: breaking the rocket
equation to enable a new class of planetary missions."* NASA (2019).

Burleson, D. *"Konstantin Tsiolkovsky-The father of astronautics and rocket
dynamics."* In 40th AIAA Aerospace Sciences Meeting & Exhibit, p. 312. 2002.

Bushnell, Dennis M., and Robert W. Moses. *"Commercial Space In The Age Of*

New Space, Reusable Rockets and The Ongoing Tech Revolutions." NASA, NASA/TM-2018-220118 (2018).

Cecere, D., E. Giacomazzi, and A. Ingenito. "A review on hydrogen industrial aerospace applications." International journal of hydrogen energy 39, no. 20 (2014): 10731-10747.

Denny, Mark, and Alan McFadzean. "Theory: The Rocket Equation and Beyond." In Rocket Science, pp. 55-102. Springer, Cham, 2019.

Fall, Robin. "Space Mining Is Here, Led by This Tiny Country." BLOOMBERG, 16/DEC/2021 (2021).

Jin, Hyunwoo, Young-Jae Kim, Byung Hyun Ryu, and Jangguen Lee. "Experimental Assessment of Manufacturing System Efficiency and Hydrogen Reduction Reaction for Fe (0) Simulation for KLS-1." Journal of the Korean Geotechnical Society 36, no. 8 (2020): 17-25.

Lali, Mehdi. "Analysis and Design of a Human Spaceflight to Mars, Europa, and Titan." In AIP Conference Proceedings, vol. 1208, no. 1, pp. 557-565. American Institute of Physics, 2010.

Launius, Roger D. "Saturn V: The Complete Manufacturing and Test Records plus Supplemental Material." Air & Space Power Journal 22, no. 3 (2008): 116-118.

Lytkin, Vladimir, Ben Finney, and Liudmila Alepko. "Tsiolkovsky-Russian cosmism and extraterrestrial intelligence." Quarterly Journal of the Royal Astronomical Society 36 (1995): 369.

McLeod, Claire L., and Mark PS Krekeler. "Sources of extraterrestrial rare earth elements: to the moon and beyond." Resources 6, no. 3 (2017): 40.

Preston, Louisa J., and Lewis R. Dartnell. "Planetary habitability: lessons learned from terrestrial analogues." International Journal of Astrobiology 13, no. 1 (2014): 81-98.

Schwartz, James SJ, and Tony Milligan. "Some ethical constraints on near-earth resource exploitation." In Yearbook on Space Policy 2015, pp. 227-239. Springer, Vienna, 2017.

Shapiro, Robert, and Dirk Schulze-Makuch. "The search for alien life in our solar system: strategies and priorities." Astrobiology 9, no. 4 (2009): 335-343.

Sridharan, R., S. M. Ahmed, Tirtha Pratim Das, P. Sreelatha, P. Pradeepkumar, Neha Naik, and Gogulapati Supriya. "'Direct' evidence for water (H_2O) in the sunlit lunar ambience from CHACE on MIP of Chandrayaan I." Planetary and

Space Science 58, no. 6 (2010): 947-950.

Swan, Cathy W., and Peter A. Swan. *"Why we need a space elevator."* Space Policy 22, no. 2 (2006): 86-91.

Tillman, Nola. *"Konstantin Tsiolkovsky: Russian Father of Rocketry."* SPACE. COM, 28/FEB/2013 (2013).

Whitehead, John. *"Mass breakdown of the Saturn V."* In 36th AIAA/ASME/SAE/ASEE Joint Propulsion Conference and Exhibit, p. 3141. 2000.

이제 다누리가 달에 간다

김주현, 「우리나라 달 탐사의 과학임무」, 『물리학과 첨단기술 2021년 7/8월호』, 2021.

김진원·민경진, 〈韓 달 탐사선, 8월 우주로…임무는 '착륙선 착지지점 정찰'〉, 《한국경제신문》 2022년 5월 12일 자.

동아사이언스 편집부, 〈한국 달궤도선이 선택한 새 궤도 WSB·BLT란 무엇인가〉, 《동아사이언스》 2020년 9월 27일.

이유진, 〈한국형 달 궤도선, 1년간 뭐하나…산소 탐색·표면 관측〉, 《헬로디디》 2021년 4월 1일 자.

조승한, 〈유인 달탐사 착륙지 찾을 미 NASA 섀도캠, 한국 달궤도선에 설치 끝냈다〉, 《동아사이언스》 2021년 8월 30일 자.

최수진, 〈지구에서 달까지 가는 방법은? [달·행성 탐사] 탐사선 운영 경험·성능에 따라 전이 궤적 달라져〉, 《사이언스타임즈》, 2019년 8월 19일 자.

한국항공우주연구원 홍보실, 〈2022년 달 궤도선 발사 후 임무수행 계획 등 공개〉, 2021년 4월 1일 자 한국항공우주연구원 보도자료.

Choi, Su-Jin, Ryan Whitley, Gerald Condon, Mike Loucks, Jae-ik Park, Seok-Weon Choi, and Se-Jin Kwon. *"Trajectory design for the Korea Pathfinder Lunar Orbiter (KPLO)."* In AAS/AIAA Astrodynamics Specialist Conference, pp. 1231-1244. UNIVELT INC, 2018.

Ju, Gwanghyeok. *"Korean pathfinder lunar orbiter (KPLO) status update."* In Annual Meeting of the Lunar Exploration Analysis Group (LEAG) Conference, Columbia, MD, pp. 10-12. 2017.

Kim, J., S. Yang, D. Kim, and S. Kang. *"Archive and public release system for KPLO Korean Science Data."* In AAS/Division for Planetary Sciences Meeting Abstracts, vol. 52, no. 6, pp. 305-06. 2020.

Kim, Joo Hyeon. *"Development of public release system of science mission data from KPLO and future space explorations."* The Bulletin of The Korean Astronomical Society 45, no. 1 (2020): 66-1.

Kim, Young-Rok, Young-Joo Song, Jae-ik Park, Donghun Lee, Jonghee Bae, SeungBum Hong, Dae-Kwan Kim, and Sang-Ryool Lee. *"Ground tracking support condition effect on orbit determination for Korea Pathfinder Lunar Orbiter (KPLO) in lunar orbit."* Journal of Astronomy and Space Sciences 37, no. 4 (2020): 237-247.

Lee, Hyojeong, Ho Jin, Byungwook Jeong, Seungah Lee, Seongwhan Lee, Seul-Min Baek, Jehyuck Shin et al. *"KMAG: KPLO magnetometer payload."* Publications of the Astronomical Society of the Pacific 133, no. 1021 (2021): 034506.

Park, H. H., H. Jin, T. Y. Kim, K. H. Kim, H. J. Lee, J. H. Shin, Y. H. Jang, and W. H. Jo. *"Analysis of the KPLO magnetic cleanliness for the KMAG instrument."* Advances in Space Research 69, no. 2 (2022): 1198-1204.

Sim, Chae Kyung, Sungsoo S. Kim, Minsup Jeong, Young-Jun Choi, and Yuriy G. Shkuratov. *"Observational strategy for KPLO/PolCam measurements of the lunar surface from orbit."* Publications of the Astronomical Society of the Pacific 132, no. 1007 (2019): 015004.

그래서 우리는 달에 간다

곽재식의 방구석 달탐사

ⓒ 곽재식, 2022. Printed in Seoul, Korea

초판 1쇄 펴낸날 2022년 8월 3일
초판 3쇄 펴낸날 2023년 5월 25일

지은이 곽재식
펴낸이 한성봉
편집 최창문·이종석·조연주·오시경·김선형·전유경·이동현
콘텐츠제작 안상준
디자인 권선우
마케팅 박신용·오주형·강은혜·박민지·이예지
경영지원 국지연·강지선
펴낸곳 도서출판 동아시아
등록 1998년 3월 5일 제1998-000243호
주소 서울시 중구 퇴계로 30길 15-8 [필동1가 26] 무석빌딩 2층
페이스북 www.facebook.com/dongasiabooks
전자우편 dongasiabook@naver.com
블로그 blog.naver.com/dongasiabook
인스타그램 www.instargram.com/dongasiabook
전화 02) 757-9724, 5
팩스 02) 757-9726
ISBN 978-89-6262-442-7 03440

만든 사람들

편집 최창문
크로스교열 안상준
표지 디자인 정명희
본문 디자인 최세정